普通高等教育通识课系列教材

U0159876

Office 2016 高级应用

主　编　孙领弟

副主编　刘振名　王桂娟　赵可新

郝国芬　刘春玲

西安电子科技大学出版社

内 容 简 介

　　本书以 Office 2016 为办公平台，全面介绍了 Word、Excel 和 PowerPoint 的高级应用方法，把软件技术和职业应用结合起来，以提高学生的信息处理能力和实际应用能力。全书共有 6 章内容，分别为文字处理 Word 2016 高级应用、Word 2016 精选案例、电子表格 Excel 2016 高级应用、Excel 2016 精选案例、演示文稿 PowerPoint 2016 高级应用和 PowerPoint 2016 精选案例。本书各章内容安排合理，阐述由浅入深，概念清晰。

　　本书既可作为高等院校非计算机专业的办公自动化、计算机应用基础课程的教材，也可作为全国计算机等级考试的辅导用书。

图书在版编目(CIP)数据

Office 2016 高级应用 / 孙领弟主编. —西安：西安电子科技大学出版社，2022.8
ISBN 978-7-5606-6554-2

Ⅰ. ①O⋯　　Ⅱ. ①孙⋯　　Ⅲ. ①办公自动化—应用软件—教材　　Ⅳ. ①TP317.1

中国版本图书馆 CIP 数据核字(2022)第 127209 号

策　　划　李鹏飞
责任编辑　李鹏飞
出版发行　西安电子科技大学出版社(西安市太白南路 2 号)
电　　话　(029)88202421　88201467　　　邮　　编　710071
网　　址　www.xduph.com　　　　　　　电子邮箱　xdupfxb001@163.com
经　　销　新华书店
印刷单位　咸阳华盛印务有限责任公司
版　　次　2022 年 8 月第 1 版　　2022 年 8 月第 1 次印刷
开　　本　787 毫米×1092 毫米　1/16　印 张 18.5
字　　数　437 千字
印　　数　1～3000 册
定　　价　49.80 元
ISBN 978 - 7 - 5606 - 6554 - 2 / TP
XDUP 6856001-1
如有印装问题可调换

前　言

　　大学计算机基础是非计算机专业高等教育的公共必修课程，是学习其他计算机相关技术课程的前导和基础课程。大学计算机基础作为一门大学计算机普及课程，发挥着越来越重要的作用。2013 年，Microsoft Office 高级应用被列为全国计算机等级考试二级科目，2020年，版本升级为 Office 2016。为了满足读者的需求，编者结合等级考试大纲要求，参考教育部考试中心指定教材的篇章结构编写了本书。

　　本书编写团队成员为教学经验丰富的一线教师，在编写过程中，我们根据教学实践中发现的学生兴趣点，以案例的形式把知识内容展示给大家。

　　本书分为 6 章，主要内容如下：

　　第 1 章　文字处理 Word 2016 高级应用：主要介绍 Word 文档的创建与格式编辑，长文档的编辑与管理，文档中表格、图形、图像等对象的编辑和处理，利用邮件合并功能批量制作和处理文档。

　　第 2 章　Word 2016 精选案例：利用 Word 提供的邮件合并功能制作请柬和邀请函，利用 Word 的样式和多级列表功能进行论文排版，利用在 Word 中插入 Excel 图表的功能制作财务报告。

　　第 3 章　电子表格 Excel 2016 高级应用：主要介绍工作簿和工作表的基本操作，工作表中数据的输入、编辑和修改，工作表中单元格格式的设置，公式和函数的使用，数据的排序、筛选、分类汇总、合并计算，图表的创建、编辑与修改，以及数据透视表和数据透视图的使用。

　　第 4 章　Excel 2016 精选案例：利用 Excel 的数据处理功能统计学生成绩、统计公司产品销售情况，利用分列合并计算等功能进行数据统计，利用 SUMIF 等函数处理差旅费报销、图书销售汇总。

　　第 5 章　演示文稿 PowerPoint 2016 高级应用：主要介绍 PowerPoint 的基本操作，幻灯片主题的设置、背景的设置、母版的制作和使用，幻灯片中文本、图形、SmartArt、图像(片)、图表、音视频等对象的编辑和应用，幻灯片中对象动画的设置，幻灯片的切换效果，以及幻灯片的放映设置。

　　第 6 章　PowerPoint 2016 精选案例：主要利用 PPT 提供的与 Word 交互的功能，在 PPT 中形成以 Word 标题为主要文本的 PPT 方案，利用 PPT 处理图片功能演示播放摄影作品和图片。

本书相关示例素材请联系本书作者索取，作者的邮箱是 342157942@qq.com。

本书的第 1、6 章由刘振名编写，第 2 章由刘春玲编写，第 3、4 章由王桂娟和赵可新编写，第 5 章由郝国芬编写。全书由孙领弟统稿。

由于编者水平有限，书中可能还存在一些不足之处，敬请读者批评指正！

编　者

2022 年 5 月

目　　录

第 1 章

文字处理 Word 2016 高级应用

1.1　样　式　设　置

1.1.1　样式

样式是被命名并保存的一系列格式的集合,它规定了文档中字符、段落等对象的格式,包括字符样式和段落样式。字符样式只包含字符格式,如字体、字号、字形、颜色、效果等,可以应用到任何文字。段落样式既可包含字符格式,也可包含段落格式,如字体、行间距、对齐方式、缩进格式、制表位、边框、编号等,可以应用于段落或整个文档。

在 Word 中,样式可分为内置样式和自定义样式。

1. 内置样式

在 Word 2016 中,系统内置了丰富的样式。选择"开始"选项卡,在"样式"组的"快速样式库"中显示了多种内置样式,其中"正文""无间隔""标题 1""标题 2"等都是样式名称。单击"快速样式库"列表框右侧的"其他"按钮,会展开一个样式列表,可以选择更多的内置样式,如图 1.1 所示。

图 1.1　"样式"任务窗格

3

单击"开始"选项卡"样式"组右下角的对话框启动器按钮,打开"样式"列表,如图 1.2 所示。将鼠标指针停留在列表框中的样式名称上时,会显示该样式包含的格式信息。样式名称后面带符号"a"的表示字符样式,带回车符号的表示段落样式。

下面举例说明应用内置样式进行文档段落格式的设置。对原始文档进行格式设置,要求:对章标题应用"标题 1"样式,对节标题应用"标题 2"样式,对正文各段实现首行缩进两个字符。其操作步骤如下:

(1) 将光标定位在章标题文本中任意位置,或选中章标题文本。

(2) 单击"开始"选项卡"样式"组"快速样式库"右侧的"其他"按钮,打开"样式"下拉列表,选择"标题 1"样式。

(3) 将光标定位在节标题文本中任意位置,或选中节标题文本。

(4) 在"样式"下拉列表中选择"标题 2"样式。

(5) 选中正文文本,然后在"样式"下拉列表中单击"列出段落"样式。

图 1.2 "样式"列表

2. 自定义样式

Word 2016 为用户提供的内置样式能够满足一般文档格式设置的需要。但用户在实际应用中常常会遇到一些特殊格式的设置,这时就需要创建自定义的样式,将其进行应用。

1) 创建与应用新样式

创建一个新样式,如创建一个段落样式,名称为"样式 0001",要求:黑体,小四号字,1.5 倍行距,段前距和段后距均为 0.5 行。其操作步骤如下:

(1) 单击"开始"选项卡"样式"组右下角的对话框启动器按钮,打开"样式"列表,如图 1.2 所示。

(2) 单击"样式"任务窗格左下角的"新建样式"按钮,打开"根据格式设置创建新样式"对话框,如图 1.3 所示。

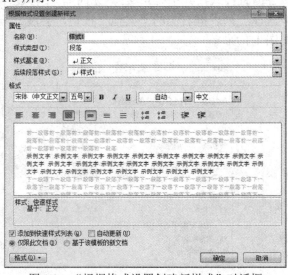

图 1.3 "根据格式设置创建新样式"对话框

下面将新创建的样式"样式 0001"应用于图 1.3 中文档正文中的第一段和第二段。选定文档正文中的第一段和第二段内容，单击"样式"列表中的"样式 0001"样式，即可将该样式应用于所选段落，操作后的效果如图 1.4 所示。

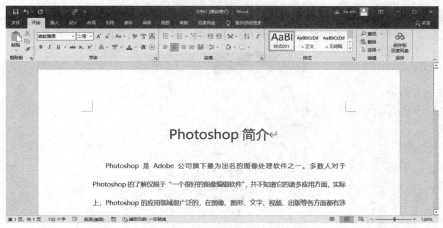

图 1.4　应用"样式 0001"

(3) 在"名称"文本框中键入新样式的名称为"样式 0001"。

(4) 单击"样式类型"右侧的下拉列表框按钮，选择"段落""字符""表格"或"列表"样式，默认为段落样式。在"样式基准"下拉列表框中选择一个可作为创建基准的样式，一般应选择"正文"。在"后续段落样式"下拉列表框中为应用该段落样式后面的段落设置一个默认样式，一般应取默认值。

(5) 普通格式可在"根据格式设置创建新样式"对话框中进行设置，也可以单击对话框左下角的"格式"按钮，在弹出的列表框中选择"字体"，会弹出"字体"对话框，可进行字符格式设置。设置好字符格式后，单击"确定"按钮返回。

(6) 在弹出的列表框中选择"段落"，会弹出"段落"对话框，可进行段落格式设置。设置好段落格式后，单击"确定"按钮返回。

(7) 在"格式"列表框中还可以选择其他项目，会弹出对应对话框，然后可进行相应设置。在"根据格式设置创建新样式"对话框中单击"确定"按钮，"样式"任务窗格中会显示出新创建的"样式 0001"样式。

2) 删除样式

若要删除创建的自定义样式，则其操作步骤为：单击"样式"任务窗格中"样式 0001"右侧的下三角按钮，在展开的列表中选择"删除'样式 0001'"命令或"还原为列出段落"，在弹出的对话框中选择"是"按钮，完成删除。

注意：只能删除自定义的样式，不能删除 Word 2016 的内置样式。如果删除了自定义的样式，则 Word 会把所有应用此样式的段落恢复到"正文"的默认样式格式。

3. 多级编号的标题样式

内置样式中的"标题 1""标题 2""标题 3"等样式是不带编号的，在"修改样式"对话框中可以实现一个级别的编号设置，但对于多级编号，需要采用其他方法实现。现举例说明其操作过程。例如，对图 1.4 所示的文档，要求：章名使用样式"标题 1"，并居中；

编号格式为第 X 章，其中 X 为自动排序，如第 1 章。小节名使用样式"标题 2"，左对齐；编号格式为多级符号，形如 X.Y，X 为章数字序号，Y 为节数字序号，例如 1.1，且为自动编号。其操作步骤如下：

(1) 单击"开始"选项卡中"段落"分组中的"多级列表"按钮，弹出如图 1.5 所示的下拉列表框。

图 1.5 "多级列表"列表框

(2) 单击"定义新的多级列表"按钮，弹出"定义新多级列表"对话框。单击对话框左下角的"更多"按钮，对话框变成如图 1.6 所示。

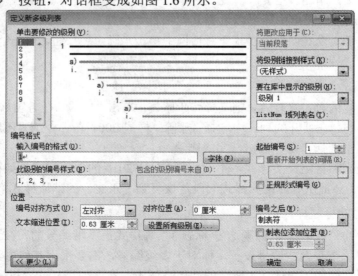

图 1.6 "定义新多级列表"对话框

（3）在"此级别的编号样式"下面选择"1，2，3，…"编号样式，在"输入编号的格式"下面的文本框中的数字前面和后面分别输入"第"和"章"。编号对齐方式选择左对齐，位置设置为 0 厘米，在"编号之后"下面的下拉列表框中选择"空格"。在"将级别链接到样式"下面的下拉列表框中选择"标题 1"样式。

（4）在"单击要修改的级别"处单击"2"。在"包含的级别编号来自"下面的下拉列表框中选择"级别 1"，在"输入编号的格式"下面的文本框中将自动出现"1"，然后输入"."。在"此级别的编号样式"下面的下拉列表框中选择"1，2，3，…"样式。在"输入编号的格式"下面的文本框中将出现节序号"1.1"。编号对齐方式选择左对齐，位置设置为 0 厘米，在"编号之后"下面的下拉列表框中选择"空格"。

（5）在"将级别链接到样式"下面的下拉列表框中选择"标题 2"样式，单击"确定"按钮。"开始"选项卡的"样式"组中的"快速样式"库中将会出现带有自动多级编号的"标题 1"和"标题 2"样式。

（6）在"快速样式"库中右键单击"标题 1"，选择快捷菜单中的"修改"，弹出"修改样式"对话框，单击"居中"按钮，将"标题 1"样式设为居中对齐方式。

（7）将光标定位在文档中的章标题中，单击"快速样式"库的"标题 1"样式，则章名设为指定的格式。选定标题中原来的"第一章"字符，并删除。

（8）将光标定位在文档中的节标题中，单击"快速样式"库中的"标题 2"样式，则节名设为指定的格式。选中节标题中原来的"1.1"字符，并删除。

（9）可以将"标题 1"和"标题 2"应用于其他章名和节名。操作文档后的效果如图 1.7 所示。

图 1.7　标题样式应用后的效果

1.1.2　模　板

模板是某种文档的类型，是一类特殊的文档，以 dotx 为扩展名，所有的 Word 文档都是基于某个模板创建的。模板中包含了文档的基本结构及文档设置信息，如文本、样式和格式；也包含了页面布局，如页边距和行距；还包含了设计元素，如特殊颜色、边框、辅色等。

用户在打开 Word 时就启动了模板,该模板是 Word 自动提供的普通模板(Normal.dotm),它包含了宋体、5 号字、两端对齐、纸张大小为 A4 纸型等信息。Word 提供了许多预先定义好的模板,可以利用这些模板快速地建立文档。

1. 利用模板创建文档

Word 2016 提供了许多被预先定义的模板,称为常用模板。使用常用模板可以快速创建基于某种类型和格式的文档,其操作步骤如下:

(1) 单击"文件"选项卡,在左侧的列表中选择"新建"选项。

(2) Word 2016 提供了"可用模板"和"Office.com 模板"两类模板,"可用模板"列表中的模板位于本机内,"Office.com 模板"需要在线搜索。单击"可用模板"列表框中的"样本模板",系统列出了 53 种模板,如图 1.8 所示。选择其中的一种模板,在预览效果图下面单击"文档"单选项。

图 1.8　样本模板

(3) 单击"创建"按钮,即可创建基于该模板的新文档。

(4) 根据需要输入文档信息,然后进行文档的保存。

根据需要在新建的模板中进行修改,主要是进行内容及格式的设置。

单击"保存"按钮或单击"文件"选项卡中的"另存为"命令,弹出"另存为"对话框。在"另存为"对话框中显示的是系统提供的模板默认的存放位置,如图 1.8 所示。用户可选择默认位置,或自行设置模板的存放位置,在"文件名"下拉列表框中输入模板的文件名,在"保存类型"下拉列表框中选择"Word 模板"。Word 2016 模板默认的扩展名为 dotx。

单击"保存"按钮即可将设置的模板保存到用户指定的位置。

2. 利用已有文档创建模板

利用已有文档创建模板的步骤如下:

(1) 打开一个已经排版各类格式的现有文档。

(2) 单击"文件"选项卡中的"另存为"命令,弹出"另存为"对话框。

(3) 设置模板的存放位置,在"文件名"下拉列表框中输入模板的文件名,在"保存类型"下拉列表框中选择"Word 模板"。

（4）单击"保存"按钮即可将设置的模板保存到用户指定的位置。

3. 模板应用

将一个定制好的模板应用到打开的文档中，具体操作步骤如下：

（1）打开文档，单击"开始"选项卡下左侧列表中的"选项"按钮，弹出"Word 选项"对话框。

（2）在"Word 选项"对话框左侧列表中单击"加载项"选项卡，在"管理"下拉列表框中选择"模板"选项，然后单击"转到"按钮，打开"模板和加载项"对话框。

（3）单击"选用"按钮，在弹出的"选用模板"对话框中选择一种模板，单击"打开"按钮，将返回"模板和加载项"对话框。

（4）在"文档模板"文本框中将会显示添加的模板文档名和路径。选中"自动更新文档样式"复选框。

单击"确定"按钮即可将此模板中的样式应用到打开的文档中。

4. 样式管理器

使用样式管理器的方法如下：

（1）打开 Word 文档，然后按前述方法打开"模板和加载项"对话框。

（2）单击"管理器"按钮，弹出"管理器"对话框，选择"样式"选项卡，弹出如图 1.9 所示的对话框。左边为文档中已有的样式，右边为 Normal.dotm(共用模板)样式。

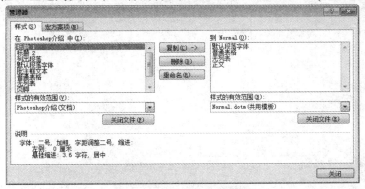

图 1.9　"管理器"对话框

（3）可以将左边文档中的样式复制到右边的共用模板中，也可以将共用模板中的样式复制到当前文档中。

（4）如果要复制的样式未在 Normal.dotm 模板文件中，则可单击右边的"样式的有效范围"下拉列表框下方的"关闭文件"按钮，此时该按钮将变成"打开文件"按钮。

（5）单击"打开文件"按钮，弹出"打开"对话框，从中选择要复制样式的模板或文档，单击"打开"按钮即可将选定的模板内容添加到"管理器"对话框中右侧的样式列表框中。

（6）完成"样式"复制或删除操作后，单击"管理器"对话框中的"关闭"按钮即可完成样式的复制或删除。

（7）单击"开始"选项卡"样式"组中的"样式"按钮，弹出"样式"任务窗格，可以查看添加的样式。也可单击"快速样式库"右侧的下拉按钮，查看添加的样式。

1.1.3 脚注和尾注

脚注和尾注在文档中主要用于对文本进行补充说明，如单词解释、备注说明或提供文档中引用内容的来源等。脚注通常位于页面的底部，用来说明每页中要注释的内容。尾注位于文档结尾处，用来集中解释需要注释的内容或标注文档中所引用的其他文档名称。

在 Word 文档中，脚注和尾注的插入、修改或编辑方法完全相同，区别在于它们出现的位置不同。本节以脚注为例介绍其相关操作，尾注的操作方法类似。

1. 插入及修改脚注

在文档中，可以同时插入脚注和尾注来注释文本，也可以在文档中的任何位置添加脚注或尾注进行注释。默认设置下，Word 在同一文档中对脚注和尾注采用不同的编号方案。插入脚注的操作步骤如下：

(1) 将光标移到要插入脚注和尾注的文本位置，单击"引用"选项卡"脚注"组中的"插入脚注"按钮，此时即可在选择的位置看到脚注标记。

(2) 在页面下方光标闪烁处输入注释内容，即可实现插入脚注操作。如图 1.10 所示，插入了两个脚注。

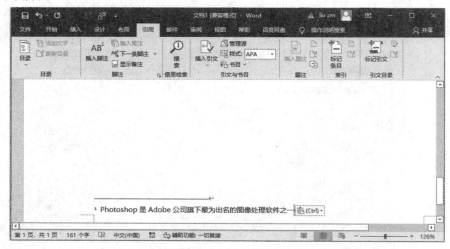

图 1.10　插入脚注

插入第一个脚注后，可按相同操作方法插入第二个、第三个等脚注，并实现脚注的自动编号。如果用户要修改某个脚注内容，则可将光标定位在该脚注内容处，直接进行修改。也可在两个脚注之间插入新的脚注，编号将自动更新。

2. 修改或删除脚注分隔符

在 Word 文档中，用一条短横线将文档正文与脚注或尾注分隔开，这条线称为"注释分隔符"，这条分隔线可以进行修改或删除。修改或删除脚注分隔符的操作步骤如下：

(1) 单击 Word 窗口下面的状态栏右侧的"草稿"视图按钮，将文档视图切换到草稿视图下。

(2) 单击"引用"选项卡"脚注"组中的"显示备注"按钮。

(3) 在文档正文的下方将出现如图 1.11 所示的操作界面，单击脚注右侧的下拉按钮，选择列表框中的"脚注分隔符"或"脚注延续分隔符"。

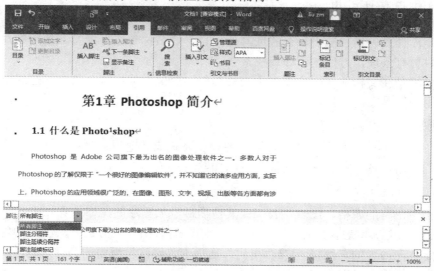

图 1.11　修改或编辑脚注

(4) 对出现的分隔符进行修改。如果要删除分隔符,则按"Delete"键进行删除即可。

(5) 单击状态栏右侧的"页面"视图按钮,将文档视图切换到页面视图,可查看操作后的效果。

3. 脚注与尾注的相互转换

脚注与尾注之间可以进行相互转换,其操作步骤如下:

(1) 将光标移到某个要转换的脚注注释内容处,鼠标右键单击,在弹出的快捷菜单中选择"转换至尾注"命令,即可实现脚注到尾注的转换操作。

(2) 将光标移到某个要转换的尾注注释内容处,鼠标右键单击,在弹出的快捷菜单中选择"转换至脚注"命令,即可实现尾注到脚注的转换操作。

插入脚注与尾注除了前面介绍的方法外,还可以利用"脚注和尾注"对话框来实现脚注与尾注的插入、修改及相互转换操作。单击"引用"选项卡的"脚注"组右下角的对话框启动器按钮,弹出"脚注和尾注"对话框,如图 1.12 所示。在该对话框中可以插入脚注或尾注,并可设定各种格式。在对话框中单击"转换"按钮,将出现如图 1.13 所示的对话框,可实现脚注和尾注之间的相互转换。

图 1.12　"脚注和尾注"对话框

图 1.13　脚注和尾注转换对话框

1.1.4　题注和交叉引用

题注是添加到表格、图表、公式或其他项目上的名称和编号标签。使用题注可以使文档中的项目更有条理，方便阅读和查找。

交叉引用是在文档的一个位置引用文档另外一个位置的内容，类似于超级链接，只不过交叉引用一般是在同一文档中相互引用。

1. 题注

在 Word 2016 中，可以在插入表格、图表、公式或其他项目时自动地添加题注，也可以为已有的表格、图表、公式或其他项目添加题注。

1) 为已有项目添加题注

为文档中已有的表格、图表、公式或其他项目添加题注的操作步骤如下：

(1) 在文档中选定想要添加题注的项目，如图片(若图片下方已有对图片的题注内容，则将光标定位在内容的左侧)，单击"引用"选项卡"题注"组中的"插入题注"按钮，弹出"题注"对话框，如图 1.14 所示。

(2) 在"标签"下拉列表框中选择一个标签，如图表、表格、公式等。若要新建标签，则可单击"新建标签"按钮，在弹出的"新建标签"对话框中输入要使用的标签名称，如图、表等，单击"确定"按钮即可建立一个新的题注标签。

(3) 单击"编号"按钮，将弹出"题注编号"对话框，可以设置编号格式，也可以将编号和文档的章节序号联系起来。单击"确定"按钮返回"题注"对话框。 单击"确定"按钮完成题注的添加。

2) 自动添加题注

在打开的文档中，先设置好题注格式，然后在添加图表、公式或其他对象时将自动添加题注，操作步骤如下：

(1) 单击"引用"选项卡"题注"组中的"插入题注"按钮，弹出"题注"对话框。

(2) 单击"自动插入题注"按钮，弹出"自动插入题注"对话框，如图 1.15 所示。

图 1.14　"题注"对话框

图 1.15　"自动插入题注"对话框

(3) 在"插入时添加题注"列表框中选择自动插入题注的项目。在"使用标签"下拉列表框中选择标签类型。在"位置"下拉列表框中选择题注相对于项目的位置。如果要新建标签，则单击"新建标签"按钮，在弹出的对话框中输入新标签名称。单击"编号"可以设置编号格式。

(4) 单击"确定"按钮，完成自动添加题注的操作。

如果在"题注"对话框中单击"删除标签"按钮，则会将选择的标签从"题注"的下拉列表框中删除。

2. 交叉引用

在 Word 2016 中，可以在多个不同的位置使用同一个引用源的内容，这种方法称为交叉引用。建立交叉引用实际上就是在要插入引用内容的地方建立一个域，当引用源发生改变时，交叉引用的域将自动更新。可以为标题、脚注、书签、题注、编号段落等创建交叉引用。本节以创建的题注为例介绍交叉引用。

1) 创建交叉引用

交叉引用仅可引用同一文档中的项目，该项目必须已经存在。若要引用其他文档中的项目，则先要将相应文档合并到主控文档中。创建交叉引用的操作步骤如下：

(1) 移动光标到要创建交叉引用的位置，单击"引用"选项卡"题注"组中的"交叉引用"按钮，弹出"交叉引用"对话框，如图 1.16 所示。

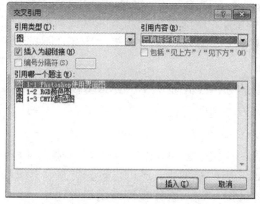

图 1.16　"交叉引用"对话框

(2) 在"引用类型"下拉列表中选择要引用的项目类型，例如选择"图"选项。在"引用内容"下拉列表中选择要插入的信息内容，如整项题注、只有标签和编号、只有题注文字等，这里选择"只有标签和编号"。在"引用哪一个题注"列表框中选择要引用的标题，然后单击"插入"按钮。

(3) 选定的题注将自动添加到文档中，按照第(2)步中的方法可继续选择其他题注。选择完要插入的引用题注后单击"关闭"按钮，完成交叉引用的操作。

2) 更新交叉引用

当文档中被引用项目发生了变化，如添加、删除或移动了题注，交叉引用应随之改变，称为交叉引用的更新。可以更新一个或多个交叉引用，操作步骤如下：

(1) 若要更新单个交叉引用，则选定该交叉引用。若要更新文档中所有的交叉引用，则选定整篇文档。

(2) 右击所选内容，在弹出的快捷菜单中选择"更新域"命令，即可实现单个或所有交叉引用的更新。

也可以选定要更新的交叉引用或整篇文档，按"F9"键实现交叉引用的更新。

1.2 页 面 设 计

1.2.1 视图方式

视图是指文档的显示方式。在不同的视图方式下，文档的显示方式有所不同，其中某部分内容将会突出显示，有助于更有效地编辑文档。另外，Word 还提供了其他辅助工具，帮助用户编辑和排版文档。

1. 视图操作

Word 2016 提供了页面视图、阅读版式视图、Web 版式视图、大纲视图和草稿视图共 5 种视图显示方式，下面介绍其中的 3 种视图显示方式。

1) 页面视图

页面视图是 Word 最基本的视图方式，也是 Word 默认的视图方式，用于显示文档打印的外观，与打印效果完全相同。在该视图方式下可以看到页面边界、分栏、页眉和页脚的实际打印位置，可以实现对文档的各种排版操作，具有"所见即所得"的显示效果。

2) 阅读版式视图

阅读版式视图以图书的分栏样式显示 Word 2016 文档内容，文件按钮、功能区等窗口元素被隐藏起来。在阅读版式视图中，用户还可以单击"工具"按钮选择各种阅读工具。

3) Web 版式视图

Web 版式视图以网页的形式显示 Word 2016 文档内容，其外观与在 Web 或 Intranet 上发布时的外观一致。在 Web 版式视图中，还可以看到背景、自选图形和其他在 Web 文档及屏幕上查看文档时常用的效果。Web 版式视图适用于发送电子邮件和创建网页。

可以方便地实现 5 种视图之间的相互转换。单击"视图"选项卡中"文档视图"组中的某种视图方式，或单击 Word 窗口右下角文档视图控制按钮区域中的某个视图按钮，即可使当前文档进入相应视图显示方式。

2. 辅助工具

Word 2016 提供了许多辅助工具，如标尺、文档结构图、显示比例等，可以方便用户编辑和排版文档。

1) 标尺

标尺用来设置测量或对齐文档中的对象，作为字体大小、行间距等的参考。标尺上有明暗分界线，可以对页边距、分栏的栏宽、表格的行和高等进行快速调整。当选中表格中部分内容时，标尺上面会显示分界线，可手动调整。手动调整的同时按住"Alt"键可以实现微调。Word 2016 中的标尺默认方式是隐藏的，其打开方式有以下 3 种：

(1) 单击"视图"选项卡的"显示"组中的"标尺"复选框。

(2) 单击文档右侧上下滚动条顶端的"标尺"按钮，文档即可显示标尺。

(3) 移动鼠标指针到工作区上端的灰色区域处，停留几秒，文档即可显示标尺。将鼠标指针移动到其他工作区位置，标尺将再次隐藏。

2）文档结构图

文档结构图也就是文档的导航窗格，由联机版式视图发展而来，它在文档中一个单独的窗格中显示文档标题，使文档结构一目了然。也可以单击标题、页面或通过搜索文本或对象来进行导航。单击"视图"选项卡"显示"组中的"导航窗格"复选框，可打开导航窗格。单击左边文档结构图中的某级标题，在右边的文档中就会显示所对应的内容。通过单击按钮向上或向下实现向上或向下移动一个标题位置。利用文档页面导航可查看每页的缩略图并快捷定位相应页。利用导航窗格中的"搜索栏"可以快速查找文本和对象。

3）显示比例

为了便于浏览文档内容，可以缩小或者放大屏幕上的字体和图形，但不会影响文档的实际打印效果，这个操作可以通过调整显示比例来实现。其操作方法主要有以下两种：

(1) 单击"视图"选项卡"显示比例"组中的"显示比例"按钮，可以根据自己的需要选择或设置文档显示的比例。单击窗口下面状态栏右侧的显示比例按钮"100%"，也会弹出"显示比例"对话框。

(2) 通过单击状态栏右侧的"显示比例"滑动按钮中的"+""–"或滑块可实现文档的放大或缩小。

1.2.2　分隔符

有时根据排版的要求，需要在文档中人工插入分隔符，实现分页、分栏及分节。本小节介绍这 3 种分隔符的使用方法。

1. 分页符

在 Word 2016 中，编辑文档时系统会自动分页。如果要使文档从某个位置开始，之后的文档内容在下一页出现，则此时可通过在指定位置插入分页符进行强制分页。其方法是将光标定位在要分页的位置，单击"页面布局"选项卡"页面设置"组中的"分隔符"按钮，在弹出的列表中选择"分页符"命令，光标后面的文档内容将自动在下一页中出现。也可按组合键"Ctrl + Enter"实现分页操作。

分页符为一行虚线，若看不见分页符，则单击"开始"选项卡"段落"组中的"显示/隐藏编辑标记"按钮显示分页符标记。若要删除分页符，则单击分页符，按"Delete"键删除。

2. 分栏符

在 Word 2016 中，分栏用来实现在一页上以两栏或多栏方式显示文档内容，广泛应用于报纸和杂志的排版编辑中。在分栏的外观设置上，Word 具有很大的灵活性，可以控制栏数、栏宽以及栏间距，还可以很方便地设置分栏长度。其操作步骤如下：

(1) 选中要分栏的文本，单击"页面布局"选项卡"页面设置"组中的"分栏"按钮，在展开的列表框中选择一种分栏方式。

(2) 使用"分栏"按钮只可设置小于 4 栏的文档分栏,单击列表下方的"更多分栏"按钮,将弹出"栏"对话框,如图 1.17 所示。

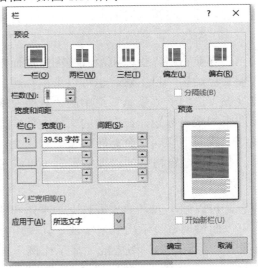

图 1.17　"栏"对话框

(3) 在"栏"对话框中,可设置栏数、栏宽、分隔线、应用范围等。设置完成后,单击"确定"按钮完成分栏操作,将选中的段落设置为两栏形式。

3. 分节符

为了实现对同一篇文档中不同部分的文本进行不同的格式化操作,可以将整篇文档分成多个节。节是文档格式化的最大单位,只有在不同的节中,才可以设置与前面文本不同的页眉页脚、页边距、页面方向、文字方向、版式等格式,插入分节符的操作步骤如下:

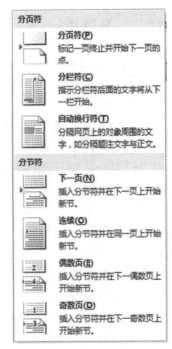

(1) 将光标定位在需要插入分节符的位置,单击"页面布局"选项卡"页面设置"组中的"分隔符"按钮,将出现一个列表,如图 1.18 所示。

(2) 在列表中的分节符区域中选择分节符类型,如"下一页"。其中类型有:

- 下一页:表示分节符后的文本从新的一页开始。
- 连续:新节与其前面一节同处于当前页中。
- 偶数页:新节中的文本显示或打印在下一偶数页上。如果该分节符已经在一个偶数页上,则其下面的奇数页为一空页,对于普通的书籍就是从左手页开始的。
- 奇数页:新节中的文本显示或打印在下一奇数页上。如果该分节符已经在一个奇数页上,则其下面的偶数页为一空页,对于普通的书籍就是从右手页开始的。

图 1.18　分节符

(3) Word 即可在光标处插入一个分节符,并将分节符后面的内容显示在下一页中。

1.2.3　页眉和页脚

页眉和页脚分别位于每页的顶部和底部，用来显示文档的附加信息，包括文档名、作者名、章节名、页码、日期时间、图片及其他一些域。可以将文档首页或页脚设置成与其他页不同的形式，也可以对奇数页和偶数页设置不同的页眉和页脚。

1. 添加页眉和页脚

要添加页眉和页脚，只需在某一个页眉或页脚中输入要放置在页眉或页脚的内容即可，Word 会把它们自动地添加到每一页上，其操作步骤如下：

(1) 单击"插入"选项卡"页眉和页脚"组中的"页眉"按钮，在展开的列表框中选择内置的页眉样式。如果不使用内置样式，则单击"编辑页眉"选项，直接进入页眉编辑状态。

(2) 进入"页眉和页脚"编辑状态后，会同时显示"页眉和页脚工具设计"(以下简称"设计")选项卡，在页眉处直接输入内容。

(3) 单击"导航"组中的"转到页脚"按钮，光标将定位到页脚框内，可以直接输入页脚内容。也可以单击"页眉和页脚"组中的"页脚"按钮，在展开的列表框中选择内置的页脚样式。

(4) 输入页眉和页脚内容后，单击"关闭"组中的"关闭页眉和页脚"按钮，则返回文档正文原来的视图模式。

退出"页眉和页脚"编辑环境，也可以通过在正文文档任意处双击左键来实现。

2. 设置首页不同或奇偶页不同的页眉和页脚

有些文档的首页没有页眉和页脚，是因为设置了首页不同的页眉和页脚。有些文档中要求对奇数页和偶数页设置各自不同的页眉或页脚，如在奇数页使用章标题，在偶数页上使用节标题。其操作步骤如下：

(1) 如果文档中没有设置页眉和页脚，则按上述步骤进入页眉和页脚编辑环境。若文档已有页眉，则在文档的页眉处双击，可打开"设计"选项卡，同时显示页眉和页脚。

(2) 单击"选项"组中的"首页不同"和"奇偶页不同"复选框，将光标分别移到首页、奇数页、偶数页的页眉和页脚处，然后编辑其内容。

(3) 单击"关闭"按钮，退出页眉和页脚编辑环境，完成首页不同或奇偶页不同的页眉和页脚设置。

3. 页码

在 Word 文档中，页码是一种内容简单，但使用最多的文档内容。加入页码后，Word 可以自动而迅速地编排和更新页码。在 Word 2016 中，页码可以放在页面顶端(页眉)、页面底端(页脚)、页边距或当前位置处，通常放在文档的页眉或页脚中。添加页码的操作步骤如下：

(1) 单击"插入"选项卡"页眉和页脚"组中的"页码"按钮，并展开下拉列表框。

(2) 在弹出的下拉列表框中可以从"页面顶端""页面底端""页边距""当前位置"选项组下选择页码放置的样式。如选择"页面底端"选项组下的"普通数字 1"选项。

(3) 进入页眉页脚编辑状态下，可以对插入的页码进行修改。单击"页眉页脚工具设计"选项卡的"页眉页脚"组中的"页码"按钮，在弹出的下拉列表中选择"设置页码的格式"选项，弹出"页码格式"对话框，如图 1.19 所示。

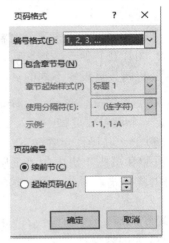

图 1.19　"页码格式"对话框

（4）在"编号格式"下拉列表框中选择编号的格式，在"页码编号"选项组下可以选择"续前节"或"起始页码"复选框。

（5）单击"确定"按钮，即可在文档中插入页码。单击"设计"选项卡"位置"组中的"插入对齐方式"选项卡，弹出"对齐制表位"对话框，用来设置页码的对齐方式。也可以单击"开始"选项卡"段落"组中的"对齐"按钮实现页码对齐方式的设置。

（6）单击"关闭页眉和页脚"按钮退出页眉页脚状态。

用户可以双击页眉或页脚进入页眉页脚编辑环境，然后单击"设计"选项卡"页眉和页脚"组中的"页码"按钮插入页码。

使用"页码"按钮的下拉列表框中的"删除页码"按钮可将页码删除。若文档首页页码不同，或者奇偶页的页眉或页脚不同，则需要将光标分别定位在相应的页面中，再删除页码。也可以在页眉或页脚编辑环境中选中要删除的页码，按"Delete"键实现删除。

1.2.4　页面设置

页面设置包括纸张大小、页边距、文档网络、版面等。新建文档时，Word 对页面格式进行了默认设置。用户可以根据自己的需要随时进行更改，页面设置可以在输入文档之前，也可以在输入的过程中或文档输入之后进行。

1. 页边距

页边距是指页面四周的空白区域。通俗理解是页面的边线到文字的距离。设置页边距包括调整上、下、左、右边距以及页眉和页脚边界的距离。其具体操作步骤如下：

（1）单击"页面布局"选项卡"页面设置"组中的"页边距"按钮，会弹出下拉列表框，如图 1.20 所示，移动鼠标选择需要调整的页边距样式。

（2）若列表框中没有所需要的样式，则单击列表框最下面的"自定义边距"按钮，或单击"页面设置"组右下角的"页面设置"对话框按钮，打开"页面设置"对话框，如图 1.21 所示。

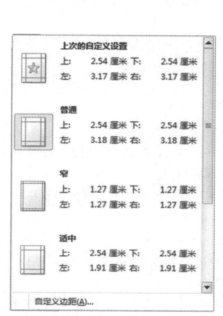

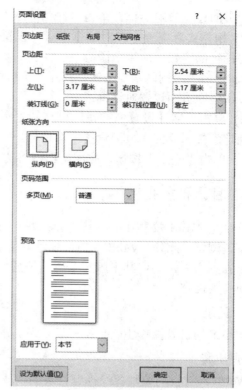

图 1.20　页面设置列表框　　　　图 1.21　"页面设置"对话框

(3) 根据实际需要，可以设置页边距的上、下、左、右边距，纸张方向，页码范围及应用范围。

(4) 单击"确定"按钮，完成页边距的设置。

2. 版式

版式也就是版面格式，包括节、页眉页脚、版心、周围空白的尺寸等项的设置。其操作步骤如下：

(1) 单击"页面布局"选项卡中"页面设置"组右下角的"页面设置"对话框按钮，打开"页面设置"对话框，单击"版式"标签。

(2) 在对话框中可以设置"节的起始位置""首页不同或奇偶页不同""页眉页脚边距"和"对齐方式"。

(3) 单击"行号"按钮，可打开"行号"对话框。选中"添加行号"复选框，单击"确定"按钮返回"页面设置"对话框。

(4) 单击"边框"按钮，可打开"边框和底纹"对话框，可以设置页面边框，单击"确定"按钮返回。

(5) 单击"确定"按钮，完成文档版式的设置。

3. 文档网络

文档网络可以实现文字排列方向、页面网格、每页行数、每行字数等的设置。其操作步骤如下：

(1) 单击"页面布局"选项卡中"页面设置"组右下角的"页面设置"对话框按钮，

打开"页面设置"对话框，单击"文档网络"标签。

(2) 根据实际需要，在对话框中可以设置文字排列方向、栏数、网格的类型、每面的行数、每行的字数、应用范围等。

(3) 单击"绘制网络"按钮，打开"绘制网络"对话框，设置文档网格格式，单击"确定"按钮返回页面设置对话框。

(4) 单击"字体设置"按钮，可打开"字体"对话框，可以设置文档的字体格式，单击"确定"按钮返回"页面设置"对话框。

(5) 单击"确定"按钮，完成文档网格的设置。

1.2.5　目录和索引

目录是 Word 文档中各级标题以及每个标题所在的页码的列表，通过目录实现文档内容的快速浏览。此外，Word 中的目录包括目录和图表目录。索引是将文档中的字、词、短语等单独列出来，注明其出版和页码，根据需要按一定的检索方法编排，以方便读者快速地查阅有关内容。

1. 目录

本小节的目录操作主要包括标题目录、图表目录和引文目录的创建及其修改。

1) 目录

Word 具有自动编制各级标题目录的功能。编制了目录后，只要按住"Ctrl"键，单击目录中的某个页码，就可以自动跳转到该页码对应的标题。目录的操作主要涉及目录的创建、修改、更新及删除。

(1) 创建目录。创建目录的操作步骤如下：

① 打开已经预定义好各级标题样式的文档。将光标定位在要建立目录的位置(一般在文档的开头)，单击"引用"选项卡"目录"组中的"目录"按钮，将展开一个列表框，可以选择其中的一种目录样式。也可以单击"插入目录"按钮，打开"目录"对话框，如图 1.22 所示。

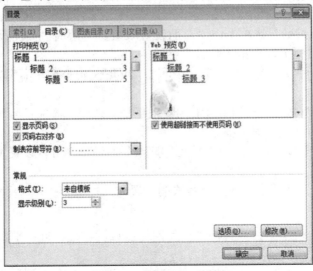

图 1.22　"目录"对话框

② 在"目录"对话框中可确定目录显示的格式及级别，如对"显示页码""页码右对齐""制表符前导符""格式""显示级别"等对象进行设置。

③ 单击"确定"按钮，完成创建目录的操作。

(2) 修改目录。如果对设置的目录格式不满意，则可以对目录进行修改，其操作步骤如下：

① 单击"引用"选项卡"目录"组中的"目录"按钮，选择其中的"插入目录"按钮，打开"目录"对话框，如图 1.22 所示。

② 按照实际需要修改相应的选项。单击"选项"按钮，弹出"选项"对话框，选择目录标题显示的级别，默认为三级。单击"确定"按钮返回。

③ 单击"修改"按钮，弹出修改对话框，如果要修改某级目录格式，则可选择该级目录，单击"修改"按钮，弹出"修改格式"对话框，根据需要修改该级目录格式，单击"确定"按钮返回，然后单击"确定"按钮返回"目录"对话框。

④ 单击"确定"按钮，系统会弹出一个是否替换目录的信息提示框，单击"是"按钮完成目录的修改。

(3) 删除目录。若要删除创建的目录，则操作方法为：单击"引用"选项卡"目录"组中的"目录"按钮，选择列表框底部的"删除"按钮即可。或者在文档中选中整个目录后按"Delete"键进行删除。

2) 图表目录

图表目录是对 Word 文档中的图、表、公式等对象编制的目录。对这些对象编制了目录后，只要按住"Ctrl"键，单击图表目录中的某个页码，就可以跳转到该页码对应的对象。图表目录的操作主要涉及目录的创建、修改、更新及删除。创建图表目录的操作步骤如下：

(1) 打开已经预先对文档中的图、表或公式创建了题注的现有文档，将光标定位在要建立图表目录的位置，单击"引用"选项卡"题注"组中的"插入表目录"按钮，弹出"图表目录"对话框，如图 1.23 所示。

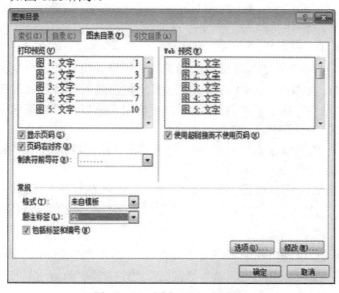

图 1.23　"图表目录"对话框

（2）单击"题注标签"右边的下拉按钮，选择不同的题注对象，可实现对文档中图、表或公式题注的选择。

（3）在"图表目录"对话框中还可以对其他选项进行设置，如"显示页码""页码右对齐""格式"等，与"目录"设置方法类似。

（4）单击"选项"按钮，会弹出"选项"对话框，可对图表目录标题的来源进行设置，单击"确定"按钮返回。单击"修改"按钮，会弹出"样式"对话框，可对图表目录的样式格式进行修改，单击"确定"按钮返回。

（5）单击"确定"按钮，完成图表目录的创建。

2. 索引

索引是将文档中的专用术语、缩写和简称、同义词及相关短语等对象按一定次序分条排列，以方便读者快速查找。索引的操作主要包括标记索引项、编制索引目录、索引更新及索引删除。

1）标记索引项

要创建索引，首先要在文档中标记索引项，索引项可以是来自文档中的文本，也可以与文本有特定的关系，如其同义词。索引标记可以是文档中的一处，也可以是文档中相同内容的全部。标记索引项的操作步骤如下：

（1）将光标定位在要添加索引的位置，或选中要创建索引项的文本。单击"引用"选项卡"索引"组中的"标记索引项"按钮，弹出"标记索引项"对话框。

（2）在"索引"选项组中的"主索引项"文本框中输入要作为索引的内容，在文本框中右击，在弹出的快捷菜单中选择"字体"，弹出"字体"对话框，可以对索引内容进行格式设置。在"选项"组中选中"当前页"。还可以设置页码格式，例如加粗、倾斜。

（3）单击"标记"按钮即可在光标位置或选中的文本后面出现索引区域"{ XE "***"}"。单击"标记全部"按钮，会实现将文档中所有与主索引文本框中内容相同的文本进行索引标记。

（4）按照相同的方法建立其他对象的索引标记。

2）编制索引目录

Word 以 XE 域的形式来插入索引项的标记，标记好索引项后，默认方式为显示索引标记。由于索引标记在文档中也占用文档空间，因此在创建索引目录前需要将其隐藏。单击"开始"选项卡"段落"组中的"显示/隐藏编辑标记"按钮，可实现索引标记的隐藏或显示。创建索引目录的操作步骤如下：

（1）将光标定位在要添加索引目录的位置，单击"引用"选项卡"索引"组中的"插入索引"按钮，弹出"索引"对话框。

（2）根据实际需要，可以设置"类型""栏数""页码右对齐""格式"等选项。例如，选中"页码右对齐"，"栏数"为1，单击"确定"按钮，在光标处将自动插入索引目录。

3）索引更新

更改了索引项或索引项所在的页码发生改变后，应及时更新索引。其操作方法与目录更新类似。选中索引，单击"引用"选项卡"索引"组中的"更新索引"按钮或者按"F9"键实现索引更新。也可以选中索引，右击鼠标，选择快捷菜单中的"更新域"实现索引更新。

4) 索引删除

如果看不到索引域，则单击"开始"选项卡"段落"组中的"显示/隐藏编辑标记"按钮，实现索引标记的显示，选中整个索引项域，包括括号"{}"，然后按"Delete"键删除索引标记。

3. 引文目录

引文目录是将文档中的专用术语、缩写和简称、同义词及相关短语等对象按类别次序分条排列，以方便读者快速查找。引文目录的操作主要包括标记引文、编制引文目录、索引更新及索引删除，其操作方法类似于索引操作。

1) 标记引文

要创建引文目录，首先要在文档中标记引文，引文项可以来自文档中的任意文本。引文标记可以是文档中的一处对象，也可以是文档中相同内容的全部。标记引文的操作步骤如下：

(1) 选中要创建标记引文的文本。单击"引用"选项卡"引文目录"组中的"标记引文"按钮，弹出"标记引文"对话框，如图 1.24 所示。

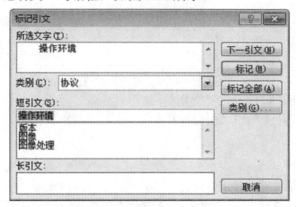

图 1.24　"标记引文"对话框

(2) 在"所选文字"列表框中将显示选中的文本，在"类别"下拉列表框中选择引文的类别，主要有"事例""法规""其他引文""规则""协议"或"规章"。在"短引文"文本框中可以输入引文的简称，或选择列表框的现有引文。"长引文"文本框将自动出现引文。

(3) 单击"标记"按钮即可在选中的文本后面出现引文区域"{TA \s "***"}"。单击"全部标记"按钮，将实现将文档中所有与选中内容相同的文本进行引文标记。

(4) 按照相同的方法建立其他对象的引文标记。

(5) 单击"关闭"按钮完成标记引文操作。

2) 引文目录

Word 以 TA 域的形式来插入引文项的标记，标记好引文项后，默认方式为显示引文标记。由于引文标记在文档中也占用文档空间，因此在创建引文目录前需要将其隐藏。单击"开始"选项卡"段落"组中的"显示/隐藏编辑标记"按钮，可实现引文标记的隐藏或显示。创建引文目录的操作步骤如下：

(1) 将光标定位在要添加引文目录的位置，单击"引用"选项卡"引文目录"组中的"插入引文目录"按钮，弹出"引文目录"对话框，如图 1.25 所示。

图 1.25 "引文目录"对话框

(2) 根据实际需要，可以设置"类别""使用'各处'""保留原格式""格式"等选项。例如，选中"使用'各处'"和"保留原格式"，单击"确定"按钮，在光标处将自动插入引文目录。

3) 引文目录更新

更改了引文项或引文项所在的页码发生改变后，应及时更新引文目录。其操作方法与目录更新类似。选中引文，单击"引用"选项卡"引文目录"组中的"更新引文"按钮或者按"F9"键实现引文目录更新，也可以右击选中的引文，选择快捷菜单中的"更新域"实现引文更新。

4) 引文目录删除

如果看不到引文域，则单击"开始"选项卡"段落"组中的"显示/隐藏编辑标记"按钮，实现引文标记的显示，选中整个引文项域，包括括号"{}"，然后按"Delete"键实现引文标记的删除。

4. 书签

书签是一种虚拟标记，其主要作用在于快速定位到特定位置，或者引用同一文档(也可以是不同文档)中的特定文字。在 Word 文档中，文本、段落、图形图片、标题等都可以添加书签。

1) 添加和显示书签

在文档中选择要添加书签的文本，单击"插入"选项卡"链接"组中的"书签"按钮，将弹出"书签"对话框，在"书签名"文本框中输入新书签名，单击"添加"按钮即可完成对所选文本添加书签的操作。

2) 定位及删除书签

在文档中添加了书签后，打开"书签"对话框，可以看到已经添加的书签。使用"书签"对话框可以快捷定位或删除添加的书签。

3) 引用书签

在 Word 文档中添加了书签后，可以引用书签的位置建立超链接及交叉引用。

(1) 建立超链接。在文档中选择要建立超链接的对象，如文本、图像等，单击"插入"选项卡"链接"组中的"超链接"按钮，将弹出"插入超链接"对话框。或者右击要建立超链接的对象，在弹出的快捷菜单中选择"超链接"命令，也会弹出"插入超链接"对话框。在对话框的右侧单击"书签"按钮，弹出"在文档中选择位置"对话框，如图 1.26 所示。选择"书签"标记下面的某个书签名，单击"确定"按钮返回，再单击"确定"按钮即可为选择的对象建立超链接。

图 1.26　"插入超链接"对话框

(2) 建立交叉引用。首先在文档中确定建立交叉引用的位置，然后单击"插入"选项卡"链接"组中的"交叉引用"按钮，将弹出"交叉引用"对话框。也可以单击"引用"选项卡"题注"组中的"交叉引用"按钮，也会弹出"交叉引用"对话框，如图 1.27 所示。选择"引用类型"下拉列表框中的"书签"选项，"引用内容"下拉列表框中的"书签文字"选项，"引用哪一个书签"列表框中的某个书签，单击"插入"按钮即可在选定位置建立交叉引用。

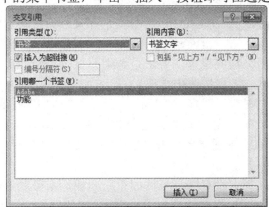

图 1.27　"交叉引用"对话框

1.3　图文混排与表格应用

1.3.1　图文混排

在 Word 2016 中，要在文档中添加图片，除了通过简单的复制操作外，系统在"插入"选项卡中提供了 5 种方式插入插图，即图片、形状、SmartArt、图表和屏幕截图。这 5 种方式位于"插入"选项卡"插图"组中，如图 1.28 所示。

图 1.28　"插入"选项卡

1. 插入图片

在图 1.28 所示的"插入"选项卡"插图"组功能按钮中，图片、剪贴画、形状和图表在 Word 以往版本中就已经详细介绍并广泛应用，在 Word 2016 中，这些功能按钮只是在界面和样式的显示方面进行了改进，操作方法非常类似，在此不再赘述。以下主要介绍在 Word 中如何插入 SmartArt 和屏幕截图。

1) SmartArt 图形

(1) SmartArt 设计和格式选项卡。当插入一个 SmartArt 图形后，系统将自动显示 SmartArt 的"设计"和"格式"选项卡，并自动切换到"SmartArt 设计"选项卡，如图 1.29 所示。

图 1.29　SmartArt 的设计和格式选项卡

(2) 添加与删除形状。当默认的结构不能满足需要时，可以在指定的位置添加形状。也可以将指定位置处的形状删除。

可以调整整个 SmartArt 图形或其中一个分支的布局。方法是选中要更改的形状，单击"创建图形"组中的"布局"按钮，在弹出的列表框中选择一种布局选项即可。

可以更改某个开关的级别或位置。方法是选中要更改级别的形状，单击"创建图形"组中的降级、升级、上移、下移按钮来实现。

若要删除一个形状，则首先选择该形状，然后按"Delete"键即可。

(3) 设置 SmartArt 布局和样式。这里是指对整个 SmartArt 图形进行布局和样式的设置，可通过在 SmartArt 图形的绘图画布上单击来选中 SmartArt 图形。若要更改布局，则单击"设计"选项卡"布局"组中的"布局"列表右侧的"其他"按钮，在弹出的下拉列表中选择需要的布局类型。如果列表中没有满足条件的布局选项，则可以单击"其他布局"选项，在弹出的"选择 SmartArt 图形"对话框中选择需要的布局样式，如图 1.30 所示。

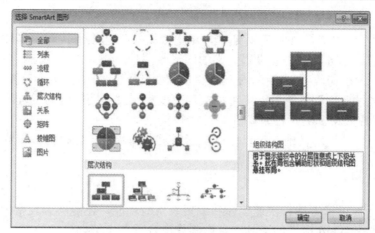

图 1.30　SmartArt 图形的布局及样式

　　若要更改 SmartArt 图形样式，则在"设计"选项卡"SmartArt 样式"列表中单击选择需要的外观样式。用户还可以单击"SmartArt 样式"列表右侧的"其他"按钮，在弹出的"SmartArt 样式"下拉列表中选择需要的外观样式，即可更改 SmartArt 图形的外观。

　　若要更改 SmartArt 图形颜色，则单击"设计"选项卡"SmartArt 样式"组中的"更改颜色"按钮，在弹出的下拉列表框中单击理想的颜色选项即可更改 SmartArt 图形颜色。

　　2) 屏幕截图

　　操作系统提供了将计算机的整个屏幕或当前窗口进行复制的操作方法。按键盘上的"PrtSc SysRq"键，可将整个屏幕图像复制到"剪贴板"中。同时按"Alt + PrtSc SysRq"组合键，可将当前活动窗口图像复制到剪贴板中。在 Word 2016 中，专门提供了屏幕截图工具软件，可以实现将任何未最小化到任务栏的程序的窗口图片插入到文档中，也可以插入屏幕上的任何部分图片。

　　插入屏幕上的任何部分图片的操作步骤为：将光标移到文档中要插入图片的位置，单击"插入"选项卡"插图"组中的"屏幕截图"按钮，弹出"可用视窗"窗口，单击"屏幕剪辑"选项。此时"可用视窗"窗口中的第一个屏幕被激活且成模糊状。模糊前有 1～2 s 的停顿时间，这期间允许用户做一些操作。模糊状后鼠标变成一个粗十字形状，拖曳鼠标可以剪辑图片的大小，放开鼠标后将自动在光标处插入图片。

　　2. 编辑图形图片

　　Word 在"插入"选项卡中提供了 6 种方式插入各种图形图片。其中，插入的"形状"图片默认方式为"浮于文字上方"，其他均以嵌入方式插入到文档中。根据用户需要，可以对这些插入的图形图片进行各种编辑操作。

　　(1) 设置文字环绕方式。文字环绕方式是指插入图片后，图片与文字的环绕关系。Word提供了 7 种文字环绕方式，即嵌入型、四周型、紧密型、穿越型、上下型、浮于文字上方及衬于文字下方，其操作方法为：选择图形或图片，单击"图片工具"→"格式"选项卡"排列"组中的"自动换行"按钮，在弹出的下拉列表框中选择某种环绕方式即可。也可以右击要设置环绕方式的图形或图片，在弹出的快捷菜单中单击"其他布局选项"或"大小和位置"按钮，弹出"布局"对话框，单击"文字环绕"选项卡，可选择其中的某种文字环绕方式。

(2) 设置大小。打开"布局"对话框，单击"大小"选项卡，对图形图片的高度和宽度进行精确设置。也可以右击要设置大小的图形或图片，在弹出的快捷菜单中单击"其他布局选项"或"大小和位置"按钮，弹出"布局"对话框，单击"大小"选项卡进行设置。如果取消"锁定纵横比"复选框，则可以实现高度和宽度不同比例的设置。

(3) 调整图片效果。右击图片，在弹出的快捷菜单中选择"设置图片格式"命令，将弹出"设置图片格式"对话框，可以根据实际需要对图片进行各种格式设置。

1.3.2　表格应用

Word 2016 提供了方便、快速创建和编辑表格的功能，还能够为表格内容添加格式以及美化表格，利用 Word 提供的工具，可以制作出各种各样符合要求的表格。

1. 插入表格

在 Word 2016 中，系统在"插入"选项卡"表格"组中的"表格"下拉列表框中提供了 6 种方式插入表格，即表格、插入表格、绘制表格、文本转换成表格、Excel 电子表格和快速表格，用户可根据实际需要选择一种方式在文档中插入表格。

2. 编辑表格

表格建立之后，可向表格中输入数据。可以对生成的表格进行各种编辑操作，Word 2016 提供了表格操作的各项功能。将光标移到表格中的任何单元格或选中整个表格，系统自动显示表格的"设计"和"布局"选项卡，如图 1.31 所示。

图 1.31　Word 2016 的表格工具

3. 索引更新

更改了索引项或索引项所在的页码发生改变后，应及时更新索引。其操作方法与目录更新类似。选中索引，单击"引用"选项卡"索引"组中的"更新索引"按钮或者按"F9"键可实现索引更新。也可以右击选中的索引，选择快捷菜单中的"更新域"实现索引更新。

"设计"选项卡提供了对选中的表格部分或整个表格的格式设计，主要包括表格样式、边框样式、底纹样式、表格线的绘制与擦除等方面的操作。

"布局"选项卡提供了对表格的布局进行调整的功能，主要包括单元格、行和列的增加及删除，表格行高和列宽的设置，单元格的合并与拆分，对齐方式的设置，数据排序及计算等操作。

(1) 设置表格样式。Word 2016 自带了丰富的表格样式，表格样式中包含了预先设置好的表格字体、边框和底纹格式。

(2) 单元格的合并与拆分。除了常规的单元格合并与拆分方法外，还可以通过"设计"选项卡"绘图边框"组中的"擦除"和"绘制表格"工具来实现单元格的合并与拆分。单击"设计"选项卡"绘图边框"组中的"擦除"按钮，鼠标指针变成橡皮状，在要擦除的边框线上单击，可删除表格线，实现两个单元格的合并。单击"设计"选项卡"绘图边框"组中的"绘制表格"按钮，鼠标指针变成铅笔状，在单元格内按住鼠标左键并拖动，此时将会出现一条虚线，松开鼠标即可插入一条表格线，实现单元格的拆分。还可以设置铅笔的粗细及颜色。

(3) 表格的跨页。表格放置的位置正好处于两页交界处，称为表格跨页。有两种处理方法，一种是允许表格跨页断行，即表格的一部分位于上一页，另一部分位于下一页，但只有一个标题(适用于较小的表格)。另外一种处理方法是在每页的表格上都提供一个相同的标题，使之看起来仍是一个表格(适用于较大的表格)。第二种处理方法的实现过程是：选中要设置的表格的标题(可以是多行)，单击"布局"选项卡"数据"组中的"重复标题行"按钮，系统会自动在因为分页而被拆开的表格中重复标题行信息。

(4) "表格属性"对话框与"边框和底纹"对话框。利用表格工具提供的"设计"和"布局"选项卡可以实现表格的各种编辑。还可以利用"表格属性"对话框与"边框和底纹"对话框来实现相应的操作。单击"布局"选项卡"表"组中的"属性"按钮，弹出"表格属性"对话框，如图 1.32 所示。也可以单击"布局"选项卡"单元格大小"组右侧的"其他"按钮或右击表格任何区域，在弹出的快捷菜单中选择"表格属性"命令，也会弹出"表格属性"对话框。

"边框和底纹"对话框的打开方法有多种。在"表格属性"对话框的"表格"选项卡中单击"边框和底纹"按钮可打开该对话框，如图 1.33 所示。或者单击"设计"选项卡"表格样式"组中的"边框"按钮或右击表格任何区域，在弹出的快捷菜单中选择"边框和底纹"命令，也可打开"边框和底纹"对话框。

图 1.32　"表格属性"对话框

图 1.33　"边框和底纹"对话框

4. 表格数据处理

除了前面介绍的功能外，Word 2016 还提供了表格的其他功能，如表格的排序和计算。

1) 表格排序

在 Word 中，可以按照递增或递减的顺序把表格中的内容按照笔画、数字、拼音、日期等方式进行排序。而且可以根据表格多列的值进行排序。表格排序的操作步骤如下：

(1) 将光标移到表格的任意单元格中或选中要排序的行或列，单击"布局"选项卡"数据"组中的"排序"按钮。

(2) 整个表格高亮显示，同时弹出"排序"对话框。

(3) 在"排序"对话框中，"主要关键字"下拉列表框用于选择排序的字段；"类型"下拉列表框用于选择排序的值的类型，如笔画、数字、拼音、日期等；"升序""降序"用于选择排序的顺序，默认为升序。

(4) 若需要多字段排序，则可在"次要关键字""第三关键字"下拉列表框中指定字段、类型及顺序。

(5) 单击"确定"按钮完成排序。

注意：要进行排序的表格中不能有合并后的单元格，否则无法进行排序。同时，在"排序"对话框中，如果单击"有标题行"按钮，则排序时标题行不参与排序，否则，标题行参与排序。

2) 表格计算

利用 Word 2016 提供的公式，可以对表格中的数据进行简单的计算，如加(+)、减(−)、乘(*)、除(/)以及求和、平均值、最大值、最小值、条件求值等。

(1) 单元格引用。利用 Word 提供的函数可进行一些复杂的数据计算，表格中的计算都是以单元格名称或区域进行的，称为单元格引用。在 Word 表格中，用英文字母 A、B、C…从左到右表示列，用数字 1、2、3…从上到下表示行，列号和行号组合在一起，称为单元格的名称。例如，A1 表示表格中第 1 列第 1 行的单元格，其他单元格名称依此类推。单元格的引用主要分为以下几种情况：

① B1：表示位于第 2 列第 1 行的单元格。

② B1，C2：表示 B1 和 C2 共 2 个单元格。

③ A1:C2：表示以 A1 和 C2 为对角的矩形区域，包含 A1、A2、B1、B2、C1、C2 共 6 个单元格。

④ 2:2：表示整个第 2 行。

⑤ E:E：表示整个第 5 列。

⑥ SUM(A1:A5)：SUM 为求和函数，表示求 5 个单元格数据之和。

⑦ AVERAGE(A1:A5)：AVERAGE 为求平均值函数，表示求 5 个单元格数据的平均值。

(2) 利用公式进行计算。公式中的参数用单元格名称表示，但在进行计算时需提取单元格名称所对应的实际数据。例如，在学生成绩表中计算每个学生的总分及平均分，其操作步骤如下：

① 将光标置于"总分"单元格的下一个单元格中，单击"布局"选项卡"数据"组中的"公式"按钮，打开"公式"对话框。

② 在"公式"文本框中已经显示出了所需的公式"=SUM(LEFT)"，表示对光标左侧的所有单元格数据求和。根据光标所在的位置，公式括号中的参数还可能是右侧(RIGHT)、上面(ABOVE)或下面(BELOW)，可根据需要进行选择。

③ 在"编号格式"下拉列表框中选择数字格式，如小数位数。如果出现的函数不是所需要的，则还可以单击"粘贴函数"的下拉按钮选择所需要的函数。

④ 单击"确定"按钮，光标所在单元格中将显示计算结果。

⑤ 按照同样的方法，可计算出其他单元格的"总分"列数据结果。

⑥ 平均分的计算方法类似。可以利用公式或函数来实现，选择的函数为 AVERAGE。H2 单元格的公式为"=AVERGE (B2:F2)"。

1.4　域

1.4.1　域的概念

域是 Word 中的一种特殊命令，它分为域代码和域结果。域代码是由域特征字符、域类型、域指令和开关组成的字符串；域结果是域代码所代表的信息。域结果根据文档的变动或相应因素的变化而自动更新。域的一般格式为：{域名[域参数][域开关]}。

• 域特征字符：包含域代码的大括号"{}"，它不能使用键盘直接输入，而是按下"Ctrl + F9"组合键输入。

• 域名称：Word 域的名称，如"Seq"就是一个域的名称，Word 2016 提供了 9 种类型的域。

• 域指令和开关：设定域类型如何工作的指令或开关，包括域参数和域开关，它们为可选项。前者包含要编号的一系列项目指定的名称及通过加入书签来引用文档中其他位置的项目。后者是指特殊指令，在域中可触发特定的操作。

• 域结果：域的显示结果，指在文档中插入的文本或图形，类似于 Excel 函数运算以后得到的值。

1.4.2　常用域

在 Word 2016 中，域有编号、等式和公式、日期和时间、链接和引用、索引和表格、文档信息、文档自动化、用户信息及邮件合并 9 种类型 73 种域。下面介绍常用的 Word 域。

1.4.3　域的操作

域的操作包括域的插入、编辑、删除、更新、锁定等。接下来介绍域的常用操作。

1. 插入域

在 Word 中，高级的复杂域功能难于控制，如"自动编号""邮件合并""题注""交叉引用""索引和目录"等。Word 域的插入操作可以通过以下 3 种方法来实现。

1) 菜单方法

菜单方法的具体操作步骤如下。

(1) 将光标移到要插入域的位置，单击"插入"选项卡"文本"组中的"文档部件"按钮，在弹出的下拉列表中选择"域"选项，将弹出"域"对话框，如图 1.34 所示。

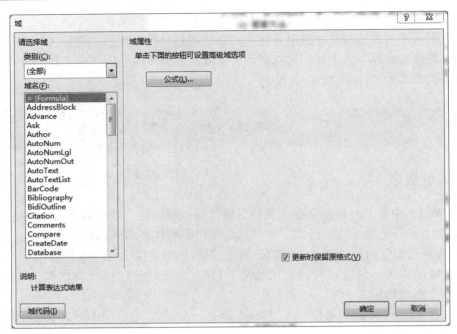

图 1.34　"域"对话框

(2) 在"类别"下拉列表框中选择域类型，如"日期和时间"选项。在"域名"列表框中选择域名，如"Date"选项。在"域属性"列表中选择一种日期格式。

(3) 单击"确定"按钮完成域的插入。

2) 键盘方法

如果熟悉域代码或者需要引用他人设计的域代码，则可以用键盘直接输入。具体操作方法是：把光标移到需要插入域的位置，按"Ctrl + F9"组合键，将自动插入域特征字符"{ }"。然后在大括号中间从左向右依次输入域名、域参数、域开关等。按"F9"键更新域，或者按"Shift + F9"组合键显示域结果。

3) 功能命令插入

部分域的域参数和域开关参数非常多，采用上述两种方法难于控制和使用。所以，Word把经常用到的一些域以功能命令的形式集成在系统中，如"自动编号""交叉引用"等。它们可以当作普通操作命令一样使用，非常方便。

2. 域结果和域代码的显示切换

域结果和域代码是文档中域的两种显示方式。域结果是域的实际内容，即在文档中插入的内容或图形；域代码代表域的符号，是一种指令格式。对于插入到文档中的域，系统默认的显示方式为域结果，用户可以根据自己的需要在域结果和域代码之间进行切换。域结果和域代码之间主要有以下 3 种切换方法：

(1) 单击"文件"选项卡中的"选项"按钮，打开"Word 选项"对话框。或者在 Word功能区的任意空白处单击鼠标右键，在弹出的快捷菜单中选择"自定义功能区"选项，也能打开"Word 选项"对话框。在打开的"Word 选项"对话框中单击"高级"选项卡，在右侧的"显示文档内容"选项组中选择"显示域代码而非域值"复选框。单击"域底纹"

下拉列表框，其中有"不显示""始终显示"和"选取时显示"3 个选项，用于控制是否显示域的底纹背景。用户可以根据实际需要进行选择。单击"确定"按钮完成域代码的设置。文档中的域会以域代码的形式进行显示。

(2) 使用快捷键来实现域结果和域代码之间的切换。选中文档中的某个域，按"Shift + F9"组合键实现切换。如果按"Alt + F9"组合键，则可对文档中所有的域进行域结果和域代码之间的切换显示。

(3) 右击插入的域，在弹出的快捷菜单中选择"切换域代码"命令实现域结果和域代码之间的切换。

3. 编辑域

编辑域也就是修改域，用于修改域的设置或域代码，可以在"域"对话框中操作，也可以在文档的域代码中直接进行修改。

(1) 在文档中的某个域上单击鼠标右键，在弹出的快捷菜单中选择"编辑域"命令，将弹出"域"对话框，根据需要重新修改域代码或域格式。

(2) 将域切换到域代码显示方式下，直接对域代码进行修改。完成后按"Shift+F9"组合键查看域结果。

4. 更新域

更新域就是使域结果根据实际情况变化而自动更新。更新域的方法有以下两种：

(1) 手动更新。右击要更新的域，在弹出的快捷菜单中选择"更新域"命令即可。也可以按"F9"功能键实现更新。

(2) 打印时更新。

5. 域的锁定和断开链接

域的自动更新功能虽然给文档编辑带来了方便，但如果用户不希望实现域的自动更新，则可以暂时锁定域，在需要时再解除锁定。选择要锁定的域，按"Ctrl + F11"组合键即可；若要解除域的锁定，则按"Ctrl + Shift + F11"组合键实现。如果要将选择的域永久性地转换为普通的文字或图形，则可选择该域，按"Ctrl + Shift + F9"组合键实现，也即断开域的链接。此过程是不可逆的，断开域链接后，不能再更新，除非重新插入域。

6. 删除域

删除域和删除文档中其他对象的操作方法是一样的。首先选择要删除的域，按"Delete"键或"Backspace"键进行删除。还可以实现一次性地删除文档中的所有域，其操作方法如下：

(1) 按"Alt + F9"组合键显示文档中所有的域代码。如果域是以域代码方式显示的，则此步骤可省略。

(2) 单击"开始"选项卡"编辑"组中的"替换"按钮，弹出"查找和替换"对话框。

(3) 单击对话框中的"更多"按钮，然后单击"查找内容"后面的文本框。单击"特殊格式"按钮并从列表中选择"域"，文本框中将自动出现"^d"。"替换为"后面的文本框中不输入内容。

(4) 单击"全部替换"按钮，然后在弹出的对话框中单击"确定"按钮，文档中的全部域将被删除。

7. 域的快捷键

运用域的快捷键，可以使域的操作更简单、方便、快捷。

1.5　文档批注与修订

1.5.1　批注与修订的概念

批注是文档的审阅者为文档附加的注释、说明、建议、意见等信息，并不对文档本身内容进行修改。批注通常用于表达审阅者的意见或审阅者对文档内容提出的质疑。

修订是显示对文档所做的插入、删除或其他编辑更改操作的标记。启用修订功能，审阅者的每一次编辑操作，如插入、删除或格式更改等都会被标记出来，用户可根据需要接受或拒绝每处的修订。只有接受修订，对文档的编辑修改才会生效，否则文档内容保持不变。

1.5.2　批注与修订的设置

用户在对文档内容进行有关批注与修订操作之前，可以根据实际需要事先设置批注与修订的用户名、位置、外观等内容。

1. 用户名设置

在文档中添加批注或进行修订后，用户可以查看到批注者和修订者名称，批注者和修订者名称默认为安装 Office 软件时注册的用户名。可以根据需要对用户名作出设置。

单击"审阅"选项卡"修订"组"修订"按钮下面的下三角按钮，在弹出的下拉列表框中选择"修改用户名"选项，将打开"Word 选项"对话框。或者在工具栏任意空白处单击右键，在弹出的快捷菜单中选择"自定义功能表"选项来打开"Word 选项"对话框。或者单击"文件"选项卡中的"选项"按钮，也可打开"Word 选项"对话框。在打开的"Word 选项"对话框中单击"常规"选项，在"用户名"后面的文本框中输入新用户名，在"缩写"后面的文本框中修改用户名的缩写，单击"确定"按钮使设置生效。

2. 位置设置

在 Word 文档中，添加的批注位置默认为文档右侧。对于修订，直接在文档中显示修订位置。批注及修订还可以设置成以"垂直审阅窗格"或"水平审阅窗格"形式显示。

单击"审阅"选项卡"修订"组中的"显示标记"按钮，将弹出下拉列表框，选择"批注框"中的某种显示方式。可选择"在批注框中显示修订""以嵌入式显示所有修订"或"仅在批注框中显示批注和格式"之一进行设置。

单击"审阅"选项卡"修订"组中的"审阅窗格"按钮，将弹出下拉列表框，选择"垂直审阅窗格"选项，将在文档的左侧显示批注和修订的内容。若选择"水平审阅窗格"选项，则将在文档的下方显示批注和修订的内容。

1.5.3　批注与修订操作

1. 批注

1) 添加批注

添加批注用于在文档中对选择的文本添加批注。其具体操作步骤为：在文档中选择要添加批注的文本，单击"审阅"选项卡"批注"组中的"新建批注"按钮。选中的文本将被填充颜色，并且用一对括号括起来，旁边为批注框，直接在批注框中输入批注内容，再单击批注框外的任何区域，即可完成添加批注操作。

2) 查看批注

在查看批注时，用户可以查看所有审阅者的批注，也可以根据需要分别查看不同审阅者的批注。

添加批注后，将鼠标移至文档中添加批注的对象上，鼠标指针附近将出现浮动窗口，窗口内显示添加批注的作者、批注日期和时间以及批注的内容。其中，批注者名称为安装 Office 软件时注册的用户名。

单击"审阅"选项卡"批注"组中的"上一条"或"下一条"按钮，可使光标在批注之间移动，以查看文档中的所有批注。

文档默认显示所有审阅者添加的批注，可以根据实际需要仅显示指定审阅者添加的批注。单击"审阅"选项卡"修订"组中的"显示标记"按钮，弹出下拉列表框，指向"审阅者"，会显示文档的所有审阅者，取消或选择审阅者前面的复选框，可实现隐藏或显示选定的审阅者的批注。

3) 编辑批注

如果对批注的内容不满意，则还可以进行编辑修改。其操作方法是：单击要修改的某个批注框，直接进行修改，修改后单击批注框外的任何区域，完成批注的编辑修改。

4) 隐藏批注

可以将文档中的批注隐藏起来。单击"审阅"选项卡"修订"组中的"显示标记"按钮，在弹出的下拉列表框中单击"批注"选项前面的选中标记即可实现隐藏功能。若要显示批注，则再次单击可选中此项功能。

5) 删除批注

将文档中的批注进行删除，可以选择性地进行单个或多个批注删除，也可以一次性地删除所有批注。

2. 修订

1) 打开或关闭文档修订功能

在 Word 文档中，系统默认方式是将文档修订功能关闭的。打开或关闭文档修订功能的操作是：单击"审阅"选项卡"修订"组中的"修订"按钮即可，或者单击"修订"按钮下面的下三角按钮，在弹出的下拉列表框中选择"修订"。如果"修订"按钮以加亮突出显示，则表明已经打开了文档的修订功能，否则文档的修订功能为关闭状态。

在修订状态下，审阅者或作者对文档内容的所有操作，如插入、修改、删除、格式更改等，都将被记录下来，这样可以查看文档中的修订，并根据需要进行确认或取消修订操作。

2）查看修订

单击"审阅"选项卡"修订"组中的"显示标记"按钮，会弹出下拉列表框。列表框中可以看到"批注""墨迹""插入和删除""设置格式""标记区域突出显示"和"突出显示更新"选项，可以根据需要取消或选择这些选项，相应标注或修订效果将会自动隐藏或显示，以实现查看某一项的修订。

单击"审阅"选项卡"更改"组中的"上一条"或"下一条"按钮，可以逐条显示修订标记。

单击"审阅"选项卡"修订"组中的"审阅窗格"按钮，将弹出下拉列表框，选择"垂直审阅窗格"选项或"水平审阅窗格"选项，将分别在文档的左侧或下方显示批注和修订的内容，以及标记修订和插入批注的用户名和时间。

3）审阅修订

对文档进行修订后，可以根据实际需要，对这些修订进行接受或拒绝处理。

如果要接受修订，则单击"审阅"选项卡"更改"组中的"接受"按钮下面的下三角按钮，将弹出下拉列表框，可根据需要选择相应的接受修订命令。

- 接受并移到下一条：表示接受当前这条修订操作并自动移到下一条修订上。
- 接受修订：表示接受当前这条修订操作。
- 接受所有显示的修订：表示接受指定审阅者所作出的修订操作。
- 接受对文档的所有修订：表示接受文档中所有的修订操作。

如果要拒绝修订，则单击"审阅"选项卡"更改"组中的"拒绝"按钮下面的下三角按钮，将弹出下拉列表框，可根据需要选择相应的拒绝修订命令。

- 拒绝并移到下一条：表示拒绝当前这条修订操作并自动移到下一条修订上。
- 拒绝修订：表示拒绝当前这条修订操作。
- 拒绝所有显示的修订：表示拒绝指定审阅者所作出的修订操作。
- 拒绝对文档的所有修订：表示拒绝文档中所有的修订操作。

接受或拒绝修订还可通过快捷菜单方式来实现。右击某个修订，在弹出的快捷菜单中选择"接受修订"或"拒绝修订"命令即可实现当前修订的接受或拒绝操作。

4）比较文档

由于 Word 对修订功能默认为关闭状态，因此如果审阅者直接修订了文档，没有让 Word 加上修订标记，则用户无法准确获得修改信息。可以通过 Word 提供的比较审阅后的文档功能实现修订前后操作的文档间的区别对照。其具体操作步骤如下：

(1) 单击"审阅"选项卡"比较"组中的"比较"按钮，在弹出的下拉列表框中选择"比较"命令，弹出"比较文档"对话框。

(2) 在"比较文档"对话框的"原文档"下拉列表框中选择要比较的原文档，在"修订的文档"下拉列表框中选择修订后的文档。也可以单击这两个列表右侧的打开按钮，在"打开"对话框中选择原文档和修订后的文档。

（3）单击"更多"按钮，会展开更多选项供用户选择。用户可以对比较内容进行设置，也可以对修订的显示级别和显示位置进行设置，如图 1.35 所示。

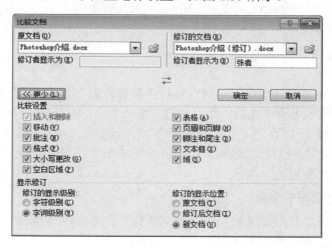

图 1.35　"比较文档"对话框

（4）单击"确定"按钮，Word 将自动对原文档和修订的文档进行精确比较，并以修订方式显示两个文档的不同之处。默认情况下，比较结果显示在新建的文本中，被比较的两个文档内容不变。

如图 1.36 所示，比较文档窗口分为 4 个区域，分别显示两个文档的内容、比较的结果以及修订摘要。单击"审阅"选项卡"更改"组中的"接受"或"拒绝"命令可以对比较生成的文档进行审阅操作，最后单击"保存"按钮，将审阅后的文档进行保存。

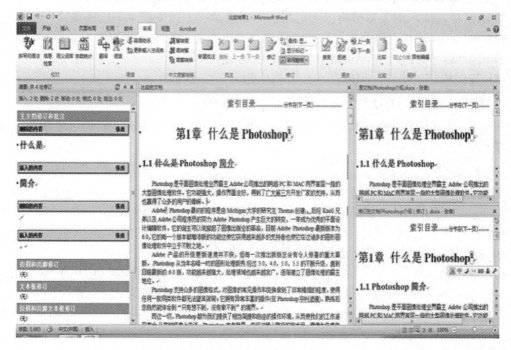

图 1.36　比较后结果

1.6　主控文档与邮件合并

1.6.1　主控文档

在 Word 2016 中，系统提供了一种可以包含和管理多个"子文档"的文档，即主控文档。主控文档可以组织多个子文档，并把它们当作一个文档来处理，可以对它们进行查看、重新组织、格式设置、校对、打印、创建目录等操作。主控文档与子文档是一种链接关系，每个子文档单独存在，子文档的编辑操作会自动反映在主控文档中的子文档中，也可以通过主控文档来编辑子文档。

1. 建立主控文档与子文档

利用主控文档组织管理子文档，应先建立或打开作为主控文档的文档，然后在该文档中再建立子文档。其具体操作步骤如下：

(1) 打开作为主控文档的文档，切换到大纲视图模式下，将光标移到要创建子文档的标题位置，单击"大纲"功能区"主控文档"组中的"显示文档"按钮，将展开"主控文档"组，单击"创建"按钮。

(2) 光标所在标题周围出现一个灰色细线边框，其左上角显示一个标记，表示该标题及其下级标题和正文内容为该主控文档的子文档。

(3) 在该标题下面空白处输入子文档的正文内容。输入正文内容后，单击"大纲"功能区"主控文档"组中的"折叠子文档"按钮，将弹出是否保存主控文档对话框，单击"确定"按钮保存，插入的子文档将以超链接的形式显示在主控文档大纲视图中。

(4) 单击 Word 右上角的关闭按钮，系统将弹出是否保存主控文档的对话框，单击"确定"按钮将自动保存，同时系统会自动保存创建的子文档，且自动为其命名。

(5) 按照相同的步骤，可以在主控文档中建立多个子文档。

2. 打开、编辑及锁定子文档

可以在 Word 中直接打开子文档进行编辑，也可以在编辑主控文档的过程中对子文档进行编辑。

3. 合并与删除子文档

子文档与主控文档之间是一种超链接关系，可以将子文档内容合并到主控文档中。而且，对于主控文档中的子文档，也可以进行删除操作。其操作步骤如下：

(1) 打开主控文档，并切换到大纲视图模式下，单击"主控文档"组中的"显示文档"及"展开子文档"按钮。子文档内容将在主控文档中显示出来。

(2) 将光标移到要合并到主控文档的子文档中，单击"主控文档"组中的"取消链接"按钮，子文档标记消失，该子文档内容自动成为主控文档的一部分。

(3) 单击"保存"按钮进行保存。

若要删除主控文档中的子文档，则操作步骤为：在主控文档大纲视图模式下，且子文档为展开状态下，单击要删除的子文档左上角的标记按钮，将自动选中该子文档，按"Delete"

键，该子文档将被删除。

在主控文档中删除子文档，只删除了主控文档与该子文档的超链接关系，该子文档仍然保留在原来位置处。

1.6.2　邮件合并

在利用 Word 编辑文档时，通常会遇到这样一种情况，多个文档内容基本相同，只是具体数据有所变化，例如学生的获奖证书、荣誉证书、成绩报告单等。这类文档的处理可以使用 Word 2016 提供的邮件合并功能，直接从源数据处提取数据，将其合并到 Word 文档中，从而节省操作时间。

1．操作方法

要实现邮件合并功能，通常需要 3 个关键步骤，详细介绍如下：

(1) 创建数据源。邮件合并中的数据源可以是 Excel 文件、Word 文档、Access 数据库、SQL Server 数据库、Outlook 联系人列表等。选择一种文件类型，建立这类文档作为邮件合并的数据源。

(2) 创建主文档。主文档是一个 Word 文档，包含了文档所需的基本内容，设置了符合要求的文档格式。主文档中的文本和图形格式在合并后都保持不变。

(3) 主文档与数据源关联。利用 Word 提供的邮件合并功能，实现将数据源合并到主文档中的操作，得到最终的合并文档。

2．应用实例

现在以学生获取奖学金为例说明如何使用 Word 2016 提供的"邮件合并"功能实现数据源与主文档的关联

(1) 创建数据源。采用 Excel 文件格式作为数据源。启动 Excel 程序，在表格中输入数据源文件内容，其中第 1 行为标题行，其他行为记录行(如图 1.37 所示)，并以"名单.xlsx"为文件名进行保存。

(2) 创建主文档。启动 Word 程序，设计获奖证书的内容及版面格式，并预留文档中有关信息的占位符。如图 1.38 所示，带"【 】"的文本为占位符。主文档设置完成后以"荣誉证书.docx"为文件名进行保存。

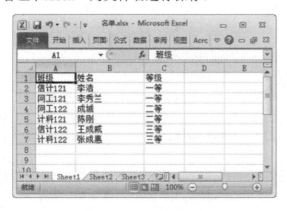

图 1.37　Excel 数据源

图 1.38　主文档

(3) 主文档与数据源关联。利用"邮件合并"功能，实现主文档与数据源的关联，其操作步骤如下：

① 打开已创建的主文档，单击"邮件"选项卡"开始邮件合并"组中的"选择接收人"按钮，在下拉列表中选择"使用现有列表"命令，将弹出"选取数据源"对话框，如图 1.39 所示。

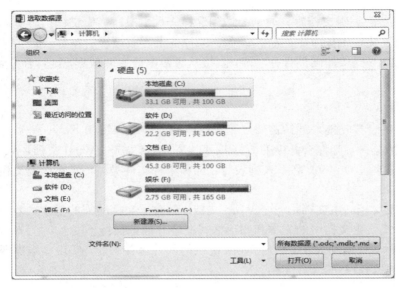

图 1.39　"选取数据源"对话框

② 在对话框中选择已创建好的数据源文件"名单.xlsx"，单击"打开"按钮。

③ 出现"选择表格"对话框，选择数据所在的工作表，默认为表 Sheet1，如图 1.40 所示。单击"确定"按钮将自动返回。

图 1.40　"选择表格"对话框

④ 在主文档中选择第一个占位符"【班级】"，单击"邮件"选项卡"编写和插入域"组中的"插入合并域"按钮，选择要插入的域"班级"。

⑤ 在主文档中选择第二个占位符"【姓名】"，按第④步操作，插入域"姓名"。同理，插入域"等级"。

⑥ 文档中的占位符被插入域后，其效果如图 1.41 所示。单击"邮件"选项卡"预览效果"组中的"预览结果"按钮，将显示主文档和数据源关联后的第一条数据结果，单击查看记录按钮，可逐条显示各记录对应数据源的数据。

⑦ 单击"邮件"选项卡"完成"组中的"完成并合并"按钮，在下拉列表框中选择"编辑单个文档"命令，将弹出"合并到新文档"对话框，如图 1.42 所示。

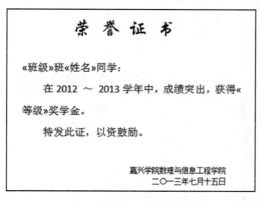

图 1.41　插入域后的效果　　　　　　　图 1.42　"合并到新文档"对话框

⑧ 在对话框中单击"全部"单选按钮，然后单击"确定"按钮，Word 将自动合并文档并将全部记录放到一个新文档中，然后对新文档进行保存操作，如以"荣誉证书文档.docx"为文件名进行保存。

第 2 章

Word 2016 精选案例

2.1　统计报告制作

 题目要求

某单位的办公室秘书小马接到领导的指示，要求其提供一份最新的中国互联网络发展状况统计情况。小马从网上下载了一份未经整理的原稿，按下列要求帮助他对该文档进行排版操作：

(1) 在考生文件夹下，将"Word 素材.docx"文件另存为"Word.docx"（".docx"为扩展名)，后续操作均基于此文件，否则不得分。

(2) 按下列要求进行页面设置：纸张大小 A4，对称页边距，上、下边距各 2.5 厘米，内侧边距 2.5 厘米、外侧边距 2 厘米，装订线 1 厘米，页眉、页脚均距边界 1.1 厘米。

(3) 文稿中包含 3 个级别的标题，其文字分别用不同的颜色显示。按下述要求对书稿应用样式，并对样式格式进行修改，见表 2-1。

表 2-1　样式设置要求 1

文 字 颜 色	样式	格 式
红色(章标题)	标题 1	小二号字、华文中宋、不加粗，标准深蓝色，段前 1.5 行、段后 1 行，行距最小值 12 磅，居中，与下段同页
蓝色"用一、二、三、…标示的段落"	标题 2	小三号字、华文中宋、不加粗，标准深蓝色，段前 1 行、段后 0.5 行，行距最小值 12 磅
绿色"用(一)，(二)，(三)…标示的段落"	标题 3	小四号字、宋体、加粗，标准深蓝色，段前 12 磅、段后 6 磅，行距最小值 12 磅
除上述 3 个级别标题外的所有正文(不含表格、图表及题注)	正文	仿宋体，首行缩进 2 字符、1.25 倍行距、段后 6 磅、两端对齐

(4) 为书稿中用黄色底纹标出的文字"手机上网比例首超传统 PC"添加脚注，脚注位于页面底部，编号格式为①、②…，内容为"网民最近半年使用过台式机或笔记本或同时

使用台式机和笔记本统称为传统 PC 用户"。

（5）将考试文件夹下的图片 pic1.png 插入到书稿中用浅绿色底纹标出的文字"调查总体细分图示"上方的空行中，在说明文字"调查总体细分图示"左侧添加格式如"图 1""图 2"的题注，添加完成后，将样式"题注"的格式修改为楷体、小五号字、居中。在图片上方用浅绿色底纹标出的文字的适当位置引用该题注。

（6）根据题目中给出的示例文件第二章中的表 1 内容生成一张如示例文件 chart.png 所示的图表，插入到表格后的空行中，并居中显示。要求图表的标题、纵坐标轴和折线图的格式和位置与示例图相同。

（7）参照示例文件 cover.png，为文档设计封面，并对前言进行适当的排版。封面和前言必须位于同一节中，且无页眉页脚和页码。封面上的图片可取自考生文件下的文件 Logo.jpg，并应进行适当的剪裁。

（8）在前言内容和报告摘要之间插入自动目录，要求包含标题第 1～3 级及对应页码，目录的页眉页脚按下列格式设计：页脚居中显示大写罗马数字Ⅰ、Ⅱ…格式的页码，起始页码为 1，且自奇数页码开始；页眉居中插入文档标题属性信息。

（9）自报告摘要开始为正文。为正文设计下述格式的页码：自奇数页码开始，起始页码为 1，页码格式为阿拉伯数字 1、2、3…。偶数页页眉内容依次显示：页码、一个全角空格、文档属性中的作者信息，居左显示。奇数页页眉内容依次显示：章标题、一个全角空格、页码，居右显示，并在页眉内容下添加横线。

（10）将文稿中所有的西文空格删除，然后对目录进行更新。

1. 保存文件

（1）打开考生文件夹下的"Word 素材.docx"文件。

（2）单击"文件"选项卡下的"另存为"按钮，再单击"当前文件夹"，弹出"另存为"对话框，在该对话框中将"文件名"设为"Word.docx"，将其保存于考生文件夹下。

2. 页面设置

（1）单击"布局"选项卡下"页面设置"组中的对话框启动器按钮，弹出"页面设置"对话框，在"页边距"选项卡中将多页设为"对称页边距"，将页边距的"上"和"下"设为 2.5 厘米，"内侧"设为 2.5 厘米，"外侧"设为 2 厘米，"装订线"设为 1 厘米。

（2）切换到"纸张"选项卡，在"纸张大小"中设置纸张大小为 A4。

（3）切换到"版式"选项卡，在"页眉和页脚"组中将距边界组中的"页眉"和"页脚"设为 1.1 厘米。设置完成后，单击"确定"按钮即可。

3. 格式设置

（1）在"开始"选项卡下"样式"选项组中选择"标题 1"样式，单击鼠标右键，选择"修改"，弹出"修改样式"对话框，在"格式"组中将字体设为"华文中宋"，字号设为"小二"，不加粗，颜色设为"标准深蓝色"。

（2）单击下面的"格式"按钮，选择列表中的"段落"。弹出"段落"对话框，选择"缩放和间距"选项卡，在"常规"组中将"对齐方式"设为"居中"，在"间距"组中将"段前"设为 1.5 行,将"段后"设为 1 行,将"行距"设为最小值 12 磅。

(3) 切换至"换行和分页"选项卡,在"分页"组中勾选"与下段同页"复选框,单击"确定"按钮。

(4) 按住"Ctrl"键,选中所有红色的章标题,对其应用"标题 1"样式。

(5) 按照(1)~(4)同样的方式,设置所有蓝色的节标题(用一、二、三…标示的段落)、绿色的节标题(用(一)、(二)、(三)…标示的段落)和正文部分,其中正文部分要求 1.25 倍行距,在"段落"对话框"间距"组中将"行距"设为"多倍行距",值为"1.25"即可。设置完成后,对相应的标题和正文应用样式。

提示:本题除了可以按住"Ctrl"键同时选择标题外,还可以使用"选择格式相似的文本"功能。具体操作方法:选择第一个标题,单击"开始"选项卡下"编辑"选项组中的"选择"按钮,在弹出的下拉列表中选择"选择格式相似的文本",即可选中所有格式类似的文本。

4. 插入脚注

(1) 选中用黄色底纹标出的文字"手机上网比例首超传统 PC",单击"引用"选项卡下"脚注"选项组中的"插入脚注"按钮。

(2) 在"脚注"选项组中单击"对话框启动器"按钮,弹出"脚注和尾注"对话框,将位置选择为"页面底端",编号格式设为"①、②、③…",单击"应用"按钮。

(3) 在脚注位置处输入内容"网民最近半年使用过台式机、笔记本或同时使用台式机和笔记本的网民统称为传统 PC 用户"。

5. 题注和引用

(1) 在浅绿色底纹标出的文字"调查总体细分图示"上方的空行中,单击"插入"选项卡下"插图"选项组中的"图片"按钮,弹出"插入图片"对话框,选择考生文件夹下的素材图片"pic1.png",单击"插入"按钮。

(2) 将光标置于"调查总体细分图示"左侧,单击"引用"选项卡下"题注"选项组中的"插入题注"按钮,弹出"题注"对话框,在该对话框中单击"新建标签"按钮,将标签设置为"图",单击两次"确定"按钮。

(3) 单击"开始"选项卡"样式"组右侧的下拉按钮,在下拉列表中选择"题注",单击右键,选择"修改",弹出"修改样式"对话框,设置字体为"楷体",字号为"小五","居中"显示,单击"确定"按钮。

(4) 将光标置于文字"如下"的右侧,单击"引用"选项卡下"题注"选项组中的"交叉引用"按钮,弹出"交叉引用"对话框,将"引用类型"设置为"图","引用内容"设置为"只有标签和编号","引用哪一个题注"选择"图 1",单击"插入"按钮,然后单击"关闭"按钮即可。

6. 插入图表

(1) 将光标置于"表 1"下方,单击"插入"选项卡下"插图"选项组中的"图表"按钮,弹出"插入图表"对话框,在该对话框中选择"簇状柱形图",单击"确定"按钮,弹出"Excel"表格,将"类别 3 和 4"删除,根据"表 1"直接复制、粘贴数据,不要关闭 Excel 表格,切换到 Word 文档中,选中柱形图,在"图表工具"→"设计"→"数据"中单击"切换行/列",然后关闭 Excel 表格。

(2) 将图表放大，选择红色的互联网普及数据。单击"设计"选项卡下"类型"选项组中的"更改图表类型"按钮，弹出"更改图表类型"对话框，在该对话框中选择"折线图"，单击"确定"按钮。

(3) 选中红色的互联网普及率数据，单击鼠标右键，在弹出的快捷菜单中选择"设置数据序列格式"选项，弹出"设置数据序列格式"对话框。选择"系列选项"，单击"次坐标轴"单选按钮；选择"填充与线条"，单击"标记"，选择"数据标记选项"，单击"内置"单选按钮，选择一种标记类型"X"，适当设置"大小"；选择"标记线颜色"，选择"实线"，颜色设置为绿色；选择"标记线样式"，适当设置"宽度"；设置完成后，单击"关闭"按钮即可。

(4) 在图表中选择左侧的垂直轴，单击鼠标右键，选择"设置坐标轴格式"，在弹出的对话框中，将最大值设置为"100000"；将主要单位刻度设置为 25000，单击"关闭"按钮即可。

(5) 选中图表，单击图表右侧的"图表元素"，选择"坐标轴标题"→"主要纵坐标轴"，输入文字"万人"，调整合适位置。

(6) 在图表中选择右侧的次坐标轴垂直轴，单击鼠标右键，选择"设置坐标轴格式"，在弹出的对话框中，将"坐标轴标签"设置为"无"，设置完成后，单击"关闭"按钮。

(7) 选中图表，单击图表右侧的"图表元素"，选择"图表标题"，将"图表标题"设置为"居中覆盖"，文字设置为"中国网民规模与互联网普及率"；"图例"选择"在底部显示图例"；选中全部绿色的 X 型数据标记，将"数据标签"设置为"上方"。

(8) 根据题目要求把图表居中，并适当调整大小。

7. 插入图片

(1) 将光标置于"前言"文字前，在"布局"选项下"页面设置"选项组中单击"分隔符"按钮，在弹出的下拉列表中选择"分页符"选项。将光标置于"报告摘要"文字前，在"布局页面"选项下"页面设置"选项组中单击"分隔符"按钮，在弹出的下拉列表中选择"下一页"选项。

(2) 参考样例文件，设置封面及前言的字体字号、颜色和段落格式。

(3) 将光标置于"中国互联网络信息中心"文字上方，单击"插入"选项卡"插图"组中的"图片"按钮，选择素材图片"Logo"插入到文档中。选中图片，在"图片工具"→"格式"选项卡"大小"中对其进行裁剪，并适当调整大小。

8. 设置页码

(1) 在"报告摘要"前插入"分节符-奇数页"。光标置于新的空白页面中，在"引用"选项卡下"目录"选项组中单击"目录"按钮，在弹出的下拉列表中选择"插入目录"选项，单击"确定"按钮。

(2) 双击目录的第一页页脚，在"页眉和页脚工具"→"设计"选项下，取消勾选"链接到前一条页眉"，使之变成灰色按钮，在"页眉和页脚"组中单击"页码"按钮，在弹出的下拉列表中选择"设置页码格式"选项，在弹出的对话框中将"编号格式"设置为"Ⅰ，Ⅱ，Ⅲ…"，将"起始页码"设置为"Ⅰ"，单击"确定"按钮。再次单击"页码"按钮，在弹出的下拉列表中选择"页面底端"→"普通数字 2"选项。

(3) 将光标置于页眉中，取消勾选"链接到前一条页眉"，使之变成灰色按钮，在"插入"下的"文本"组中单击"文档部件"按钮，在弹出的下拉列表中选择"文档属性"→"标题"选项。

9. 设置页眉页脚

(1) 将光标置于正文第一页的页脚中，在"导航"组中取消选择"链接到前一条页眉"按钮，在"选项"组中勾选"奇偶页不同"复选框。单击"页眉和页脚"组中的"页码"下拉按钮，在下拉列表中单击"删除页码"，删除原有的页码。

(2) 将光标置于正文第一页的页眉中，在"导航"组中取消选择"链接到前一条页眉"按钮，按上题方法将"编号格式"设置为"1，2，3…"，将"起始页码"设置为"1"。

(3) 在"页眉和页脚"选项组中单击"页码"按钮，在弹出的下拉列表中选择"页面顶端"→"普通数字 3"。

(4) 继续将光标置于该页眉中页码的左侧，在"插入"选项组中单击"文档部件"按钮，在弹出的下拉列表中选择"域"，弹出"域"对话框，域名选择"StyleRef"，样式名选择"标题 1"，单击"确定"按钮。

(5) 在页码和章标题之间，按"Shift + 空格"键切换到全角状态，再按空格键。

(6) 将光标置于正文第二页的页眉中，"导航"组中取消选择"链接到前一条页眉"按钮，首先在"页眉和页脚"选项组中单击"页码"按钮，在弹出的下拉列表中选择"页面顶端"→"普通数字 1"，并居左显示。

(7) 继续将光标置于该页眉中页码的右侧，按"Shift + 空格"键切换到全角状态，再按空格键。在"插入"选项组中单击"文档部件"按钮，在弹出的下拉列表中选择"文档属性"→"作者"。

(8) 检查目录和前言的页眉页脚。将光标定位到目录页第 2 页的页眉处，在"插入"选项组中单击"文档部件"按钮，在弹出的下拉列表中选择"文档属性"→"标题 1"。

(9) 将光标定位到目录页第 2 页的页脚处，在"页眉和页脚"选项组中单击"页码"按钮，在弹出的下拉列表中选择"页面底端"→"普通数字 2"。手动删除前言页码。

(10) 单击"关闭页眉和页脚"按钮。

10. 插入目录

(1) 按"Ctrl + H"组合键，弹出"查找和替换"对话框，在"查找内容"文本框中输入西文空格，"替换为"栏内不输入，单击"全部替换"按钮。

提示：在输入空格符时，需要在英文状态下输入。

(2) 在"引用"选项卡下"目录"选项组中单击"更新目录"按钮，在弹出的对话框中单击"更新整个目录"单选按钮，单击"确定"按钮，保存文件。

2.2 政府统计工作年报制作

 题目要求

文档"Word 素材.docx"是一篇从互联网上获取的文字资料，打开该文档并按下列要求

进行排版及保存操作：

(1) 在考生文件夹下，将"Word 素材.docx"文件另存为"Word.docx"（".docx"为扩展名），后续操作均基于此文件，否则不得分。

(2) 将文档中的西文空格全部删除。

(3) 将纸张大小设为 16 开，页面上边距设为 3.2 cm、下边距设为 3 cm，左、右页边距均设为 2.5 cm。

(4) 利用文档的前三行文字内容制作一个封面，将其放置在文档的最前端，并独占一页(封面样式可参考"封面样例.png"文件)。

(5) 将文档中以"一、""二、"…开头的段落设为"标题 1"样式；以"（一）""（二）"…开头的段落设为"标题 2"样式；以"1、""2、"…开头的段落设为"标题 3"样式。

(6) 将标题"（三）咨询情况"下用蓝色标出的段落转换为表格，为表格套用一种表格样式使其更加美观。基于该表格数据，在表格下方插入一个饼图，用于反映各咨询形式所占比例，要求在饼图中仅显示百分比。

(7) 为正文第 2 段中用红色标出的文字"统计局队政府网站"添加超链接，链接地址为"http://www.bjstats.gov.cn/"。同时在"统计局队政府网站"后添加脚注，内容为"http://www.bjstats.gov.cn"。

(8) 将除封面页外的所有内容分为两栏布局显示，但是前述表格及相关图表仍需跨栏居中显示，无需分栏。

(9) 在封面页与正文之间插入文档目录，目录中要求包含标题 1、标题 2、标题 3 样式标题及对应的页号。文档目录单独占用一页，且无需分栏。

(10) 除封面页和目录页外，在正文页中添加页眉，页眉内容包含文档标题"北京市政府信息公开工作年度报告"和页码，要求页码编号从正文第 1 页开始。其中奇数页页眉文字右对齐，页码放置在标题文字右侧；偶数页页眉文字左对齐，页码放置在标题文字左侧。

(11) 保存"Word.docx"文件，并根据文档内容另行生成一份同名的 PDF 文档。

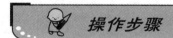 操作步骤

1. 保存文件

(1) 打开考生文件夹下的"Word 素材.docx"文件。

(2) 单击"文件"选项卡下的"另存为"按钮，再单击"当前文件夹"，弹出"另存为"对话框，在该对话框中将"文件名"设为"Word.docx"，将其保存于考生文件夹下。

2. 查找替换

按"Ctrl + H"组合键，弹出"查找和替换"对话框，在"查找内容"文本框中输入西文空格(英文状态下按空格键)，"替换为"栏内不输入，单击"全部替换"按钮。

3. 页面设置

单击"布局"选项卡下"页面设置"组中的对话框启动器按钮，弹出"页面设置"对话框，单击"纸张"选项卡，设置"纸张大小"为"16 开"，单击"页边距"选项卡，在"页边距"下的"上"和"下"微调框中分别输入"3.2 厘米"和"3 厘米"，在"左"和

"右"微调框中输入"2.5 厘米",单击"确定"按钮。

4．制作封面

(1) 单击"插入"选项卡下"页"组中的"封面"按钮,从弹出的下拉列表中选择"运动型"。

(2) 参考"封面样例.png",将素材前三行剪切粘贴到封面的相对位置,并设置适当的字体和字号。

5．样式应用

(1) 按住"Ctrl"键,同时选中文档中以"一、""二、"…开头的段落,单击"开始"选项卡下"样式"组中的"标题 1"。

(2) 按住"Ctrl"键,同时选中以"(一)""(二)"…开头的段落,单击"开始"选项卡下"样式"组中的"标题 2"。

(3) 按住"Ctrl"键,同时选中以"1.""2."…开头的段落,单击"开始"选项卡下"样式"组中的"标题 3"。

6．插入饼图

(1) 选中标题"(三)咨询情况"下用蓝色标出的段落部分,在"插入"选项卡下的"表格"组中单击"表格"下拉按钮,从弹出的下拉列表中选择"文本转换成表格"命令,弹出"将文字转换成表格"对话框,单击"确定"按钮。

(2) 选中表格,在"表格工具"中"设计"选项卡下的"表格样式"组中选择一种样式,此处选择"浅色底纹"。

(3) 将光标定位到表格下方,单击"插入"选项卡下"插图"组中的"图表"按钮,弹出"插入图表"对话框,选择"饼图"选项中的"饼图"选项,单击"确定"按钮。将 Word 中的表格数据的第一列和第三列分别复制粘贴到 Excel 中 A 列和 B 列相关内容中。

(4) 选中图表,单击"图表工具"→"设计"选项卡→"添加图表元素"→"数据标签"→"其他数据标签选项",在"标签选项"中去除"值",勾选"百分比"。最后关闭 Excel 文件。

7．添加超链接和脚注

(1) 选中正文第 3 段中用红色标出的文字"统计局队政府网站",单击"插入"选项卡下"链接"组中的"超链接"按钮,弹出"插入超链接"对话框,在地址栏中输入"http://www.bjstats.gov.cn/",单击"确定"按钮。

(2) 选中"统计局队政府网站",单击"引用"选项卡下"脚注"组中的"插入脚注"按钮,在鼠标光标处输入"http://www.bjstats.gov.cn"。

8．分栏设置

(1) 选中除封面页外的所有内容,单击"布局"选项卡下"页面设置"组中的"分栏"下拉按钮,从弹出的下拉列表中选择"两栏"。

(2) 选中表格,单击"布局"选项卡下"页面设置"组中的"分栏"下拉按钮,从弹出的下拉列表中选择"一栏"。按照同样的方法对饼图进行操作。即可将表格和相关图表跨栏居中显示。

9. 插入文档目录

(1) 将光标定位在第 2 页的开始，单击"布局"选项卡下"页面设置"组中的"分隔符"按钮，从弹出的下拉列表中选择"分节符"下的"下一页"按钮。

(2) 将光标定位在新建的空白页，单击"页面设置"组中的"分栏"下拉按钮，从弹出的下拉列表中选择"一栏"。

(3) 单击"引用"选项卡下"目录"组中的"目录"按钮，从弹出的下拉列表中选择"自动目录 1"，单击"确定"按钮。

10. 设置页眉页脚和页码

(1) 双击目录页码处，将光标置于第 3 页页眉处，在"设计"选项卡下的"导航"组中单击"链接到前一条页眉"按钮。将光标置于第 4 页页眉处，在"设计"选项卡下的"导航"组中单击"链接到前一条页眉"按钮。

(2) 在"页眉和页脚"组中单击"页码"按钮，在弹出的下拉列表中选择"设置页码格式"命令，在打开的对话框中将"起始页码"设置为 1，单击"确定"按钮。

(3) 将鼠标光标移至第 3 页页眉处，在"设计"选项卡下的"选项"组中勾选"奇偶页不同"复选框，取消勾选"首页不同"选项。

(4) 将鼠标光标移至第 3 页页眉中，单击"页眉和页脚"组中的"页码"按钮，在弹出的下拉列表中选择"页面顶端"的"普通数字 3"。

(5) 将鼠标光标移至第 4 页页眉中，在"导航"组中单击"链接到前一条页眉"按钮。在"页眉和页脚"组中单击"页码"按钮。在弹出的下拉列表中选择"页面顶端"级联菜单中的"普通数字 1"。

(6) 光标置于第 3 页页眉处，在页眉输入框中的页码左侧输入"北京市政府信息公开工作年度报告"，并将页眉居右(Ctrl + R)显示。光标置于第 4 页页眉处，在页眉输入框中的页码右侧输入"北京市政府信息公开工作年度报告"，并将页眉居左(Ctrl + L)显示。关闭"页眉和页脚"按钮。

11. 保存文件并另存为 PDF 文件类型

(1) 单击"保存"按钮，保存"Word.docx"。

(2) 单击"文件"，选择"另存为"，弹出"另存为"对话框，"文件名"为"北京市政府统计工作年报"，设置"保存类型"为"PDF"，单击"保存"按钮。

2.3　公司战略规划文档制作

 题目要求

为了更好地介绍公司的服务与市场战略，市场部助理小王需要协助制作完成公司战略规划文档，并调整文档的外观与格式。现在，按照如下需求完成制作工作：

(1) 在考生文件夹下，将"Word 素材.docx"文件另存为"Word.docx"（".docx"为扩展名)，后续操作均基于此文件，否则不得分。

(2) 调整文档纸张大小为 A4 幅面，纸张方向为纵向；并调整上、下页边距为 2.5 厘米，左、右页边距为 3.2 厘米。

(3) 打开考生文件夹下的"Word_样式标准.docx"文件，将其文档样式库中的"标题 1，标题样式一"和"标题 2，标题样式二"复制到 Word.docx 文档样式库中。

(4) 将文档中的所有红颜色文字段落应用为"标题 1，标题样式一"段落样式。

(5) 将文档中的所有绿颜色文字段落应用为"标题 2，标题样式二"段落样式。

(6) 将文档中出现的全部"软回车"符号(手动换行符)更改为"硬回车"符号(段落标记)。

(7) 修改文档样式库中的"正文"样式，使得文档中所有正文段落首行缩进 2 个字符。

(8) 为文档添加页眉，并将当前页中样式为"标题 1，标题样式一"的文字自动显示在页眉区域中。

(9) 在文档的第 4 个段落后(标题为"目标"的段落之前)插入一个空段落，并按照下面的数据方式在此空段落中插入一个折线图图表，将图表的标题命名为"公司业务指标"(见表 2-2)。

表 2-2　公司业务指标

年　份	销　售　额	成　本	利　润
2010 年	4.3	2.4	1.9
2011 年	6.3	5.1	1.2
2012 年	5.9	3.6	2.3
2013 年	7.8	3.2	4.6

 操作步骤

1. 保存文件

(1) 打开考生文件夹下的"Word 素材.docx"文件。

(2) 单击"文件"选项卡下的"另存为"按钮，再单击"当前文件夹"，弹出"另存为"对话框，在该对话框中将"文件名"设为"Word.docx"，将其保存于考生文件夹下。

2. 页面设置

单击"布局"选项卡→"页面设置"组中的对话框启动器，打开"页面设置"对话框，在"页边距"选项卡中的"页边距"区域中设置页边距(上、下)为 2.5 厘米，页边距(左、右)为 3.2 厘米。将"纸张"选项卡中的"纸张大小"区域设置为"A4"。

3. 从样式文件中复制样式

单击"开始"选项卡→"样式"组中的对话框启动器，打开"样式"对话框，单击对话框中的"管理样式"按钮，在打开的"管理样式"对话框中单击"导入和导出"按钮即可。将右侧切换为样本文档，单击"标题 1，标题样式一"和"标题 2，标题样式二"，将其复制到 Word 中。

4. 应用样式 1

选中 Word.docx 文档中的所有红颜色文字段落，然后单击"开始"选项卡→"样式"组→"标题 1"按钮。

5. 应用样式 2

选中 Word.docx 文档中的所有绿颜色文字段落，然后单击"开始"选项卡→"样式"组→"标题 2"按钮。

6. 替换符号

(1) 单击"开始"选项卡→"编辑"组→"替换"按钮。

(2) 单击"更多"按钮，再单击"特殊格式"按钮，在"查找内容"处输入"手动换行符"，在"替换为"处输入"段落标记"。

(3) 单击"全部替换"按钮，完成替换。

7. 修改样式

(1) 鼠标定格在第一段正文的开头。

(2) 选择"开始"选项卡，在"样式"组的"正文"上单击右键，先选择"修改"命令，然后单击左下角的"格式"→"段落"→"特殊格式"→"首行缩进 2 个字符"，单击"确定"按钮。

8. 设置页眉

(1) 将各章标题设置为标题样式(如设置为"标题 1")。

(2) 鼠标进入页眉设置区域，依次单击"插入"→"文档部件"→"域"→"类别和引用"→"StyleRef"，选中"标题 1"，单击"确定"按钮。(StyleRef 域是 Microsoft Word 的域的一种，属于链接和引用类的域。Styleref 域在 Word 中主要应用于页眉的自动生成，利用它可以实现自动从正文中提取标题文字来作为页眉。)

9. 插入折线图

(1) 在第 4 段后单击鼠标。

(2) 单击"插入"选项卡→"图表"组→"折线图"按钮，更改为折线图。

(3) 页面会自动弹出 Excel 电子表格，在 Excel 中填入相应的数据后关闭 Excel 文档。

(4) 单击"图表工具"→"设计"→"添加图表元素"→"图表标题"→"图表上方"，输入标题"公司业务指标"。

最后，单击快速访问工具栏中的"保存"按钮，关闭所有文档。

2.4　会议秩序册制作

 题目要求

北京某大学组织专家"学生成绩管理系统"的需求方案进行评审，为使参会人员对会议流程和内容有一个清晰的了解，需要会议会务组提前制作一份有关评审会的秩序手册。请根据考生文件夹下的文档"Word 素材.docx"和相关素材完成编排任务，具体要求如下：

(1) 在考生文件夹下，将素材文件"Word 素材.docx"另存为"Word.docx"（".docx"为扩展名），后续操作均基于此文件，否则不得分。

(2) 设置页面的纸张大小为 16 开，页边距上下为 2.8 厘米、左右为 3 厘米，并指定文档每页为 36 行。

(3) 会议秩序册由封面、目录、正文 3 大块内容组成。其中，正文又分为 4 个部分，每部分的标题均已经以中文大写数字一、二、三、四进行编排。要求将封面、目录以及正文中包含的 4 个部分分别独立设置为 Word 文档的一节。页码编排要求为：封面无页码；目录采用罗马数字编排；正文从第一部分内容开始连续编码，起始页码为 1(如采用格式-1-)，页码设置在页脚右侧位置。

(4) 按照素材中"封面.jpg"所示的样例，将封面上的文字"北京××大学'学生成绩管理系统'需求评审会"设置为二号、华文中宋；将文字"会议秩序册"放置在一个文本框中，设置为竖排文字、华文中宋、小一；将其余文字设置为四号、仿宋，并调整到页面合适的位置。

(5) 将正文中的标题"一、报到、会务组"设置为一级标题，单倍行距、悬挂缩进 2 字符、段前段后为自动，并以自动编号格式"一、二、…"替代原来的手动编号。其他 3 个标题"二、会议须知""三、会议安排""四、专家及会议代表名单"的格式，均参照第 1 个标题设置。

(6) 将第 1 部分("一、报到、会务组")和第 2 部分("二、会议须知")中的正文内容设置为宋体五号字，行距为固定值、16 磅，左、右各缩进 2 字符，首行缩进 2 字符，对齐方式设置为左对齐。

(7) 参照素材图片"表 1.jpg"中的样例完成会议安排表的制作，并插入到第 3 部分相应位置中。格式要求：合并单元格、序号自动排序并居中、表格标题行采用黑体。表格中的内容可从素材文档"秩序册文本素材.docx"中获取。

(8) 参照素材图片"表 2.jpg"中的样例完成专家及会议代表名单的制作，并插入到第 4 部分相应位置中。格式要求：合并单元格，序号自动排序并居中，适当调整行高(其中样例中彩色填充的行要求大于 1 厘米)，为单元格填充颜色，所有列内容水平居中，表格标题行采用黑体。表格中的内容可从素材文档"秩序册文本素材.docx"中获取。

(9) 根据素材中的要求自动生成文档的目录，插入到目录页中的相应位置，并将目录内容设置为四号字。

 操作步骤

1. 保存文件

(1) 打开考生文件夹下的"Word 素材.docx"文件。

(2) 单击"文件"选项卡下的"另存为"按钮，再单击"当前文件夹"，弹出"另存为"对话框，在该对话框中将"文件名"设为"Word.docx"，将其保存于考生文件夹下。

2. 页面设置

单击"布局"选项卡→"页面设置"组→"对话框启动器"按钮，弹出"页面设置"对话框。在"纸张"选项卡下，将"纸张大小"设为"16 开(18.4 厘米×26 厘米)"；在"页边距"选项卡下，将页边距"上""下"都设置为 2.8 厘米，将"左""右"都设置为 3 厘米；在"文档网格"选项卡下，选择"网格"组中的"只指定行网格"单选按钮，将"行

数"组中的"每页"微调框设置为 36，单击"确定"按钮。

3. 分节设置文档封面

(1) 将光标置于"二○一三年三月"的右侧，单击"布局"选项卡→"页面设置"组→"分隔符"→"分节符"→"下一页"选项。

(2) 将光标置于标黄部分中的"四、专家及会议代表名单 6"的右侧，单击"布局"选项卡→"页面设置"组→"分隔符"→"分节符"→"下一页"选项。使用同样的方法，将正文的 4 个部分进行分节。

(3) 双击第 3 页的页脚，打开"页眉和页脚工具"选项卡，单击"页眉和页脚"→"页码"→"删除页码"。

(4) 将光标置于第 3 页中的页脚中，单击"导航"组→"链接到前一条页眉"按钮。然后单击"页眉和页脚"组→"页码"→"设置页码格式"选项，弹出"页码格式"对话框，勾选"页码编号"组中的"起始页码"，并设置为 1，单击"确定"按钮。

(5) 单击"页眉和页脚"组→"页码"→"页面底端"→"普通数字 3"选项。

(6) 将光标置于目录页脚，单击"导航"组→"链接到前一条页眉"按钮。按步骤 4 的方法打开"页码格式"对话框，将"编号格式"设置为罗马数字"Ⅰ，Ⅱ，Ⅲ…"，将"起始页码"设置为"1"，并设置页码为"页面底端"中的"普通数字 3"。然后单击"关闭页眉和页脚"按钮。

4. 封面排版

(1) 打开考生文件夹下的"封面.jpg"素材文件，根据该图片来设置文档的封面。将第一页的文字全选，单击"开始"选项卡→"段落"组→"居中"按钮。

(2) 将光标置于"北京××大学'学生成绩管理系统'"右侧，按"Enter"键。然后选中文字"北京××大学'学生成绩管理系统'需求评审会"，单击"开始"选项卡→"字体"组，设置"字体"为"华文中宋"，设置"字号"为"二号"。

(3) 将光标置于"需求评审会"右侧，按"Enter"键，单击"插入"选项卡→"文本"组→"文本框"→"绘制竖排文本框"选项，在"需求评审会"下方绘制一个竖排文本框，单击绘图工具"格式"选项卡→"形状样式"组→"形状轮廓"→"无轮廓"选项。

(4) 在竖排文本框中输入"会议秩序册"，并选中文字，单击"开始"选项卡→"字体"组，设置"字体"为"华文中宋"，设置"字号"为"小一"。

(5) 通过拖动调整文本框的位置。选中封面中剩余的文字，单击"开始"选项卡→"字体"组，设置"字体"为"仿宋"，设置"字号"为"四号"，并调整到页面合适的位置。

5. 样式设置

(1) 选中文本"一、报到、会务组"，单击"开始"选项卡→"样式"组→"标题 1"选项。

(2) 确定文字为选中状态，单击"段落"组→"对话框启动器"按钮，弹出对话框。在对话框下，切换至"缩进和间距"选项卡，在"缩进"组中，设置"特殊格式"为"悬挂缩进"，"磅值"为"2 字符"；在"间距"组中，设置"行距"为"单倍行距"，"段前""段后"均为"自动"，单击"确定"按钮。

(3) 确定文字为选中状态，单击"段落"组→"编号"，然后选择题目要求的编号。

(4) 将其他 3 个标题的编号删除。选中"一、报到、会务组"文字，单击"开始"选项卡→"剪贴板"组→"格式刷"，然后再分别选择余下的三个标题，选择完成后按"Esc"键。

6. 样式修改

(1) 选中第 1 部分和第 2 部分的正文内容，单击"开始"选项卡→"字体"组，设置"字体"为"宋体"，"字号"为"五号"。

(2) 确定文字为选中状态，单击"段落"组→"对话框启动器"按钮，弹出"段落"对话框，在"缩进"组中，设置"特殊格式"为"首行缩进"，"磅值"为"2 字符"，"左侧"和"右侧"均为"2 字符"；在"间距"组中，设置"行距"为"固定值"，"设置值"为"16 磅"；在"常规"组中，设置"对齐方式"为"左对齐"，单击"确定"按钮。

7. 表格制作

(1) 删除第 3 部分标黄的文字。单击"插入"选项卡→"表格"组→"表格"→"插入表格"选项。在弹出的对话框中，设置"行数…列数"为 9、4，单击"确定"按钮。

(2) 适当调整新插入的表格的行高和列宽，并参照素材图片"表 1.jpg"输入文字。

(3) 选中标题行，单击"开始"选项卡→"字体"组，设置"字体"为"黑体"。在"表格工具"工具栏中，单击"布局"选项卡→"对齐方式"组→"水平居中"按钮。

(4) 将光标置于第 2 行第 1 列单元格中，单击"开始"选项卡→"段落"组→"编号"→"定义新编号格式"选项，弹出"定义新编号格式"对话框。在对话框中，设置"编号样式"为"1，2，3，…"，"编号格式"为"1"，"对齐方式"为"居中"，单击"确定"按钮。

(5) 将光标置于表格第 2 行的右侧，按"Enter"键新建一行。

(6) 选中第 2 列单元格中的第 1、2 行单元格，在"表格工具"工具栏中，单击"布局"选项卡→"合并"组→"合并单元格"按钮。使用同样的方法，根据素材文件，合并其他单元格，然后打开考生文件夹下的"秩序册文本素材.docx"素材文件，将其中的相应内容复制、粘贴到表格中。

(7) 选中第 1 行的所有单元格，单击"设计"选项卡→"表格样式"组→"底纹"→"主题颜色"→"白色，背景 1，深色 25%"。

8. 表格格式设置

(1) 删除第 4 部分中标黄的文字，单击"插入"选项卡→"表格"组→"表格"→"插入表格"选项，弹出"插入表格"对话框。在该对话框中，设置"列数…行数"为 5、3，单击"确定"按钮。

(2) 选中第 1 行的所有单元格，在"表格工具"工具栏中，单击"布局"选项卡，在"单元格大小"选项组中设置表格"高度"为"1 厘米"。

(3) 使用与步骤(2)同样的方法将第 2 行、第 3 行单元格的行高分别设置为 1.2 厘米、0.8 厘米。

(4) 选中第 2 行的所有单元格，单击"布局"选项卡→"合并"组→"合并单元格"按钮。选中整个表格，单击"对齐方式"组→"水平居中"对齐按钮。

(5) 将光标置于第 3 行第 1 列单元格中，单击"开始"选项卡→"段落"组→"编号"，选择在下面的步骤(7)中设置的编号。

(6) 右击插入的编号，选择"重新开始于 1"命令。

(7) 将光标置于第 3 行单元格的右侧，按 6 次 "Enter" 键新建 6 行。

(8) 选择编号为 9 行的所有单元格，单击 "布局" 选项卡→ "合并" 组→ "合并单元格" 按钮，在 "单元格大小" 选项组中设置 "高度" 为 1.2 厘米。

(9) 选中合并后的单元格，右击选择 "边框和底纹" 命令，弹出 "边框和底纹" 对话框，在 "底纹" 选项卡下，单击 "填充" → "主题颜色" → "橙色，强调文字颜色 6，深色 25%" 选项。按照同样的方法，将第一次合并的单元格的底纹的颜色设置为 "标准色" 中的 "深红"。

(10) 根据素材 "表 2.jpg"，在第一行单元格内输入文字，然后选中输入的文字，单击 "开始" 选项卡→ "字体" 组，设置 "字体" 为 "黑体"。

(11) 打开 "秩序册文本素材.docx" 素材文件，将文档中相应内容复制、粘贴至表格内，然后适当调整行高。

9. 生成目录

(1) 删除目录页中的黄色部分，单击 "引用" 选项卡→ "目录" 组→ "目录" → "插入目录" 选项。在弹出的 "目录" 对话框中保持默认设置，单击 "确定" 按钮。

(2) 选中目录，单击 "开始" 选项卡→ "字体" 组，设置 "字号" 为 "四号"。

最后，单击快速访问工具栏中的 "保存" 按钮，关闭所有文档。

2.5　邀请函制作

 题目要求

公司将于今年举办 "创新产品展示说明会"，市场部助理小王需要将会议邀请函制作完成，并寄送给相关的客户。请按照如下要求完成以下工作：

(1) 在考生文件夹下，将 "Word 素材.docx" 文件另存为 "Word.docx"（ ".docx" 为扩展名），后续操作均基于此文件，否则不得分。

(2) 将文档中 "会议议程：" 段落后的 7 行文字转换为 3 列、7 行的表格，并根据窗口大小自动调整表格列宽。为制作完成的表格套用一种表格样式，使表格更加美观。

(3) 为了可以在以后的邀请函制作中再利用会议议程内容，将文档中的表格内容保存至 "表格" 部件库，并将其命名为 "会议议程"。

(4) 将文档末尾处的日期调整为可以根据邀请函生成日期而自动更新的格式，日期格式显示为 "2014 年 1 月 1 日"。

(5) 在 "尊敬的" 文字后面插入拟邀请的客户姓名和称谓。拟邀请的客户姓名在考生文件夹下的 "通讯录.xlsx" 文件中，客户称谓则根据客户性别自动显示为 "先生" 或 "女士"，例如 "范俊弟(先生)" "黄雅玲(女士)"。

(6) 每个客户的邀请函占 1 页内容，且每页邀请函中只能包含 1 位客户姓名，所有的邀请函页面另外保存在一个名为 "Word-邀请函.docx" 的文件中。如果需要，则可以删除 "Word-邀请函.docx" 文件中的空白页面。

(7) 本次会议邀请的客户均来自台资企业，因此，将 "Word-邀请函.docx" 中的所有文字内容设置为繁体中文格式,以便于客户阅读。

(8) 文档制作完成后,分别保存"Word.docx"文件和"Word-邀请函.docx"文件。

(9) 关闭 Word 应用程序,并保存所提示的文件。

1. 保存文件

(1) 打开考生文件夹下的"Word 素材.docx"文件。

(2) 单击"文件"选项卡下的"另存为"按钮,再单击"当前文件夹",弹出"另存为"对话框,在该对话框中将"文件名"设为"Word.docx",将其保存于考生文件夹下。

2. 将文本转换为表格

(1) 选中"会议议程:"段落后的 7 行文字。

(2) 单击"插入"→"表格"→"文本转换成表格"。

(3) 选中表格,选择"布局"选项卡,在"单元格大小"功能区中单击"自动调整"→"根据窗口自动调整表格"。

(4) 为制作完成的表格套用一种表格样式,使表格更加美观。选中表格,在"设计"选项卡的"表格样式"功能区选择合适的样式应用即可。

3. 保存文档部件

选中表格,选择"插入"选项卡,在"文本"功能区的"文档部件"中将所选内容保存到文档部件库,弹出"新建构建基块"对话框,键入名称"会议议程",并选择库为"表格",单击"确定"按钮。

4. 日期自动更新

先删除原日期,选择"插入"选项卡,在"文本"功能区中单击"日期和时间",在弹出对话框的"语言"下选择"中文(中国)",可用格式选择要求的格式,勾选"自动更新",单击"确定"按钮。

5. 利用邮件合并制作邀请函

(1) 光标定位到"尊敬的"之后,单击"邮件"选项卡→"开始邮件合并"→选择"信函"。

(2) 单击"选择收件人",在"选择收件人"中选择"使用现有列表"按钮,打开"选择数据源"对话框,选择保存拟邀请的客户(在考生文件夹下的"通讯录.xlsx"文件中)。然后单击"打开"按钮;此时打开"选择表格"对话框,选择保存客户姓名信息的工作表名称,然后单击"确定"按钮。

(3) 单击"插入合并域",选择"姓名",光标定位到插入的姓名域后面,单击"规则"→"如果那么否则"命令,打开"插入 Word 域"对话框,进行信息设置(域名下选择"性别",比较条件下选择"等于",比较对象下输入"男",则插入此文字下的框中输入"(先生)",否则插入此文字下的框中输入"(女士)"),单击"确定"按钮。

(4) 保存文件为 Word.docx。

6. 生成邀请函文件

(1) 单击"完成合并",选择"编辑单个文档",打开"合并到新文档对话框",选中"全部"按钮,单击"确定"按钮。

(2) 将信函 1 另存到考生文件夹下，文件名为"Word-邀请函.docx"。

7. 简体转换为繁体

单击"审阅"选项卡下的"简转繁"按钮。

8. 保存文件

文档制作完成后，分别保存"Word.docx"文件和"Word-邀请函.docx"文件。再次分别保存两个文件。

9. 关闭 Word

关闭 Word 应用程序，并保存所提示的文件。

2.6　书稿排版

 题目要求

某出版社的编辑小刘手中有一篇有关财务软件应用的书稿"Word 素材.docx"，打开该文档，按下列要求完成书稿编排工作：

(1) 在考生文件夹下，将"Word 素材.docx"文件另存为"Word.docx"（".docx"为扩展名），后续操作均基于此文件，否则不得分。

(2) 按下列要求进行页面设置：纸张大小 16 开，对称页边距，上边距 2.5 厘米、下边距 2 厘米，内侧边距 2.5 厘米、外侧边距 2 厘米，装订线 1 厘米，页脚距边界 1.0 厘米。

(3) 书稿中包含三个级别的标题，分别用"（一级标题）""（二级标题）""（三级标题）"字样标出。按下列要求对书稿应用样式、多级列表，并对样式格式进行相应修改，见表 2-3。

表 2-3　样式设置要求 2

内　容	样式	格　式	多级列表
所有用"（一级标题）"标识的段落	标题 1	小二号、黑体、不加粗、段前 1.5 行、段后 1 行、行距最小值 12 磅、居中	第 1 章、第 2 章…第 n 章
所有用"（二级标题）"标识的段落	标题 2	小三号、黑体、不加粗、段前 1 行、段后 0.5 行、行距最小值 12 磅	1-1、1-2、2-1、2-2… n-1、n-2
所有用"（三级标题）"标识的段落	标题 3	小四号、宋体、加粗、段前 12 磅、段后 6 磅、行距最小值 12 磅	1-1-1、1-1-2… n-1-1、n-1-2，且与二级标题缩进位置相同
除上述三个级别外的所有正文(不含图表及题注)	正文	首行缩进 2 字符、1.25 倍行距、段后 6 磅、两端对齐	

(4) 样式应用结束后，将书稿中各级标题文字后面括号中的提示文字及括号"（一级标题）""（二级标题）""（三级标题）"全部删除。

(5) 书稿中有若干表格及图片，分别在表格上方和图片下方的说明文字左侧添加形如

"表 1-1""表 2-1""图 1-1""图 2-1"的题注，其中连字符"-"前面的数字代表章号，"-"后面的数字代表图表的序号，各章节图和表分别连续编号。添加完毕，将样式"题注"的格式修改为仿宋、小五号字、居中。

(6) 在书稿中用红色标出的文字的适当位置，为前两个表格和前三个图片设置自动引用其题注号。为第 2 张表格"表 1-2 好朋友财务软件版本及功能简表"套用一个合适的表格样式，保证表格第 1 行在跨页时能够自动重复，且表格上方的题注与表格总在一页上。

(7) 在书稿的最前面插入目录，要求包含标题第 1~3 级及对应页号。目录、书稿的每一章均为独立的一节，每一节的页码均以奇数页为起始页码。

(8) 目录与书稿的页码分别独立编排，目录页码使用大写罗马数字(Ⅰ、Ⅱ、Ⅲ…)，书稿页码使用阿拉伯数字(1、2、3…)且各章节间连续编码。除目录首页和每章首页不显示页码外，其余页面要求奇数页页码显示在页脚右侧，偶数页页码显示在页脚左侧。

(9) 将考生文件夹下的图片"Tulips.jpg"设置为本文稿的水印，水印处于书稿页面的中间位置，图片增加"冲蚀"效果。

 **操作步骤**

1. 保存文件

(1) 打开考生文件夹下的"Word 素材.docx"文件。

(2) 单击"文件"选项卡下的"另存为"按钮，再单击"当前文件夹"，弹出"另存为"对话框，在该对话框中将"文件名"设为"Word.docx"，将其保存于考生文件夹下。

2. 页面设置

(1) 根据题目要求，单击"布局"选项卡下"页面设置"组中的对话框启动器按钮，在打开的对话框中切换至"纸张"选项卡，将"纸张大小"设置为 16 开。

(2) 切换至"页边距"选项卡，在"页码范围"组中"多页"下拉列表中选择"对称页边距"，在"页边距"组中，将"上"微调框设置为 2.5 厘米，"下"微调框设置为 2 厘米，"内侧"微调框设置为 2.5 厘米，"外侧"微调框设置为 2 厘米，"装订线"设置为 1 厘米。

(3) 切换至"版式"选项卡，将"页眉和页脚"组下距边界的"页脚"设置为 1.0 厘米，单击"确定"按钮。

3. 样式设置

(1) 在"开始"选项卡下"样式"选项组中右击"标题 1"选项，在弹出的快捷菜单中选择"修改"命令，在弹出的"修改样式"对话框中设置字体为"黑体""小二""不加粗"。再单击对话框左下角的"格式"按钮，在弹出的列表中选择"段落"选项，在"段落"对话框中分别设置段前 1.5 行，段后 1 行，行距最小值 12 磅，居中。单击"确定"按钮，关闭所有对话框。

(2) 依照(1)的方法，按照题目表格中的具体要求，依次修改"样式"选项组中标题 2、标题 3、正文的样式。

(3) 根据题意要求，分别选中带有"(一级标题)""(二级标题)""(三级标题)"提示的整段文字，为"(一级标题)"段落应用"开始"选项卡下"样式"组中的"标题 1"样式。使用同样的方式分别为"(二级标题)""(三级标题)"所在的整段文字应用"标题 2"样式和"标题 3"样式。

(4) 单击"开始"选项卡下"段落"组中的"多级列表"按钮，在下拉列表中选择"定义新的多级列表"选项，打开"定义新多级列表"对话框。单击对话框左下角的"更多"按钮，先选择左上角列表框中的"1"；在"将级别链接到样式"下拉列表中选择"标题 1"选项；在"输入编号的格式"文本框中，在"1"前输入"第"，在"1"后输入"章"。再选择左上角列表框中的"2"；在"将级别链接到样式"下拉列表中选择"标题 2"选项；在"输入编号的格式"文本框中将"1.1"中间的"."修改为"-"。最后再选择左上角列表框中的"3"；在"将级别链接到样式"下拉列表中选择"标题 3"选项；在"输入编号的格式"文本框中将"1.1.1"中间的"."修改为"-"。单击"确定"按钮。

4. 查找替换

(1) 单击"开始"选项卡下"编辑"组中的"替换"按钮，弹出"查找与替换"对话框，在"查找内容"中输入"(一级标题)"，"替换为"不输入，单击"全部替换"按钮。

(2) 按上述同样的操作方法删除"(二级标题)"和"(三级标题)"。

5. 插入题注

(1) 根据题意要求，将光标插入到表格上方说明文字左侧，单击"引用"选项卡下"题注"组中的"插入题注"按钮，打开对话框后，再单击"新建标签"按钮，弹出对话框后，输入"标签"名称为"表"，单击"确定"按钮，返回到之前的对话框中，将"标签"设置为"表"，然后单击"编号"按钮，在打开的对话框中勾选"包含章节号"，将"章节起始样式"设置为"标题 1"，"使用分隔符"设置为"-(连字符)"，单击"确定"按钮，返回到上一级对话框，继续单击"确定"按钮。

(2) 选中添加的题注，单击"开始"选项卡下"样式"组右侧的下三角按钮，在打开的"样式"窗格中选中"题注"样式，并单击鼠标右键，在弹出的快捷菜单中选择"修改"，即可打开"修改样式"对话框，在"格式"组下选择"仿宋""小五"，单击"居中"按钮，勾选"自动更新"复选框。

(3) 将光标插入至下一个表格上方说明文字左侧，可以直接在"引用"选项卡下"题注"组中单击"插入题注"按钮，在打开的对话框中单击"确定"按钮，即可插入题注内容。

(4) 使用同样的方法在图片下方的说明文字左侧插入题注，并设置题注格式。

6. 交叉引用

(1) 根据题意要求将光标插入到被标红文字的合适位置，此处以第一处标红文字为例，将光标插入到"如"字的后面，单击"引用"选项卡下"题注"组中的"交叉引用"按钮，在打开的对话框中，将"引用类型"设置为表，"引用内容"设置为只有标签和编号，在"引用哪一个题注"下选择"表-1 手工记账与会计电算化的区别"，单击"插入"按钮。

(2) 使用同样的方法在其他标红文字的适当位置，设置自动引用题注号，最后关闭该对话框。

(3) 选择表 1-2，在"设计"选项卡下"表格样式"组为表格套用一个样式，此处选择"浅色底纹，强调文字颜色 5"。

(4) 鼠标定位在表格中，单击"开始"选项卡下"表"组中的"属性"按钮，在弹出的对话框中勾选"允许跨页断行"复选框。选中标题行，单击"数据"组中的"重复标题行"。

7. 插入目录

(1) 根据题意要求将光标插入到第一页一级标题的左侧，单击"布局"选项卡下"页面设置"组中的"分隔符"按钮，在下拉列表中选择"下一页"。

(2) 将光标插入到新页中，单击"引用"选项卡下"目录"组中的"目录"下拉按钮，在下拉列表中选择"自动目录 1"。选中"目录"字样，将"目录"前的项目符号删除，并更新目录。

(3) 使用同样的方法为其他的章节分节，使每一章均为独立的一节，双击第一页下方的页码处，在"设计"选项卡下单击"页眉和页脚"组中的"页码"按钮，在下拉列表中选择"页面低端"下的"普通数字 1"。

(4) 在"设计"选项卡下单击"页眉和页脚"组中的"页码"按钮，在下拉列表中选择"设置页码格式"，在打开的对话框中选择"页码编号"组中的"起始页码"并输入"1"，单击"确定"按钮。

8. 插入页码

(1) 根据题意要求将光标插入到目录首页的页码处，单击"页眉页脚工具"→"设计"选项卡下"页眉和页脚"组中的"页码"下拉按钮，在下拉列表中选择"设置页码格式"，在打开的对话框中选择"编号格式"大写罗马数字(Ⅰ、Ⅱ、Ⅲ…)，单击"确定"按钮。

(2) 将光标插入到第 3 章的第一页页码中，单击"页眉页脚工具"→"设计"选项卡下"页眉和页脚"组中的"页码"按钮，在下拉列表中选择"设置页码格式"，在打开的对话框中选择"页码编号"组中的"续前节"，单击"确定"按钮。使用同样的方法为下方其他章的第一页设置"页码编号"组的"续前节"选项。

(3) 将光标插入到目录页的第一页页码中，在"页眉页脚工具"→"设计"选项卡下勾选"选项"组中的"首页不同"和"奇偶页不同"复选框，并使用同样的方法为下方其他章的第一页设置"首页不同"和"奇偶页不同"。

(4) 将鼠标光标移至第 2 页中，单击"插入"选项卡下"页眉和页脚"组中的"页码"按钮。在弹出的下拉列表中选择"页面底端的"的"普通数字 1"。

(5) 将鼠标光标移至第 3 页中，单击"插入"选项卡下"页眉和页脚"组中的"页码"按钮。在弹出的下拉列表中选择"页面底端的"的"普通数字 3"。单击"关闭页眉和页脚"按钮。

9. 设置页面背景

根据题意要求将光标插入到文稿中，单击"设计"选项卡下"页面背景"组中的"水印"下拉按钮，在下拉列表中选择"自定义水印"，在打开的对话框中选择"图片水印"选项，然后单击"选择图片"按钮，选择"从文件"，在打开的对话框中选择考生文件夹中的素材"Tulips.jpg"，单击"插入"按钮，返回之前的对话框中，勾选"冲蚀"复选框，单击"确定"按钮即可。

2.7　论文格式排版

　题目要求

　　张老师撰写了一篇学术论文，拟投稿于大学学报，发表之前需要根据学报要求完成论文样式排版。根据考生文件夹下"Word 素材.docx"完成排版工作，具体要求如下：

　　(1) 在考生文件夹下，将"Word 素材.docx"另存为"Word.docx"（".docx"为扩展名），后续操作均基于此文件，否则不得分。

　　(2) 设置论文页面为 A4 幅面，页面上、下边距分别为 3.5 厘米和 2.2 厘米，左、右边距为 2.5 厘米。论文页面只指定行网格(每页 42 行)，页脚距边界 1.4 厘米，在页脚居中位置设置论文页码。该论文最终排版不超过 5 页，可参考考生文件夹下的"论文正样 1.jpg"～"论文正样 5.jpg"示例。

　　(3) 将论文中不同颜色的文字设置为标题格式，要求如表 2-4 所示。设置完成后，需将最后一页的"参考文献"段落设置为无多级编号。

表 2-4　样式设置要求 3

文字颜色	样式	字号	字体颜色	字体	对齐方式	段落行距	段落间距	大纲级别	多级项目编号格式
红色文字	标题 1	三号	黑色	黑体	居中			1 级	
黄色文字	标题 2	四号			左对齐	最小值 30 磅		2 级	1、2、3…
蓝色文字	标题 3	五号				最小值 18 磅	段前 3 磅 段后 3 磅	3 级	2.1、2.2… 3.1、3.2…

　　(4) 依据"论文正样 1_格式.jpg"中的标注提示，设置论文正文前的段落和文字格式。并参考"论文正样 1.jpg"示例，将作者姓名后面的数字和作者单位前面的数字(含中文、英文两部分)设置为正确的格式。

　　(5) 设置论文正文部分的页面布局为对称 2 栏，并设置正文段落(不含图、表、独立成行的公式)字号为五号，中文字体为宋体，西文字体为 TimesNewRoman，段落首行缩进 2 字符，行距为单倍行距。

　　(6) 设置正文中的"表 1""表 2"与对应表格标题的交叉引用关系(注意，"表 1""表 2"的"表"字与数字之间没有空格)，并设置表注字号为小五号，中文字体为黑体，西文字体为 TimesNewRoman，段落居中。

　　(7) 设置正文部分中的图注字号为小五号，中文字体为宋体，西文字体为 TimesNewRoman，段落居中。

　　(8) 设置参考文献列表文字字号为小五号，中文字体为宋体，西文字体为 TimesNewRoman，并为其设置项目编号，编号格式为"[序号]"。

操作步骤

1. 保存文件

(1) 打开考生文件夹下的"Word 素材.docx"文件。

(2) 单击"文件"选项卡下的"另存为"按钮，再单击"当前文件夹"，弹出"另存为"对话框，在该对话框中将"文件名"设为"Word.docx"，将其保存于考生文件夹下。

2. 页面设置

(1) 切换到"布局"选项卡，在"页面设置"选项组中单击对话框启动器按钮，打开"页面设置"对话框，在"页边距"选项卡中的"页边距"区域中设置页边距的"上"和"下"分别为 3.5 厘米和 2.2 厘米，"左"和"右"边距设为 2.5 厘米。

(2) 切换到"纸张"选项卡，将"纸张大小"设为 A4。

(3) 切换到"版式"选项卡，在"页眉和页脚"选项组中将"页脚"设为 1.4 厘米。

(4) 切换到"文档网格"选项卡，在"网格"组中勾选"只指定行网络"单选按钮，在"行数"组中将"每页"设为"42"行，单击"确定"按钮。

(5) 选择"插入"选项卡，在"页眉和页脚"选项组中单击"页码"下拉按钮，在其下拉列表中选择"设置页码格式"命令，将"编号格式"选择为"-1-, -2-, -3-"，单击"确定"按钮。

(6) 选择"插入"选项卡，在"页眉和页脚"选项组中单击"页脚"下拉按钮，选择"编辑页脚"，切换到"页眉和页脚工具"下的"设计"选项卡，在"页眉和页脚"选项组中的"页码"下拉列表中选择"页面底端"→"普通数字 2"选项，单击"关闭页眉和页脚"按钮，将其关闭。

3. 样式设置

(1) 选中第一个黄色字体，切换到"开始"选项卡"编辑"组中单击"选择"下拉按钮，在弹出的下拉菜单中选择"选择格式相似的文本"选项。在"开始"选项卡"样式"选项组中选中"标题 2"样式，单击鼠标右键，在弹出的快捷菜单中选择"修改"选项，弹出"修改样式"对话框，将"字体"设为"黑体"，"字体颜色"设为"黑色"，"字号"设为"四号"。

(2) 单击"格式"按钮，在弹出的下拉菜单中选择"段落"，弹出"段落"对话框。选择"缩进和间距"选项卡，在"常规"组中将"大纲级别"设为 2 级，在"间距"组中，将"行距"设为"最小值"，"设置值"设为"30 磅"，"段前"和"段后"都设为"0 行"。

(3) "标题 2"的多级项目编号格式默认为："1、2、3"，此处不需要再进行设置。

(4) 选中第一个蓝色字体，切换到"开始"选项卡"编辑"组中，单击"选择"下拉按钮，在弹出的下拉菜单中选择"选择格式相似的文本"选项。切换到"开始"选项卡，在"样式"选项组中，选中"标题 3"样式，单击鼠标右键，在弹出的下拉列表中选择"修改"选项，弹出"修改样式"对话框，将"字体"设为"黑体"，"字体颜色"设为"黑色"，"字号"设为"五号"。

(5) 单击"格式"按钮，在弹出的下拉菜单中选择"段落"，弹出"段落"对话框。选择"缩进和间距"选项卡，在"常规"组中将"大纲级别"设为 3 级，在"间距"组中，将"行距"设为"最小值","设置值"设为 18 磅,"段前"和"段后"都设为 3 磅。

(6) 将光标定位在第一个"标题 3"样式的标题前,切换到"开始"选项卡,在"段落"选项组中单击"编号"选项,在弹出的下拉列表中选择"定义新编号格式",弹出"定义新编号格式"对话框,在"编号样式"中选择"1,2,3…"样式,在"编号样式"中输入"2",单击"确定"按钮。对下一个标题继续应用此编号格式,单击鼠标右键,选择"继续编号"。

同理,设置其他章节的多级编号。在"编号样式"中输入"3""4"。

4. 设置字体格式和段落格式

(1) 选择正文以前的内容(包括论文标题、作者、作者单位的中英文部分),切换到"开始"选项卡,在"段落"选项组中单击对话框启动器按钮,弹出"段落"对话框,选择"缩放和间距"选项卡,在"缩进"组中将"特殊格式"设为"无",单击"确定"按钮。

(2) 选中论文标题、作者、作者单位的中英文部分,在"开始"选项卡的"段落"选项组中单击"居中"按钮。

(3) 选中正文内容,在"开始"选项卡的"段落"选项组中单击"两端对齐"按钮。

(4) 选中"文章编号"部分内容,切换到"开始"选项卡,在"字体"选项组中将"字体"设为"黑体","字号"设为"小五"。

(5) 选中论文标题中英文部分(红色字体),在"开始"选项卡的"段落"选项组中单击对话框启动器按钮,弹出"段落"对话框,在"缩进和间距"选项卡的"常规"组中将"大纲级别"设为"1 级",单击"确定"按钮。在"开始"选项卡的"样式"选项组中对其应用"标题 1"样式,并将"中文字体"修改为"黑体","西文字体"修改为"TimesNewRoman",字号为"三号",单击"确定"按钮。对论文标题中英文部分应用"标题 1"样式。

(6) 选中作者姓名中文部分,在"开始"选项卡中将"字体"设为"仿宋","字号"设为"小四"。

(7) 选中作者姓名英文部分,在"开始"选项卡中将"字体"设为"TimesNewRoman","字号"设为"小四"。

(8) 选中作者单位、摘要、关键字、中图分类号等中文部分,在"开始"选项卡中将"字体"组选择为"宋体","字号"都为"小五"。

(9) 选中作者单位、摘要、关键字、中图分类号等英文部分,在"开始"选项卡中将"字体"设为"TimesNewRoman","字号"设为"小五"。

5. 数字格式设置

(1) 选中作者姓名后面的"数字"(含中文、英文两部分),在"开始"选项卡下的"字体"选项组中单击对话框启动器按钮,弹出"字体"对话框,在"字体"选项卡下的"效果"组中,勾选"上标"复选框。

(2) 选中作者单位前面的"数字"(含中文、英文两部分),按上述同样的操作方式设置正确的格式。

6. 设置表注、题注、交叉引用等

(1) 选中正文文本及参考文献,切换到"布局"选项卡,在"页面设置"选项组中单

击"分栏"下拉按钮，在其下拉列表中选择"两栏"选项。

(2) 选择正文第一段文本，切换到"开始"选项卡中，在"编辑"选项组中单击"选择"下拉按钮，在弹出的下拉菜单中选择"选择格式相似的文本"选项。选择文本后，在最后一页，按住"Ctrl"键选择"参考文献"的英文部分，在"字体"选项组中将"字号"设为"五号"，"中文字体"设为"宋体"，然后再将"西文字体"设为"TimesNewRoman"。单击"确定"按钮。

(3) 确定上一步选择的文本处于选中状态，在"段落"选项组中单击对话框启动器按钮，弹出"段落"对话框，选择"缩进和间距"选项卡，在"缩进"组中将"特殊格式"设为"首行缩进"，"磅值"设为 2 字符，在"间距"组中将"行距"设为"单倍行距"，单击"确定"按钮。

(4) 选中所有的中文表注，将"字体"设为"黑体"，"字号"设为"小五"，在"段落"选项组中单击"居中"按钮。

(5) 选中所有的英文表注与图注，将"字体"设为"TimesNewRoman"，"字号"设为"小五"，在"段落"选项组中单击"居中"按钮。

(6) 为表格标题添加题注：删除第一个表的表注中的"表 1"的字样，将光标定位在表注前，在"引用"选项卡下的"题注"组中单击"插入题注"按钮，打开"题注"对话框，单击"新建标签"，在弹出的对话框中输入文字"表"，依次单击"确定"按钮。此时，如果表注和标题格式出现改变，则按照前面的题目要求重新设置。

(7) 对正文设置交叉引用：将正文中的"表 1"字样删除，将光标定位在原正文"表 1"位置，在"引用"选项卡下的"题注"组中单击"交叉引用"按钮，打开"交叉引用"对话框，在"引用类型"中选择"表"，在"引用类型"中选择"只有标签和编号"，在"引用哪一个题注"中选择"表 1FD 受轮廓变化的影响"，单击"插入"按钮，同理，设置正文中"表 2"的交叉引用。

(8) 选中所有的参考文献，将"中文字体"设为"宋体"，将"西文字体"设为"TimesNewRoman"，"字号"设为"小五"。

(9) 确认参考文献处于选中状态，在"段落"选项组中单击"编号"按钮，在其下拉列表中选择"定义新编号格式"选项，弹出"定义新编号格式"对话框，将"编号格式"设为"[1]"，并单击"确定"按钮。

7. 设置图注

(1) 选中所有的中文图注，将"字体"设为"宋体"，"字号"设为"小五"，在"段落"选项组中单击"居中"按钮。

(2) 选中所有的英文图注，将"字体"设为"TimesNewRoman"，"字号"设为"小五"，在"段落"选项组中单击"居中"按钮。

8. 设置参考文献格式

选中参考文献内容，在"开始"选项卡下"段落"组中单击"编号"下拉按钮，在下拉列表选项中选择"无"。

最后，单击快速访问工具栏中的"保存"按钮，关闭所有文档。

2.8　经费联审结算单排版

 题目要求

某单位财务处请小张设计"经费联审结算单"模板，以提高日常报账和结算单审核效率。请根据考生文件夹下的"Word 素材 1.docx"和"Word 素材 2.xlsx"文件完成制作任务，具体要求如下：

(1) 在考生文件夹下，将素材文件"Word 素材 1.docx"另存为"Word.docx"（".docx"为扩展名），后续操作均基于此文件，否则不得分。

(2) 将页面设置为 A4 幅面、横向，页边距均为 1 厘米。设置页面为两栏，栏间距为 2 字符，其中左栏内容为"经费联审结算单"表格，右栏内容为"××研究所科研经费报账须知"文字，要求左右两栏内容不跨栏、不跨页。

(3) 设置"经费联审结算单"表格整体居中，所有单元格内容垂直居中对齐。参考考生文件夹下的"结算单样例.jpg"，适当调整表格行高和列宽，其中两个"意见"的行高不低于 2.5 厘米，其余各行行高不低于 0.9 厘米。设置单元格的边框，细线宽度为 0.5 磅，粗线宽度为 1.5 磅。

(4) 设置"经费联审结算单"标题(表格第一行)水平居中，字体为小二、华文中宋，其他单元格中已有文字字体均为小四、仿宋、加粗；除"单位："为左对齐外，其余含有文字的单元格均为居中对齐。表格第二行的最后一个空白单元格将填写填报日期，字体为四号、楷体，并右对齐；其他空白单元格格式均为四号、楷体、左对齐。

(5) "××研究所科研经费报账须知"以文本框形式实现，其文字的显示方向与《经费联审结算单》相比，逆时针旋转 90 度。

(6) 设置"××研究所科研经费报账须知"的第一行格式为小三、黑体、加粗，居中；第二行格式为小四、黑体，居中；其余内容为小四、仿宋，两端对齐、首行缩进 2 字符。

(7) 将"科研经费报账基本流程"中的 4 个步骤改用"垂直流程"SmartArt 图形显示，颜色为"强调文字颜色 1"，样式为"简单填充"。

(8) "Word 素材 2.xlsx"文件中包含了报账单据信息，需使用"Word.docx"自动批量生成所有结算单。其中，对于结算金额为 5000(含)以下的单据，"经办单位意见"栏填写"同意，送财务审核。"；否则填写"情况属实，拟同意，请所领导审批。"。另外，因结算金额低于 500 元的单据不再单独审核，所以需在批量生成结算单据时将这些单据记录自动跳过。生成的批量单据存放在考生文件夹下，以"批量结算单.docx"命名。

 操作步骤

1. 保存文件

(1) 打开考生文件夹下的"Word 素材 1.docx"文件。

(2) 单击"文件"选项卡下的"另存为"按钮，再单击"当前文件夹"，弹出"另存为"

对话框，在该对话框中将"文件名"设为"Word.docx"，将其保存于考生文件夹下。

2. 页面设置

(1) 单击"布局"选项卡下"页面设置"选项组中的"对话框启动器"按钮，弹出"页面设置"对话框。切换到"纸张大小"选项卡，将"纸张大小"设置为"A4"。

(2) 切换到"页边距"选项卡，在"页边距"组中将"上""下""左""右"都设置为"1 厘米"，在"纸张方向"组中单击"横向"按钮，设置完成后，单击"确定"按钮。

(3) 将光标置于表格下方的空白回车符前，单击"布局"选项卡下"页面设置"选项组中的"分栏"按钮，在弹出的下拉列表中选择"更多分栏"选项，在弹出的对话框中将"栏数"设置为 2，将"间距"设置为"2 字符"，单击"确定"按钮。

3. 表格设置

(1) 选中表格，右击鼠标，在弹出的快捷菜单中选择"表格属性"选项，在弹出的对话框中选择"单元格"选项卡，在"垂直对齐方式"组中单击"居中"按钮。

(2) 选中表格，切换到"表格工具"→"布局"选项卡，在"单元格大小"里设置高度不低于 0.9 厘米。选中"意见"两行，在"单元格大小"设置行高不低于 2.5 厘米。

(3) 选中表格第 1、2 行，切换到"表格工具"→"设计"选项卡，单击"边框"组中"边框"下拉列表中的"无框线"。

(4) 选中表格中除第 1、2 行以外的所有行，设置"绘图边框"组中的线条大小为 0.5 磅，选择"边框"下拉列表中的"内部框线"；设置"绘图边框"组中的线条大小为 2.25 磅，选择"边框"下拉列表中的"外侧框线"。

4. 单元格对齐设置

(1) 选中标题，单击"开始"选项卡"段落"组中的"居中"按钮，在"字体"组中将字体设置为"华文中宋"，将字号设置为"小二"，选中其他单元格中已有文字，设置为加粗、仿宋、小四。

(2) 选中"单位："设置为左对齐，其余含有文字的单元格均为"居中对齐"。

(3) 选中第二行的最后一个空白单元格，设置字体为楷体，字号为四号、右对齐；分别选中其他空白单元格，设置字体为楷体，字号为四号、左对齐。

5. 插入文本框

(1) 选中分栏右侧的文本文字，单击"插入"选项卡下"文本"选项组中的"文本框"按钮，在弹出的下拉列表中选择"绘制文本框"选项。

(2) 选中绘制后的文本框，在"绘图工具"→"格式"选项卡下"排列"组中单击"旋转"按钮，在弹出的下拉列表中选择"向左旋转 90 度"选项。

6. 格式设置

(1) 选择文本框中的第一行文字，在"开始"选项卡下"字体"组中将"字体"设置为"黑体"，将"字号"设置为"小三"，分别单击"加粗"和"居中"按钮；将第二行文字的"字体"设置为"黑体"，将"字号"设置为"小四"，单击"居中"按钮。

(2) 选择除第 1、2 行外的其他内容，将"字体"设置为"仿宋"，将"字号"设置为"小四"；单击"段落"组中的对话框启动器按钮，在弹出的对话框中将"常规"选项组中的"对齐方式"设置为"两端对齐"，在"缩进"选项组中将"特殊格式"设置为"首行缩进"，将"磅值"设置为"2 字符"，单击"确定"按钮。

7. 插入 SmartArt 图形

(1) 在"科研经费报账基本流程"下面另起一行，单击"插入"选项卡下"插图"选项组中的"SmartArt"按钮，在弹出的对话框中选择"流程"下的"垂直流程"选项，单击"确定"按钮。

(2) 在"SmartArt 样式"组中单击"更改颜色"按钮，在弹出的下拉列表中选择"强调文字颜色 1"中的一个，样式设置为"简单填充"。

(3) 在 SmartArt 图形中添加一个图形，将下方的文字输入，适当调整 SmartArt 图形的大小。

8. 邮件合并

(1) 在"邮件"选项卡上的"开始邮件合并"组中单击"开始邮件合并"下拉按钮，在展开列表中选择"邮件合并分布向导"命令，启动"邮件合并"任务窗格。

(2) 邮件合并分步向导第 1 步。在"邮件合并"任务窗格"选择文档类型"中保持默认选择"信函"，单击"下一步：正在启动文档"超链接。

(3) 邮件合并分步向导第 2 步。在"邮件合并"任务窗格"选择开始文档"中保持默认选择"使用当前文档"，单击"下一步：选取收件人"超链接。

(4) 邮件合并分步向导第 3 步。

① 在"邮件合并"任务窗格"选择收件人"中保持默认选择"使用现有列表"，单击"浏览"超链接。

② 启动"读取数据源"对话框，在考生文件夹下选择文档"Word 素材 2.xlsx"，单击"打开"按钮。此时会弹出"选择表格"对话框，单击"确定"按钮。

③ 启动"邮件合并收件人"对话框，保持默认设置(勾选所有收件人)，单击"确定"按钮。

④ 返回到 Word 文档后，单击"下一步：撰写信函"超链接。

(5) 邮件合并分步向导第 4 步。

① 将光标置于"单位："右侧的单元格中，在"邮件"选项卡"编写和插入域"组中单击"插入合并域"按钮，在下拉列表中按照题意选择"单位"域。

② 文档中的相应位置就会出现已插入的域标记。根据相同的方法插入其他合并域。

③ 光标置于"经办单位意见"右侧的单元格中，在"邮件"选项卡"编写和插入域"组中单击"规则"按钮，在下拉列表中按照题意选择"如果...那么...否则"，弹出"插入 Word 域：IF"对话框，进行设置(域名下选择"金额(小写)"，比较条件下选择"小于等于"，比较对象下输入"5000"，则插入此文字下的框中输入"同意，送财务审核。"，否则插入此文字下的框中输入"情况属实，拟同意，请领导审核")，单击"确定"按钮。

④ 再次单击"规则"按钮，在下拉列表中按照题意选择"跳过记录条件"，弹出"插入 Word 域"对话框，进行设置(域名下选择"金额(小写)"，比较条件下选择"小于"，比较对象下输入"500")，单击"确定"按钮。

⑤ 单击"下一步：预览信函"超链接。

（6）邮件合并分步向导第 5 步。

在"预览信函"选项区域中，通过单击"<<"或">>"按钮可查看具有不同信息的信函。单击"下一步：完成合并"超链接。

（7）邮件合并分步向导第 6 步。

① 单击"编辑单个信函"选项，启动"合并到新文档"对话框。

② 在"合并到新文档"对话框中选择"全部"单选按钮，单击"确定"按钮即可。

（8）在生成的新文档中，单击"文件"选项卡下的"另存为"按钮，再单击"当前文件夹"，并将其命名为"批量结算单"。

（9）邮件主文档保存为"Word.docx"。

2.9　制作新闻提要

题目要求

在考生文件夹下打开文档 Word.docx，按照要求完成下列操作并以该文件名(Word.docx)保存文件。

按照参考样式"Word 参考样式.gif"完成设置和制作。

具体要求如下：

（1）设置页边距为上、下、左、右各 2.7 厘米，装订线在左侧；设置文字水印页面背景，文字为"中国互联网信息中心"，水印版式为斜式。

（2）设置第 1 段落文字"中国网民规模达 5.64 亿"为标题；设置第 2 段落文字"互联网普及率为 42.1%"为副标题；改变段间距和行间距(间距单位为行)，使用"独特"样式修饰页面；在页面顶端插入"边线型提要栏"文本框，将第 3 段文字"中国经济网北京 1 月 15 日讯中国互联网信息中心今日发布《第 31 展状况统计报告》。"移入文本框内，设置字体、字号、颜色等；在该文本的最前面插入类别为"文档信息"、名称为"新闻提要"的域。

（3）设置第 4 至第 6 段文字，要求首行缩进 2 个字符。将第 4 至第 6 段的段首"《报告》显示"和"《报告》表示"设置为斜体、加粗、红色、双下划线。

（4）将文档"附：统计数据"后面的内容转换成 2 列 9 行的表格，为表格设置样式；将表格的数据转换成簇状柱形图，插入到文档中"附：统计数据"的前面，保存文档。

操作步骤

1. 页面设置并制作水印

（1）打开考生文件夹下的素材文件"Word.docx"。

（2）单击"布局"选项卡下"页面设置"组中的对话框启动器按钮，打开"页面设置"对话框，在"页边距"选项卡中，根据题目要求将"页边距"选项中的"上""下""左""右"微调框均设为"2.7"厘米，单击"装订线位置"下拉按钮，从弹出的下拉列表框中选择"左"。然后单击"确定"按钮。

(3) 按题目要求设置文字水印。在"布局"选项卡下的"页面背景"组中单击"水印"按钮,从弹出的下拉列表中选择"自定义水印"命令,弹出"水印"对话框,选中"文字水印"单选按钮,在"文字"文本框中输入"中国互联网信息中心",选中"版式"中的"斜式"单选按钮,然后单击"确定"按钮。

2．文字和段落设置

(1) 选中第 1 段文字"中国网民规模达 5.64 亿",单击"开始"选项卡下"样式"组中的"标题"按钮。

(2) 选中第 2 段文字"互联网普及率为 42.1%",单击"开始"选项卡下"样式"组中的"副标题"按钮。

(3) 拖动鼠标选中全文(或按"Ctrl + A"键),单击"开始"选项卡下"段落"组中的对话框启动器按钮,打开"段落"对话框。按题目要求改变段间距和行间距,在"缩进和间距"选项卡中的"间距"下设置"段前"和"段后"都为"0.5 行",选择"行距"为"1.5倍行距",单击"确定"按钮。

(4) 在"开始"选项卡下的"样式"组中单击"更改样式"下拉按钮,从弹出的下拉列表中选择"样式集",在打开的级联菜单中选择"独特"。

(5) 将鼠标光标定位到页面顶端,在"插入"选项卡下的"文本"组中单击"文本框"按钮,从弹出的下拉列表中选择"边线型提要栏",选中第 3 段文字,剪切并粘贴到文本框内。选中文本框内的文字,单击"开始"选项卡下"字体"组中的对话框启动器按钮,弹出"字体"对话框,此处设置"中文字体"为"黑体","字号"为"小四",单击"字体颜色"下拉按钮,从弹出的下拉列表中选择"标准色"下的"红色",单击"确定"按钮。

(6) 将鼠标光标定位到上述文本的最前面,在"插入"选项卡下的"文本"组中单击"文档部件"按钮,从弹出的下拉列表中选择"域",弹出"域"对话框,选择"类别"为"文档信息",在"新名称"文本框中输入"新闻提要:",单击"确定"按钮。

3．字体格式设置

(1) 选中第 4 至第 6 段文字,单击"开始"选项卡下"段落"组中的对话框启动器按钮,弹出"段落"对话框,在"缩进和间距"选项卡下设置"特殊格式"为"首行缩进","磅值"为"2 字符",单击"确定"按钮。

(2) 选中第 4 段中的"《报告》显示",按住"Ctrl"键不放,同时选中第 5 段中的"《报告》显示"和第 6 段中的"《报告》表示",在"开始"选项卡下的"字体"组中,分别单击"加粗"按钮和"倾斜"按钮,单击"下划线"下拉按钮,从弹出的下拉列表中选择"双下划线",单击"字体颜色"下拉按钮,从弹出的下拉列表中选择"标准色"下的"红色"。

4．制作表格

(1) 选中文档"附:统计数据"下面的 9 行内容,在"插入"选项卡下的"表格"组中单击"表格"下拉按钮,从弹出的下拉列表中选择"文本转换成表格"命令,弹出"将文字转换成表格"对话框,单击"确定"按钮。

(2) 按题目要求为表格设置样式。选中整个表格,在"表格工具"→"设计"选项卡下的"表格样式"组中选择一种样式,此处选择"浅色底纹,强调文字颜色 2"。

(3) 将光标定位到文档"附：统计数据"的前面，单击"插入"选项卡下"插图"组中的"图表"按钮，弹出"插入图表"对话框，选择"柱形图"中的"簇状柱形图"，单击"确定"按钮。将 Word 中的表格数据复制粘贴到 Excel 中，再删除 Excel 中的 C 列和 D 列即可，关闭 Excel 文件。

(4) 单击 Word 左上角"自定义快速访问工具栏"中的"保存"按钮，保存文档 Word.docx。

2.10　个人简历制作

 题目要求

新建一个空白 Word 文件，并命名为"Word.docx"（".docx"为扩展名），保存在考生文件夹中，此后的操作均基于此文件，否则不得分。创建文件所需素材保存在"Word素材.txt"中。

背景素材如下：

张静是一名大学本科三年级学生，经多方面了解分析，她希望在下个暑期去一家公司实习。为获得难得的实习机会，她打算利用 Word 精心制作一份简洁而醒目的个人简历，示例样式如"简历参考样式.jpg"所示，要求如下：

(1) 调整文档版面，要求纸张大小为 A4，页边距(上、下)为 2.5 厘米，页边距(左、右)为 3.2 厘米。

(2) 根据页面布局需要，在适当的位置插入标准色为橙色与白色的两个矩形，其中橙色矩形占满 A4 幅面，文字环绕方式设为"浮于文字上方"，作为简历的背景。

(3) 参照示例文件，插入标准色为橙色的圆角矩形，并添加文字"实习经验"，插入 1 个短划线的虚线圆角矩形框。

(4) 参照示例文件，插入文本框和文字，并调整文字的字体、字号、位置和颜色。其中"张静"应为标准色橙色的艺术字，"寻求能够……"文本效果应为跟随路径的"上弯弧"。

(5) 根据页面布局需要，插入考生文件夹下的图片"1.png"，依据样例进行裁剪和调整，并删除图片的剪裁区域；然后根据需要插入图片 2.jpg、3.jpg、4.jpg，并调整图片位置。

(6) 参照示例文件，在适当的位置使用形状中的标准色橙色箭头(提示：其中横向箭头使用线条类型箭头)，插入"SmartArt"图形，并进行适当编辑。

(7) 参照示例文件，在"促销活动分析"等 4 处使用项目符号"对钩"，在"曾任班长"等 4 处插入符号"五角星"，颜色为标准色红色。调整各部分的位置、大小、形状和颜色，以展现统一、良好的视觉效果。

 操作步骤

1. 建立文件

(1) 打开考生文件夹下的"WORD 素材.txt"素材文件。

(2) 启动 Word 2016 软件，并新建空白文档。

（3）切换到"布局"选项卡，在"页面设置"选项组中单击对话框启动器按钮，弹出"页面设置"对话框，切换到"纸张"选项卡，将"纸张大小"设置为"A4"。

（4）切换到"页边距"选项卡，将"页边距"的上、下、左、右分别设为 2.5 厘米、2.5 厘米、3.2 厘米、3.2 厘米。

2．绘制图形 1

（1）切换到"插入"选项卡，在"插图"选项组中单击"形状"下拉按钮，在其下拉列表中选择"矩形"，并在文档中进行绘制，使其与页面大小一致。

（2）选中矩形，切换到"绘图工具"下的"格式"选项卡，在"形状样式"选项组中分别将"形状填充"和"形状轮廓"都设为"标准色"下的"橙色"。

（3）选中橙色矩形，单击鼠标右键，在弹出的快捷菜单中选择"环绕文字"级联菜单中的"浮于文字上方"选项。

（4）在橙色矩形上方按步骤(1)中同样的方式创建一个白色矩形，将其"环绕文字"设为"浮于文字上方"，"形状填充"和"形状轮廓"都设为"主题颜色"下的"白色"。

（5）打开"简历参考样式.jpg"图片，参照图片上的样式，调整页面布局。

3．绘制图形 2

（1）切换到"插入"选项卡，在"插图"选项组中单击"形状"下拉按钮，在其下拉列表中选择"圆角矩形"，参考示例文件，在合适的位置绘制圆角矩形，将"圆角矩形"的"形状填充"和"形状轮廓"都设为"标准色"的"橙色"。

（2）选中所绘制的圆角矩形，在其中输入文字"实习经验"，并适当调整字体字号。

（3）根据参考样式，再次绘制一个"圆角矩形"，选中此圆角矩形，选择"绘图工具"下的"格式"选项卡，在"形状样式"选项组中将"形状填充"设为"无填充颜色"，在"形状轮廓"列表中选择"虚线"下的"短划线"，粗细设为 0.5 磅，"颜色"设为"橙色"。

（4）为了不遮挡文字，选中虚线圆角矩形，单击鼠标右键，在弹出的快捷菜单中选择"置于底层"级联菜单下的"下移一层"。

4．插入艺术字

（1）切换到"插入"选项卡，在"文本"选项组中单击"艺术字"下拉按钮，在下拉列表中选择一种艺术字，输入文字"张静"，并调整好位置。

（2）选中艺术字，在"绘图工具/格式"选项卡下"艺术字样式"分组中将"文本填充"设置为标准色橙色，"文本轮廓"设置为标准色红色，参照示例文件调整字体、字号、位置等。

（3）切换到"插入"选项卡，在"文本"选项组中单击"文本框"下拉按钮，在下拉列表中选择"绘制文本框"，绘制一个文本框并调整好位置。

（4）在文本框上右击鼠标选择"设置形状格式"，弹出"设置形状格式"对话框，选择"线条"为"无线条"，然后单击"关闭"按钮。

（5）在文本框中输入与参考样式中对应的文字，并调整好字体、字号和位置。

（6）切换到"插入"选项卡，在页面最下方插入艺术字。在"文本"选项组中单击"艺术字"下拉按钮，选中艺术字，输入文字"寻求能够不断学习进步，有一定挑战性的工作"，并适当调整文字大小。

(7) 切换到"绘图工具"下的"格式"选项卡，在"艺术字样式"选项组中选择"文本效果"下拉按钮，在弹出的下拉列表中选择"转换"→"跟随路径"→"上弯弧"。

5．插入图片

(1) 切换到"插入"选项卡，在"插图"选项组中单击"图片"按钮，弹出插入图片对话框，选择考生文件夹下的素材图片"1.jpg"，单击"插入"按钮。

(2) 选择插入的图片，单击鼠标右键，在下拉列表中选择"自动换行"→"四周型环绕"，依照样例利用"图片工具"→"格式"选项卡下"大小"选项组中的"剪裁"工具进行裁剪，并调整好大小和位置。

(3) 使用相同的操作方法在对应位置插入图片 2.png、3.png、4.png，并调整好大小和位置。

6．插入 SmartArt 图形

(1) 切换到"插入"选项卡，在"插图"选项组中单击"形状"下拉按钮，在下拉列表中选择"线条"中的"箭头"，在对应的位置绘制水平箭头。

(2) 选中水平箭头后单击鼠标右键，在弹出的列表中选择"设置形状格式"，在"设置形状格式"对话框中设置"线条颜色"为"橙色"，在"线型"→"宽度"中适当调整线条宽度。

(3) 切换到"插入"选项卡，在"插图"选项组中单击"形状"下拉按钮，在下拉列表中选择"箭头总汇"中的"上箭头"，在对应样张的位置绘制三个垂直向上的箭头。

(4) 选中绘制的"箭头"，在"绘图工具"→"格式"选项卡中设置的"形状轮廓"和"形状填充"均为"橙色"，并调整好大小和位置。

(5) 切换到"插入"选项卡，在"插图"选项组中单击"SmartArt"按钮，弹出"选择SmartArt 图形"对话框，选择"流程"→"上移流程"。

(6) 输入相应的文字，并适当调整 SmartArt 图形的大小和位置。

(7) 切换到"SmartArt 工具"下的"设计"选项卡，在"SmartArt 样式"组中单击"更改颜色"下拉按钮，在其下拉列表中选择一种合适的颜色。

(8) 切换到"SmartArt 工具"下的"设计"选项卡，在"创建图形"选项组中单击"添加形状"按钮，在其下拉列表中选择"在后面形状添加"选项，使其成为 4 个。

(9) 在文本框中输入相应的文字，并设置合适的"字体"和"大小"。

7．插入项目符号

(1) 在"实习经验"矩形框中输入对应的文字，并调整好字体大小和位置。

(2) 分别选中"促销活动分析"等文本框中的文字，单击鼠标右键选择"项目符号"，在"项目符号库"中选择"对钩"符号，为其添加对钩。

(3) 分别将光标定位在"曾任班长"等 4 处位置的起始处，切换到"插入"选项卡，在"符号"选项组中选择"其他符号"，弹出"符号"对话框。在"字体"列表中选择"宋体"，"子集"列表中选择"其他符号"，选中五角星，最后单击"插入"按钮。

(4) 选中所插入的五角星符号，在"开始"选项卡中设置颜色为"标准色"中的"红色"。

(5) 以文件名"WORD.docx"保存结果文档。

2.11　课程论文的排版

题目要求

2012 级企业管理专业的林楚楠同学选修了"供应链管理"课程，并撰写了题目为"供应链中的库存管理研究"的课程论文。论文的排版和参考文献还需要进一步修改，根据以下要求，帮助林楚楠对论文进行完善。

(1) 在考生文件夹下，将文档"Word 素材.docx"另存为"Word.docx"（".docx"为扩展名），此后所有操作均基于该文档，否则不得分。

(2) 为论文创建封面，将论文题目、作者姓名和作者专业放置在文本框中，并居中对齐；文本框的环绕方式为四周型，在页面中的对齐方式为左右居中。在页面的下侧插入图片"图片1.jpg"，环绕方式为四周型，并应用一种映像效果。整体效果可参考示例文件"封面效果.docx"。

(3) 对文档内容进行分节，使得"封面""目录""图表目录""摘要""1.引言""2.库存管理的原理和方法""3.传统库存管理存在的问题""4.供应链管理环境下的常用库存管理方法""5.结论""参考书目"和"专业词汇索引"各部分的内容都位于独立的节中，且每节都从新的一页开始。

(4) 修改文档中样式为"正文文字"的文本，使其首行缩进 2 字符，段前和段后的间距为 0.5 行；修改"标题 1"样式，将其自动编号的样式修改为"第 1 章，第 2 章，第 3 章…"；修改标题 2.1.2 下方的编号列表，使用自动编号，样式为"1)、2)、3)…"；复制考生文件夹下"项目符号列表.docx"文档中的"项目符号列表"样式到论文中，并应用于标题 2.2.1 下方的项目符号列表中。

(5) 将文档中的所有脚注转换为尾注，并使其位于每节的末尾；在"目录"节中插入"流行"格式的目录，替换"请在此插入目录！"文字；目录中需包含各级标题和"摘要""参考书目"以及"专业词汇索引"，其中"摘要""参考书目"和"专业词汇索引"在目录中需和标题 1 同级别。

(6) 使用题注功能，修改图片下方的标题编号，以便其编号可以自动排序和更新，在"图表目录"节中插入格式为"正式"的图表目录；使用交叉引用功能，修改图表上方正文中对于图表标题编号的引用(已经用黄色底纹标记)，以便这些引用能够在图表标题的编号发生变化时自动更新。

(7) 将文档中所有的文本"ABC 分类法"都标记为索引项；删除文档中文本"供应链"的索引项标记；更新索引。

(8) 在文档的页脚正中插入页码，要求封面页无页码，目录和图表目录部分使用"Ⅰ、Ⅱ、Ⅲ…"格式，正文以及参考书目和专业词汇索引部分使用"1、2、3…"格式。

(9) 删除文档中所有的空行。

操作步骤

1. 保存文件

(1) 打开考生文件夹下的"Word 素材.docx"文件。

(2) 单击"文件"选项卡下的"另存为"按钮，再单击"当前文件夹"，弹出"另存为"对话框，在该对话框中将"文件名"设为"Word"，将其保存于考生文件夹下。

2. 设置封面效果

(1) 把光标定位到"目录"前面，单击"插入"选项卡下"页面"组中的"空白页"按钮，在文件首页新增一空白页。

(2) 单击"文本"组中的"文本框"按钮，在下拉列表框中选择"简单文本框"，在新插入的空白页页面中绘制一个文本框并输入文本"供应链中的库存管理研究""林楚楠"和"2012 级企业管理专业"。

(3) 参照考生文件夹中的素材"封面效果.docx"文件，选中"供应链中的库存管理研究"文本，在"开始"选项卡下"字体"组中，将"字体"设置为"黑体"，"字号"设置为"小初"，单击"加粗"按钮；同理选中"林楚楠"和"2012 级企业管理专业"文本，将"字体"设置为"黑体"，"字号"设置为"小三"。

说明：参考素材是一张图片，并未指出具体的字体和字号，操作步骤只提供了其中一种设置方式。

(4) 选中文本框中的文本文字，单击"开始"选项卡下"段落"组中的"居中"按钮。

(5) 选中"文本框"控件，单击鼠标右键，在弹出的快捷菜单中选择"设置形状格式"，在弹出的"设置形状格式"对话框中，选择"线条"选项，选中"无线条"单选按钮，然后单击"关闭"按钮。

(6) 选中文本框控件，单击鼠标右键，在弹出的快捷菜单中选择"环绕文字"，从右侧的级联菜单中选择"四周型"。

(7) 选中文本框控件，在"绘图工具"中"格式"选项卡下"排列"组中单击"对齐"下拉列表，从中选择"水平居中"方式。

(8) 把光标定位到文本框下方，单击"插入"选项卡下"插图"组中的"图片"按钮，打开"插入图片"对话框，打开图片路径，选择文件"图片 1.jpg"，单击"插入"按钮。

(9) 选中图片文件，单击鼠标右键，在弹出的快捷菜单中选择"环绕文字"，从右侧的级联菜单中选择"四周型"。

(10) 再次单击鼠标右键，在弹出的快捷菜单中选择"设置图片格式"，弹出"设置图片格式"对话框，选择列表框中的"映像"，在映像属性设置框中单击"预设"选项右侧的下拉箭头，选择一种映像变体，此处选择"紧密映像，接触"，然后单击"关闭"按钮。最后适当调整图片文件的大小和位置。

3. 使用分节符分节

(1) 将光标置于"封面"内容的结尾处，单击"布局"选项卡下"页面设置"组中的"分隔符"按钮，在弹出的下拉列表中选择"分节符"→"下一页"。

(2) 使用同样的方式，分别为"目录""图表目录""摘要""1.引言""2.库存管理的原理和方法""3.传统库存管理存在的问题""4.供应链管理环境下的常用库存管理方法""5.结论""参考书目"和"专业词汇索引"各部分的内容设置"分节符"→"下一页"，使各部分都位于独立的节中。

4. 样式设置

(1) 在"开始"选项卡"样式"组中单击右下角的对话框启动器按钮，打开"样式"窗格，鼠标指向"正文文字"样式，单击右侧的下拉按钮，在弹出的快捷菜单中选择"修改"命令，按题目要求进行修改。

(2) 在"样式"窗格中，鼠标指向"标题 1"样式，单击右侧的下拉按钮，在弹出的快捷菜单中选择"修改"命令，随后弹出"修改样式"对话框，单击"格式"按钮右侧的下拉箭头，在弹出的快捷菜单中选择"编号"命令，弹出"编号和项目符号"对话框。

(3) 在"编号"选项卡中单击"定义新编号格式"按钮，弹出"定义新编号格式"对话框，在"编号格式"中的"1"前面输入"第"，在"1"后面输入"章"，并删除"."号，最后单击"确定"按钮。

(4) 选中标题 2.1.2 下方的编号列表，单击"开始"选项卡下的"段落"组中的"编号"按钮，在弹出的列表中选择"编号库"中的"1)、2)、3)"样式的编号。

(5) 打开考生文件夹下的"项目符号列表.docx"文档，单击"开始"选项卡下"样式"组中的对话框启动器按钮，在弹出的"样式"窗格中单击最下方"管理样式"的图标按钮。

(6) 弹出"管理样式"对话框，单击"管理样式"选项卡最后一行的"导入/导出"按钮。

(7) 弹出"管理器"对话框，在右边列表框中单击"关闭文件"按钮，再单击"打开文件"按钮，在弹出的"打开"对话框中将"文件类型"选择为"Word 文档(*.docx)"，然后在考生文件夹中选择"Word.docx"文件，单击"打开"按钮。

(8) 在"管理器"对话框左侧列表框中选择"项目符号列表"，单击"复制"按钮。即可将"项目符号列表"文档中的"项目符号列表"样式复制到"Word.docx"文件中，单击"关闭"按钮，最后关闭"项目符号列表.docx"文档。

(9) 在打开的"Word.docx"文档中，选择标题 2.2.1 下方的编号列表，单击"开始"选项卡下"样式"组中样式列表框中的"项目符号列表"样式。

5. 插入目录

(1) 单击"引用"选项卡下"脚注"组中的对话框启动器按钮，打开"脚注和尾注"对话框，在"位置"选项框中选择"尾注"单选按钮，在下拉列表中选择"节的结尾"，在"应用更改"选项框中选择将更改应用于"本节"，单击"位置"选项框中的"转换"按钮，弹出"转换注释"对话框，单击"确定"按钮，最后单击"应用"按钮。

(2) 选中"摘要"标题，单击"开始"选项卡下"样式"组中样式列表中的"标题 1"样式，出现"第 1 章摘要"，选中编号"第 1 章"，单击"开始"菜单"段落"组中的编号，取消编号。

(3) 选中"参考书目"标题，按照上述同样的方法，将该标题段落应用"标题 1"样式，并去除自动出现的项目编号。按照同样的方法设置标题"专业词汇索引"。

(4) 在目录页中将光标置于"请在此插入目录！"文字之间，单击"引用"选项卡下"目录"组中的"目录"按钮，在弹出的下拉列表中选择"自定义目录"，弹出"目录"对话框，在"常规"选项框"格式"列表框中选择"流行"样式，单击"确定"按钮。插入目录后，将黄底文字"请在此插入目录!"删除。

（5）在图表目录页中将光标置于"请在此插入目录!"文字之间，单击"引用"选项卡下"题注"组中的"插入表目录"按钮，弹出"目录"对话框，在"常规"选项框"格式"列表框中选择"正式"样式，单击"确定"按钮。插入目录后，将黄底文字"请在此插入目录!"删除。

6. 添加题注及交叉引用

（1）在正文 2.1.1 节中，删除图片下方的"图 1"文字，单击"引用"选项卡下"题注"组中的"插入题注"命令，打开"题注"对话框，单击"新建标签"按钮，弹出"新建标签"对话框，在"标签"文本框中输入"图"，单击"确定"按钮；再单击"编号"按钮，弹出"题注编号"对话框，勾选"包含章节号"复选框，单击"确定"按钮；最后单击"题注"对话框中的"确定"按钮结束对题注的设置。修改题注的对齐方式为"居中"。

（2）拖动垂直滚动条找到"图 2"位置，按照上述同样的方法首先删除正文中的黄底文字，然后在"交叉引用"对话框的"引用哪一个题注"列表框中选择"图 2-2 最优订货批量"，单击"插入"按钮，后续对题注的引用操作方法与此相同。

7. 索引的标记、删除和更新

（1）在文档的"专业词汇索引"页中，选中索引目录中的"ABC 分类法"，单击"引用"选项卡下"索引"组中的"标记索引项"按钮，弹出"标记索引项"对话框，单击"标记全部"按钮。

（2）根据"专业词汇索引"页中，索引目录中的"供应链"索引项所对应的页号，找到正文中对应的索引项，逐个选中索引项，使用 Delete 键将其删除。

（3）单击"引用"选项卡下"索引"组中的"更新索引"按钮。

（4）单击"文件"选项卡，在弹出的下拉列表中单击"选项"按钮，弹出"Word 选项"对话框，在"显示"选项卡"始终在屏幕上显示这些格式标记"区域内，取消勾选"显示所有格式标记"，单击"确定"按钮。

8. 分节设置页码

（1）双击封面页页脚位置，勾选"页眉和页脚工具"→"设计"选项卡下"选项"组中的"首页不同"复选框。

（2）将鼠标光标放到"目录"页的页脚位置，单击"链接到前一条页眉"选项，取消其选中状态。

（3）单击"页眉和页脚"组中的"页码"命令按钮，在下拉列表框中选择"设置页码格式"命令，弹出"页码格式"对话框，将"编号格式"设置为"ⅠⅡⅢ…"样式，在"页码编号"选项组中勾选"起始页码"选项，并采用默认值"Ⅰ"，单击"确定"按钮，关闭"页码格式"对话框。再次单击"页码"选项，在下拉列表中选择"当前位置"，在弹出的级联菜单中选择"普通数字 1"。

（4）将鼠标光标放到"图表目录"页的页脚位置，单击"链接到前一条页眉"选项，取消其选中状态。

（5）单击"页眉和页脚"组中的"页码"命令按钮，在下拉列表框中选择"设置页码格式"命令，弹出"页码格式"对话框，将"编号格式"设置为"ⅠⅡⅢ…"样式，在

"页码编号"选项组中勾选"续前节"选项，单击"确定"按钮。"摘要"页的设置方式与此相同。

（6）将鼠标光标放到正文第一章的页脚位置，单击"链接到前一条页眉"选项，取消其选中状态。

（7）单击"页眉和页脚"组中的"页码"命令按钮，在下拉列表框中选择"设置页码格式"命令，弹出"页码格式"对话框，将"编号格式"设置为"123…"样式，在"页码编号"选项组中勾选"起始页码"选项，并采用默认值"1"。

（8）单击"设计"选项卡下"关闭"组中的"关闭页眉和页脚"按钮。

9．查找替换

（1）单击"开始"选项卡下"编辑"组中的"替换"按钮，弹出"查找和替换"对话框。

（2）将光标置于"查找内容"列表框中，单击"更多"按钮，在下方的"替换"组中选择"特殊格式"，在弹出的级联菜单中选择"段落标记"，继续单击"特殊格式"按钮，再次选择"段落标记"。

（3）将光标置于"替换为"列表框中，单击"特殊格式"按钮，在弹出的级联菜单中选择"段落标记"，单击"全部替换"按钮，在弹出的对话框中选择"确定"按钮。

（4）返回到"查找和替换"对话框，单击"关闭"按钮。

最后，单击快速访问工具栏中的"保存"按钮，关闭所有文档。

2.12　学生家长信及回执制作

题目要求

北京明华中学学生发展中心的小刘老师负责向校本部及相关分校的学生家长传达有关学生儿童医保扣款方式更新的通知。该通知需要下发至每位学生，并请家长填写回执。参照"结果示例 1.png～结果示例 4.png"，按下列要求帮助小刘老师编排家长信及回执：

（1）在考生文件夹下，将"Word 素材.docx"文件另存为"Word.docx"（".docx"为扩展名），后续操作均基于此文件，否则不得分。

（2）进行页面设置：纸张方向横向，纸张大小 A3(宽 42 厘米 × 高 29.7 厘米)，上、下边距均为 2.5 厘米，左、右边距均为 2.0 厘米，页眉、页脚分别距边界 1.2 厘米。要求每张A3 纸上从左到右按顺序打印两页内容，左右两页均于页面底部中间位置显示格式为"-1、-2-"类型的页码，页码自 1 开始。

（3）插入"空白(三栏)"型页眉，在左侧的内容控件中输入学校名称"北京明华中学"，删除中间的内容控件，在右侧插入考生文件夹下的图片 Logo.jpg 代替原来的内容控件，适当缩小图片，使其与学校名称高度匹配。将页眉下方的分隔线设为标准红色、2.25 磅、上宽下细的双线型。

（4）将文中所有的空白段落删除，然后按表 2-5 中的要求为指定段落应用相应格式。

表 2-5　样式设置要求 4

段　落	样式或格式
文章标题"致学生儿童家长的一封信"	标题
"一、二、三、四、五、"所示标题段落	标题 1
"附件 1、附件 2、附件 3、附件 4"所示标题段落	标题 2
除上述标题行及蓝色的信件抬头段外,其他正文格式	仿宋、小四号,首行缩进 2 字符,段前间距 0.5 行,行间距 1.25 倍
信件的落款(三行)	居右显示

(5) 利用"附件(1)学校、托幼机构'一小'缴费经办流程图"下面用灰色底纹标出的文字、参考样例图绘制相关的流程图,要求:除右侧的两个图形之外,其他各个图形之间使用连接线,连接线将会随图形的移动而自动伸缩,中间的图形应沿垂直方向左右居中。

(6) 将"附件(3)学生儿童'一小'银行缴费常见问题"下的绿色文本转换为表格,并参照素材中的样例图片进行版式设置,调整其字体、字号、颜色、对齐方式和缩进方式,使其有别于正文。合并表格同类项,套用一个合适的表格样式,然后将表格整体居中。

(7) 令每个附件标题所在的段落前自动分页,调整流程图使其与附件 1 标题行合计占用一页。然后在信件正文之后(黄色底纹标示处)插入有关附件的目录,不显示页码,且目录内容能够随文章变化而更新。最后删除素材中用于提示的多余文字。

(8) 在信件抬头的"尊敬的"和"学生儿童家长"之间插入学生姓名;在"附件(4)关于办理学生医保缴费银行卡通知的回执"下方的"学校:""年级和班级:"(显示为"初三一班"格式)"学号:""学生姓名:"后分别插入相关信息,学校、年级、班级、学号、学生姓名等信息存放在考生文件夹下的 Excel 文档"学生档案.xlsx"中。在下方将制作好的回执复制一份,将其中的"(此联家长留存)"改为"(此联学校留存)",在两份回执之间绘制一条剪裁线,并保证两份回执在一页上。

(9) 仅为其中所有学校初三年级的每位在校状态为"在读"的女生生成家长通知,通知包含家长信的主体、所有附件以及回执。要求每封信中只能包含 1 位学生信息。将所有通知页面另外以文件名"正式通知.docx"保存在考生文件夹下(如果有必要,则应删除文档中的空白页面)。

 操作步骤

1. 保存文件

(1) 打开考生文件夹下的"Word 素材.docx"文件。

(2) 单击"文件"选项卡下的"另存为"按钮,再单击"当前文件夹",弹出"另存为"对话框,在该对话框中将"文件名"设为"Word",将其保存于考生文件夹下。

2. 页面设置

(1) 单击"布局"选项卡下"页面设置"组中的对话框启动器按钮,弹出"页面设置"对话框,在"页边距"选项卡中将"纸张方向"设为"横向",将"页码范围"的"多页"设为"拼页";在"页边距"组中将"上""下"设为"2.5 厘米","左""右"(此时变为"外侧"和"内侧")设为"2 厘米"。

(2) 切换至"纸张"选项卡，在"纸张大小"列表框中选择"A3"。切换至"版式"选项卡，在"距边界"区域设置页眉、页脚分别距边界"1.2 厘米"，单击"确定"按钮。

(3) 单击"插入"选项卡下"页眉和页脚"组中的"页码"按钮，在弹出的快捷菜单中选择"设置页码格式"，弹出"页码格式"对话框，在"编号格式"下拉列表中选择"-1-，-2-，-3-…"，在"页码编号"选项组中勾选"起始页码"选项，并设置起始页码为"-1-"，单击"确定"按钮。

(4) 单击"插入"选项卡下"页眉和页脚"组中的"页码"按钮，在弹出的快捷菜单中选择"页面底端"，在右侧出现的级联菜单中选择"普通数字 2"。

(5) 单击"页眉和页脚工具"→"设计"选项卡下"关闭"组中的"关闭页眉和页脚"按钮。

3．页眉页脚设置

(1) 单击"插入"选项卡下"页眉和页脚"组中的"页眉"按钮，在弹出的快捷菜单中选择"空白(三栏)"样式。

(2) 在第 1 个内容控件中输入"北京明华中学"；选中第 2 个内容控件，使用 Delete 键将其删除；选中第 3 个内容控件，单击"插入"选项卡下"插图"组中的"图片"按钮，打开"插入图片"对话框，在考生文件夹中选择"logo.jpg"文件，单击"插入"按钮。适当调整图片的大小及位置，使其与学校名称高度匹配。

(3) 单击"开始"选项卡下"段落"组中的"边框"按钮，在弹出的快捷菜单中选择"边框和底纹"命令，弹出"边框和底纹"对话框。在"边框"选项卡中，将"应用于"选项选择为"段落"，在"样式"列表框中选择"上宽下细的双线型"样式，在"颜色"下拉列表中选择标准色的"红色"，在"宽度"下拉列表框中选择"2.25 磅"，在右侧"预览"界面中单击"下边框"按钮，最后单击"确定"按钮。

(4) 单击"页眉和页脚工具"→"设计"选项卡下"关闭"组中的"关闭页眉和页脚"按钮。

4．设置段落格式

(1) 单击"开始"选项卡下"编辑"组中的"替换"按钮，弹出"查找和替换"对话框。

(2) 将光标置于"查找内容"列表框中，单击"特殊格式"按钮，在弹出的级联菜单中选择"段落标记"，继续单击"特殊格式"按钮，再次选择"段落标记"。

(3) 将光标置于"替换为"列表框中，单击"特殊格式"按钮，在弹出的级联菜单中选择"段落标记"，单击"全部替换"按钮，在弹出的对话框中选择"确定"按钮。

(4) 单击"关闭"按钮。

(5) 选中文章标题"致学生儿童家长的一封信"，单击"开始"选项卡下"样式"组中样式列表框中的"标题"样式。

(6) 分别选中正文中"一、二、三、四、五"所示标题段落，单击"开始"选项卡下"样式"组中样式列表框中的"标题 1"样式。

(7) 分别选中正文中"附件 1、附件 2、附件 3、附件 4"所示标题段落，单击"开始"选项卡下"样式"组中样式列表框中的"标题 2"样式。

(8) 单击"开始"选项卡下"样式"组中右侧的对话框启动器按钮，在样式窗格中单击"正文"样式右侧的下三角按钮,在弹出的快捷菜单中选择"修改"命令。

(9) 弹出"修改样式"对话框,在"格式"组中设置字体为"仿宋"、字号为"小四";单击下方的"格式"按钮,在弹出的下拉列表框中选择"段落"命令,打开"段落"对话框,在"缩进和间距"选项卡的"缩进"选项组中设置"特殊格式"为"首行缩进",将对应的"磅值"设置为"2 字符",单击"确定"按钮。

(10) 选中文档结尾处信件的落款(三行),单击"开始"选项卡"段落"组中的"右对齐"按钮,使最后三行文本右对齐。

5. 绘制流程图

(1) 将光标置于"附件 1"文字的最后一行结尾处,单击"布局"选项卡下"页面设置"组下的"分隔符"按钮,在下拉列表框中选择"分页符"命令,插入新的一页。

(2) 参照素材中的样例图片,单击"插入"选项卡下"插图"组中的"形状"按钮,在下拉列表中选择"流程图:准备",在页面起始位置添加一个"准备"图形;选择该图形,单击"绘图工具"→"格式"选项卡下"形状样式"组中的"形状填充"按钮,在下拉列表中选择"无填充颜色"按钮,单击"形状轮廓"按钮,在下拉列表中选择"标准色→浅绿",将"粗细"设置为"1 磅";选中该图形,单击鼠标右键,在弹出的快捷菜单中选择"添加文字",将"附件 1"中的第一行文本复制、粘贴到形状图形中。

(3) 参照素材中的样例图片,在第一个图形下方添加一个"箭头"形状,单击"插入"选项卡下"插图"组中的"形状"按钮,在下拉列表中选择"箭头"图形,使用鼠标在图形下方绘制一个箭头图形。

(4) 在箭头图形下方,单击"插入"选项卡下"插图"组中的"形状"按钮,在下拉列表中选择"矩形",在箭头形状下方绘制一个矩形框,选中该图形,单击"格式"选项卡下"形状样式"组中的"形状填充"按钮,在下拉列表中选择"无填充颜色"按钮,单击"形状轮廓"按钮,在下拉列表中选择"标准色"→"浅蓝",将"粗细"设置为"1 磅";选中该图形,单击鼠标右键,在弹出的快捷菜单中选择"添加文本",将"附件 1"中的第二行文本复制、粘贴到形状图形中(具体文本内容参考素材中的样例图片)。

(5) 参照素材中的样例图片,依次添加矩形形状和箭头形状,设置方法同上述。

(6) 流程图最后添加一个"流程图"→"决策"图形,用于判断"是否扣款成功",单击"插入"选项卡下"插图"组中的"形状"按钮,在下拉列表中选择"流程图"→"决策"图形,根据样例图片添加相应的文本信息。

(7) 在流程图的结束位置添加一个"流程图"→"终止"图形,单击"插入"选项卡下"插图"组中的"形状"按钮,在下拉列表中选择"流程图"→"终止"图形,根据样例图片添加相应的文本信息。

(8) 参考素材中的样例图片,在流程图相应位置单击"插入"选项卡下"插图"组中的"形状"按钮,在下拉列表中选择"流程图"→"文档"图形,选中该图形,在"格式"选项卡下"形状样式"组中选择"细微效果-紫色,强调颜色 4 样式",根据样例图片添加相应的文本信息。

(9) 参考素材中的样例图片,在流程图相应位置单击"插入"选项卡下"插图"组中的"形状"按钮,在下拉列表中选择"流程图"→"多文档"图形,选中该图形,在"格式"选项卡下"形状样式"组中，选择"细微效果-紫色，强调颜色 4 样式"，根据样例图片添加相应的文本信息。

(10) 选择中间两个矩形形状，单击"开始"选项卡下"段落"组中的"居中"按钮。

(11) 选中除右侧两个图形外的所有图形，单击"格式"选项卡下"排列"组中的"组合"按钮，使所选图形组合成一个整体。

6. 制作表格

(1) 选中"附件(3)学生儿童'一小'银行缴费常见问题"下的绿色文本，单击"插入"选项卡下"表格"组中的"表格"按钮，在弹出的列表框中选择"文本转换成表格"命令，弹出"将文字转换成表格"对话框，采用默认设置，单击"确定"按钮。

(2) 参照表格下方的样例图片，在"开始"选项卡下"字体"组中将"字体"设置为"黑体"，"字号"设置为"五号"，"字体颜色"设置为"蓝色"，并将左侧和上方表头设置为加粗。

(3) 选中整个表格，单击"表格工具"→"设计"选项卡下"表格样式"组中的内置表格样式"浅色网格，强调文字颜色 4"。

(4) 在"开始"选项卡下"段落"组中，参考示例设置表格内容的对齐方式。

(5) 选择表格中内容相同的单元格，单击鼠标右键，在弹出的快捷菜单中选择"合并单元格"命令，删除合并后单元格中重复的文字信息。

(6) 选中所有合并单元格，单击"开始"选项卡下"段落"组中的"居中"按钮。

(7) 选中整个表格对象，单击"开始"选项卡下"段落"组中的"居中"按钮。

(8) 拖动表格右下角的控制柄工具，适当缩小表格列宽，具体大小可参考示例图。

7. 插入目录

(1) 将光标置于每个附件标题的开始位置，单击"布局"选项卡下"页面设置"组中的"分隔符"按钮，在下拉列表中选择"分页符"。

(2) 调整"附件(1)学校、托幼机构'一小'缴费经办流程图"标题，使其与流程图在一页上。

(3) 将光标置于素材正文最后位置(黄底文字"在这里插入有关附件的目录")处，单击"引用"选项卡下"目录"组中的"目录"下拉按钮，在下拉列表中选择"自定义目录"。

(4) 弹出"目录"对话框，取消勾选"显示页码"复选框；单击"选项"按钮，在弹出的"目录选项"对话框中，将"标题""标题 1"和"标题 3"后面的数字均删除，只保留"标题 2"，单击"确定"按钮。返回"目录"对话框中，单击"确定"按钮，即可插入目录。

(5) 选中素材中用于提示的文字(带特定底纹的文字信息)，按 Delete 键删除。

8. 邮件合并

(1) 将光标置于信件抬头的"尊敬的"和"学生儿童家长"之间。

(2) 单击"邮件"选项卡下"开始邮件合并"组中的"开始邮件合并"按钮，在下拉列表中选择"邮件合并分步向导"选项。启动"邮件合并"任务窗格，进入邮件合并分布向导的第 1 步。

(3) 单击"下一步：正在启动文档"超链接，进入到第 2 步，继续单击"下一步：选取收件人"超链接，进入第 3 步，单击"浏览"超链接，在弹出的"选取数据源"对话框中选择考生文件夹下的"学生档案.xlsx"文件，单击"打开"按钮。

(4) 在弹出的"选取表格"对话框中，默认选择"初三学生档案"工作表，单击"确定"按钮。

(5) 弹出"邮件合并收件人"对话框，采用默认设置，单击"确定"按钮。

(6) 单击"下一步：撰写信函"超链接，进入第 4 步，选择"其他项目"超链接，弹出"插入合并域"对话框，在"域"列表框中选择"姓名"，单击"插入"按钮，然后单击"关闭"按钮，此时"姓名"域插入到文档的指定位置。

(7) 在"附件 4"页面中，将光标置于"学校"标题后，单击"邮件合并"对话框中的"其他项目"超链接，弹出"插入合并域"对话框，在"域"列表框中选择"学校"，单击"插入"按钮，单击"关闭"按钮。

(8) 按照上述同样的操作方法，分别插入"年级"域、"班级"域、"学号"域和"学生姓名"域。

(9) 将设计好的"附件 4"内容，参照"结果示例 4.jpg"图片内容，复制一份放在文档下半页位置，将标题下方的"此联家长留存"更改为"此联学校留存"。

(10) 删除文档中青绿色底纹的提示文字，单击"插入"选项卡下"插图"组中的"形状"按钮，从下拉列表中选择"直线"形状。

(11) 按住"Shift"键，在页面中间位置绘制一条直线，选中该直线，单击"格式"选项卡下"形状样式"组中的"形状轮廓"按钮，从下拉列表中选择"虚线"，在右侧的级联菜单中选择"圆点"。

9. 筛选收件人

(1) 单击"邮件"选项卡下"开始邮件合并"组中的"编辑收件人列表"按钮，在弹出的"邮件合并收件人"对话框中单击"调整收件人列表"选项组中的"筛选"超链接，弹出"筛选和排序"对话框，在"筛选记录"选项卡下，在"域"下方第一个列表框中单击选择"在校状态"，在"比较关系"列表框中选择"等于"，在"比较对象"列表框中输入"在读"；在第 2 行列表框中分别设置值为"与""年级""等于""初三"；在第 3 行列表框中分别设置值为"与""性别""等于""女"，最后单击"确定"按钮。

(2) 单击"下一步：预览信函"，查看符合条件的学生信息。

(3) 单击"下一步：完成合并"，在前面已经弹出的向导的第 6 步中单击"编辑单个信函"超链接，在弹出的"合并到新文档"对话框中，选择"全部"，最后单击"确定"按钮。

(4) 单击快速工具栏中的"保存"按钮，弹出"另存为"对话框，将"保存位置"选择为考生文件夹路径，在文件名中输入"正式通知"，单击"保存"按钮。

(5) 关闭"正式通知.docx"文档，在"Word.docx"主文档中单击"保存"按钮，然后关闭文档。

2.13　制作公司本财年年度报告

 题目要求

财务部助理小王需要协助公司管理层制作本财年的年度报告，请你按照如下需求完成制作工作：

(1) 打开"Word_素材.docx"文件，将其另存为"Word.docx"，之后所有的操作均在"Word.docx"文件中进行。

(2) 查看文档中含有绿色标记的标题，例如"致我们的股东""财务概要"等，将其段落格式赋予到本文档样式库中的"样式 1"中。

(3) 修改"样式 1"样式，设置其字体为黑色、黑体，并为该样式添加 0.5 磅的黑色、单线条下画线边框，该下画线边框应用于"样式 1"所匹配的段落，将"样式 1"重新命名为"报告标题 1"。

(4) 将文档中所有含有绿色标记的标题文字段落应用"报告标题 1"样式。

(5) 在文档的第 1 页与第 2 页之间，插入新的空白页，并将文档目录插入到该页中。文档目录要求包含页码，并仅包含"报告标题 1"样式所示的标题文字。为自动生成的目录标题"目录"段落应用"目录标题"样式。

(6) 因为财务数据信息较多，所以设置文档第 5 页"现金流量表"段落区域内的表格标题行可以自动出现在表格所在页面的表头位置。

(7) 在"产品销售一览表"段落区域的表格下方，插入一个产品销售分析图，图表样式参考"分析图样例.jpg"文件，并将图表调整到与文档页面宽度相匹配。

(8) 修改文档页眉，要求文档第 1 页不包含页眉，文档目录页不包含页码，从文档第 3 页开始在页眉的左侧区域包含页码，在页眉的右侧区域自动填写该页中"报告标题 1"样式所示的标题文字。

(9) 为文档添加水印，水印文字为"机密"，并设置为斜式版式。

(10) 根据文档内容的变化，更新文档目录的内容与页码。

 操作步骤

1. 保存文件

(1) 打开考生文件夹下的"Word 素材.docx"文件。

(2) 选择"文件"选项卡，在下拉列表中单击"另存为"，选择当前文件夹，弹出"另存为"对话框，在文件名中输入"Word.docx"，保存到考生文件下，单击"确定"按钮。

2. 样式设置 1

按住"Ctrl"键，用鼠标选中所有绿色标题文字，切换到"开始"选项卡，在"样式"选项组中单击"其他"下三角按钮，在弹出的下拉列表中选择"应用样式"命令，弹出"应用样式"对话框，选择"样式 1"，单击"重新应用"按钮。

3. 修改样式

(1) 选中"样式"中的"标题 1"按钮，单击鼠标右键，在弹出的快捷菜单中选择"修改"按钮，弹出"修改样式"对话框，将"名称"修改为"报告标题 1"，将"字体"设为"黑体"，"字体颜色"设为"黑色"。

(2) 单击"格式"按钮，在其快捷菜单中选择"边框"，打开"边框和底纹"对话框，在对话框中依次设置"单线条"，颜色为"黑色"，宽度为"0.5 磅"，然后单击"下边框"

按钮，单击"确定"按钮。返回到"修改样式"对话框，再次单击"确定"按钮。

4. 样式设置 2

按住"Ctrl"键并选择所有绿色标记的标题文字，单击"样式"中的"报告标题 1"按钮，对其应用"报告标题 1"样式。

5. 生成文档目录

(1) 把光标放在第 2 页"致我们的股东"最前面，切换到"插入"选项卡下，在"页"选项组中单击"空白页"按钮，即可插入一张空白页，并将第 2 页多余的横线部分删除，输入文字"目录"。

(2) 切换到"引用"选项卡下，在"目录"选项组中单击"目录"下拉按钮，在下拉列表中选择"自定义目录"选项，弹出"目录"对话框，将"显示级别"设为 1，单击"确定"按钮。

(3) 选中目录标题"目录"二字，切换到"开始"选项卡，在"样式"选项组中单击"样式"中的"其他"下三角按钮，在下拉列表中选择"目录标题"，即可应用该样式。

6. 重复标题行

选中第 5 页的"现金流量表"表格第一行，切换到"表格工具"→"布局"选项卡，在"数据"选项组中单击"重复标题行"按钮。

7. 插入图表

(1) 鼠标定位在"产品销售一览表"段落区域的表格下方，在"插入"选项卡"插图"选项组中单击"图表"按钮，弹出"插入图表"对话框，选择"饼图"中的"复合条饼图"，单击"确定"按钮。

(2) 将表格数据复制到饼图的数据表里，关闭 Excel 表格。

(3) 选中饼图，切换到"图表工具"下的"设计"选项卡，单击"添加图表元素"，再单击"数据标签"按钮，在弹出的下拉列表中选择"其他数据标签选项"命令。

(4) 弹出"设置数据标签"格式对话框，在"标签包括"选项组中勾选"类别名称"复选框，取消勾选"值"复选框。"标签位置"设为"数据标签外"，单击"关闭"按钮。

(5) 选中饼图中的数据，单击鼠标右键，在弹出的快捷菜单中选择"设置数据系列格式"，弹出"设置数据系列格式"对话框，将"系列分割依据"设为"位置"，将"第二绘图区包含最后一个"设为 4，单击"关闭"按钮。

(6) 选中饼图，切换到"图表工具"下的"设计"选项卡，单击"添加图表元素"，单击"图例"下拉按钮，在下拉列表中选择"无"。

(7) 适当调整图表位置，使其与文档页面宽度相匹配。

8. 设置页眉页脚

(1) 将光标置于"致我们的股东"前，切换到"布局"选项卡，在"页面设置"选项组中单击"分隔符"按钮，在下拉列表中选择"分节符"→"连续"。

(2) 双击第 3 页页眉位置，使其处于编辑状态，切换到"页眉和页脚工具"下的"设计"选项卡，在"导航"选项组中单击"链接到前一条页眉"按钮，使其取消选中链接。然后将第 2 页目录中的页码文字删除，把第 1 页页眉中的所有内容删除。

(3) 切换到第 3 页，在页眉位置，切换到"插入"选项卡下，在"文本"选项组中单击"文档部件"按钮，在其下拉列表中选择"域"，弹出"域"对话框，将"域名"设为"StyleRef"，将"域属性"中的"样式名"设置为"报告标题 1"。选中标题，将其放到右侧。

9. 添加水印

在"设计"菜单下的"页面背景"选项组中单击"水印"下拉按钮，在下拉列表中选择"自定义水印"，在弹出的"水印"对话框中选择"文字水印"，版式为"斜式"，单击"确定"按钮，为每页添加水印。

10. 更新目录

鼠标定位在目录中，切换到"引用"选项卡，在"目录"选项组中单击"更新目录"按钮，弹出"更新目录"对话框，选中"更新整个目录"单选按钮，单击"确定"按钮。

最后，单击快速访问工具栏中的"保存"按钮，关闭所有文档。

2.14　旅行社国外旅游城市介绍文档

 题目要求

在某旅行社就职的小许为了开发德国旅游业务，在 Word 中整理了介绍德国主要城市的文档，按照如下要求帮助他对这篇文档进行完善：

(1) 在考生文件夹下，将"Word 素材.docx"文件另存为"Word.docx"（".docx"为扩展名），后续操作均基于此文件，否则不得分。

(2) 修改文档的页边距，上、下为 2.5 厘米，左、右为 3 厘米。

(3) 将文档标题"德国主要城市"设置为如表 2-6 所示的格式。

表 2-6　样式设置要求 5

项　　目	要　　求
字体	微软雅黑，加粗
字号	小初
对齐方式	居中
文本效果	填充-橄榄色，强调文字颜色 3，轮廓-文本 2
字符间距	加宽，6 磅
段落间距	段前间距为 1 行，段后间距为 1.5 行

(4) 将文档第 1 页中的绿色文字内容转换为 2 列 4 行的表格，并进行如下设置(效果可参考考生文件夹下的"表格效果.png"示例)：

① 设置表格居中对齐，表格宽度为页面的 80%，并取消所有的框线；

② 使用考生文件夹中的图片"项目符号.png"作为表格中文字的项目符号，并设置项目符号的字号为小一号；

③ 设置表格中的文字颜色为黑色，字体为方正姚体，字号为二号，其在单元格内中部两端对齐，并左侧缩进 2.5 字符；

④ 修改表格中内容的中文版式,将文本对齐方式调整为居中对齐;

⑤ 在表格的上、下方插入恰当的横线作为修饰;

⑥ 在表格后插入分页符,使得正文内容从新的页面开始。

(5) 为文档中所有红色文字内容应用新建的样式,要求如表 2-7 所示(效果可参考考生文件夹中的"城市名称.png"示例)。

表 2-7 样式设置要求 6

项 目	要 求
样式名称	城市名称
字体	微软雅黑,加粗
字号	三号
字体颜色	深蓝,文字 2
段落格式	段前、段后间距为 0.5 行,行距为固定值 18 磅,并取消相对于文档网格的对齐;设置与下段同页,大纲级别为 1 级
边框	边框类型为方框,颜色为"深蓝,文字 2",左框线宽度为 4.5 磅,下框线宽度为 1 磅,框线紧贴文字(到文字间距磅值为 0),取消上方和右侧框线
底纹	填充颜色为"蓝色,强调文字颜色 1,淡色 80%",图案样式为 5%,颜色为自动

(6) 为文档正文中除了蓝色的所有文本应用新建立的样式,要求如表 2-8 所示。

表 2-8 样式设置要求 7

项 目	要 求
样式名称	城市介绍
字号	小四号
段落格式	两端对齐,首行缩进 2 字符,段前、段后间距为 0.5 行,并取消相对于文档网格的对齐

(7) 取消标题"柏林"下方蓝色文本段落中的所有超链接,并按表 2-9 所示的要求设置格式(效果可参考考生文件夹中的"柏林一览.png"示例)。

表 2-9 样式设置要求 8

项 目	要 求
设置并应用段落制表位	8 字符,左对齐,第 5 个前导符样式
	18 字符,左对齐,无前导符
	28 字符,左对齐,第 5 个前导符样式
设置文字宽度	将第 1 列文字宽度设置为 5 字符
	将第 3 列文字宽度设置为 4 字符

(8) 将标题"慕尼黑"下方的文本"Muenchen"修改为"München"。

(9) 在标题"波茨坦"下方,显示名为"会议图片"的隐藏图片。

(10) 为文档设置"阴影"型页面边框及恰当的页面颜色,并设置打印时可以显示;保存"Word.docx"文件。

(11) 将"Word.docx"文件另存为"笔画顺序.docx"到考生文件夹下；在"笔画顺序.docx"文件中，将所有的城市名称标题(包含下方的介绍文字)按照笔画顺序升序排列，并删除该文档第一页中的表格对象。

1. 保存文件

(1) 打开考生文件夹下的"Word 素材.docx"文件。

(2) 单击"文件"选项卡下的"另存为"按钮，再单击"当前文件夹"，弹出"另存为"对话框，在该对话框中将"文件名"设为"Word.docx"，将其保存于考生文件夹下。

2. 页面设置

单击"布局"→"页面设置"组中的对话框启动器按钮，弹出"页面设置"对话框，将"上""下"设置为"2.5 厘米"，将"左""右"设置为"3.0 厘米"，单击"确定"按钮。

3. 基本格式设置

(1) 选中文档中的标题文字"德国主要城市"。

(2) 单击"开始"→"字体"组右下角的对话框启动器按钮，弹出"字体"对话框，在"字体"选项卡中，将"中文字体"设置为"微软雅黑"，将"字形"设置为"加粗"，将"字号"设置为"小初"。切换到"高级"选项卡，将"间距"选择为"加宽"，将"磅值"设置为"6"，单击"确定"按钮。

(3) 继续选中标题段文字，单击"开始"→"字体"组中的"文本效果"按钮，在下拉列表中选择文本效果"填充-橄榄色，强调文字颜色 3，轮廓-文本 2"。单击"段落"组中的"居中"按钮，设置标题段落居中显示。

(4) 选择标题段文字，单击"段落"组右下角的对话框启动器按钮，弹出"段落"对话框，将"段前"调整为"1 行"，将"段后"调整为"1.5 行"，单击"确定"按钮。

4. 将文本转换为表格并设置表格格式

(1) 选中文档中第一页的绿色文字。

(2) 单击"插入"→"表格"组中的"表格"按钮，在下拉列表框中选择"文本转换成表格"命令，弹出"将文字转换成表格"对话框，保持默认设置，单击"确定"按钮。

(3) 选中表格对象，单击"开始"→"段落"组中的"居中"按钮，继续单击"表格工具"→"布局"→"单元格大小"组右下角的对话框启动器按钮，弹出"表格属性"对话框，在"表格"选项卡下勾选"指定宽度"，将比例调整为"80%"，单击"确定"按钮。继续单击"表格工具"→"设计"→"表格样式"组中的"边框"按钮，在下拉列表中选择"无框线"。

(4) 选中整个表格，单击"开始"→"段落"组中的"项目符号"按钮，在下拉列表中选择"定义新项目符号"，弹出"定义新项目符号"对话框，单击"字体"按钮，弹出"字体"对话框，将"字号"设置为"小一"，单击"确定"按钮；返回到"定义新项目符号"对话框，继续单击"图片"按钮，打开"插入图片"对话框，单击"从文件"按钮，弹出"插入图片"对话框，浏览考生文件夹下的"项目符号.png"文件，单击"添加"按钮，最后关闭所有对话框。

(5) 选中整个表格，单击"开始"→"字体"组右下角的对话框启动器按钮，弹出"字体"对话框，将"中文字体"设置为"方正姚体"，将"字号"设置为"二号"，将"字体颜色"设置为"黑色"，单击"确定"按钮；单击"表格工具/布局"→"对齐方式"组中的"中部两端对齐"按钮；切换到"开始"选项卡，单击"段落"组右下角的对话框启动器按钮，弹出"段落"对话框，将"缩进"组中的"左侧"设置为"2.5 字符"，单击"确定"按钮。

(6) 选中整个表格，单击"段落"组右下角的对话框启动器按钮，弹出"段落"对话框，切换到"中文版式"选项卡，将"文本对齐方式"设置为"居中"，单击"确定"按钮。

(7) 将光标置于标题段之后，按"Enter"键，新建段落。单击"开始"选项卡"段落"组中的"边框"按钮，在下拉列表中选择"边框和底纹"命令，弹出"边框和底纹"对话框，单击对话框左下角的"横线"按钮，弹出"横线"对话框，在列表框中选择参考文件"表格效果.png"所示的横线类型，单击"确定"按钮；按照同样的方法，在表格下方插入相同的横线。

(8) 将光标置于表格下方段落之前，单击"布局"选项卡"页面设置"组中的"分隔符"按钮，在下拉列表中选择"分页符"命令。

5. 样式设置 1

(1) 单击"开始"→"样式"组右下角的对话框启动器按钮，弹出"样式"对话框，在最底部位置单击"新建样式"按钮，弹出"根据格式设置创建新样式"对话框，在"属性"组名称中输入"城市名称"，在"格式"组中选择字体为"微软雅黑"，字号为"三号"，字形为"加粗"，颜色为"深蓝，文字 2"。

(2) 继续单击对话框底部的"格式"按钮，在下拉列表中选择"段落"，弹出"段落"对话框，在"缩进和间距"选项卡中将"大纲级别"调整为"1 级"，将"段前"和"段后"间距调整为 0.5 行，单击"行间距"下拉按钮，在下拉列表中选择"固定值"，"设置值"为"18磅"，取消勾选下方的"如果定义了文档网格，则对齐到网格"复选框。切换到"换行和分页"选项卡，勾选"分页"组中的"与下段同页"复选框。单击"确定"按钮，关闭对话框。

(3) 该步骤分为以下两步：

① 继续单击对话框底部的"格式"按钮，在下拉列表中选择"边框"，弹出"边框和底纹"对话框，在"边框"选项卡下，单击左侧的"方框"，将"颜色"设置为"深蓝，文字 2"，"宽度"选择为"1.0 磅"，再单击选中左侧设置中的"自定义"，将"宽度"设置为"4.5 磅"，然后单击右侧预览中的左框线，将左框线宽度应用为"4.5 磅"，单击预览中的上方和右侧边框线，将其取消(注意：此处需要每处框线单击两次)，最后只保留左侧和下方边框线，然后单击底部的"选项"按钮，弹出"边框和底纹选项"对话框，将"上""下""左""右"边距全部设置为"0"，单击"确定"按钮。

② 切换到"底纹"选项卡，在填充中选择"主题颜色:蓝色，强调文字颜色 1，淡色80%"，在图案中的样式中选择"5%"，将颜色设置为"自动"。设置完成后单击"确定"按钮。最后单击"根据格式设置创建新样式"对话框中的"确定"按钮，关闭对话框。

(4) 选中文中所有红色文字，单击"开始"→"样式"组中新建的"城市名称"样式，将所有红色城市名称应用该样式。

6. 样式设置 2

(1) 单击"开始"→"样式"组右下角的对话框启动器按钮，弹出"样式"对话框，在最底部位置单击"新建样式"按钮，弹出"根据格式设置创建新样式"对话框，在"属性"组名称中输入"城市介绍"，在"格式"组中选择字号为"小四"号。

(2) 继续单击对话框底部的"格式"按钮，在下拉列表中选择"段落"，弹出"段落"对话框，在"缩进和间距"选项卡中将对齐方式设置为"两端对齐"，将特殊格式设置为"首行缩进"，对应的磅值调整为"2 字符"，调整"段前""段后"间距为"0.5 行"，取消勾选下方的"如果定义了文档网格，则对齐到网格"复选框。设置完成后单击"确定"按钮。最后单击"根据格式设置创建新样式"对话框中的"确定"按钮，关闭对话框。

(3) 选中文档正文中除了蓝色的所有文本，单击"开始"→"样式"组中新建的"城市介绍"样式，给文档正文中除了蓝色的所有文本应用"城市介绍"样式。

7. 段落格式设置

(1) 选中标题"柏林"下方蓝色文本段落中的所有文本内容，使用键盘上的快捷键"Ctrl + Shift + F9"取消所有超链接。

(2) 单击"开始"→"段落"组右下角的对话框启动器按钮，弹出"段落"设置对话框，单击对话框底部的"制表位"按钮，弹出"制表位"对话框，在制表位位置中输入"8 字符"，将对齐方式设置为"左对齐"，前导符设置为"5……(5)"，单击"设置"按钮；按照同样的方法，在制表位位置中输入"18 字符"，将对齐方式设置为"左对齐"，前导符设置为"1 无(1)"，单击"设置"按钮；继续在制表位位置中输入"28 字符"，将对齐方式设置为"左对齐"，前导符设置为"5……(5)"，单击"设置"按钮，最后单击"确定"按钮，关闭对话框。

(3) 参考"柏林一览.png"示例文件，将光标放置于第 1 段"中文名称"文本之后，按一下键盘上的 Tab 键，再将光标置于"柏林"之后，按一下键盘上的 Tab 键，继续将光标置于"气候条件"之后，按一下键盘上的 Tab 键，按同样的方法设置后续段落。

(4) 选中第 1 列第 1 行文本"中文名称"，单击"开始"→"段落"组中的"中文版式"按钮，在下拉列表中选择"调整宽度"，弹出"调整宽度"对话框，在"新文字宽度"中输入"5 字符"，单击"确定"按钮。设置完成后，双击"开始"→"剪贴板"组中的"格式刷"按钮，然后逐个选中第一列中的其他内容，将该样式应用到第一列其他行的文本中，再次单击"格式刷"按钮，取消格式刷的选中状态。

(5) 选中第 3 列第 1 行文本"气候条件"，单击"开始"→"段落"组中的"中文版式"，在下拉列表中选择"调整宽度"，弹出"调整宽度"对话框，在"新文字宽度"中输入"4 字符"，单击"确定"按钮。设置完成后，双击"剪贴板"组中的"格式刷"，然后逐个选中第 3 列中的其他内容，将该样式应用到第 3 列其他行的文本中，同理，再次单击"格式刷"按钮，取消格式刷的选中状态。

8. 插入符号

将文本"Muenchen"中的"u"字符删除，单击"插入"→"符号"组中的"符号"按钮，在下拉列表中选择"其他符号"，弹出"符号"对话框，在"字体"组的下拉列表中选择"(普通文本)",找到字符"ü",单击"插入"按钮,再单击"关闭"按钮,然后删除后面的"e"字符。

9.显示隐藏图片

选中"波斯坦"下方的图片,单击"图片工具"→"格式"→"排列"组中的"选择窗格"按钮,在右侧会出现"选择和可见性"窗格,单击"会议图片"右侧的方框,出现一个眼睛的图标,则"会议图片"可见。

10.页面边框设置

(1)单击"设计"→"页面背景"组中的"页面边框"按钮,弹出"边框和底纹"对话框,选择左侧"设置"中的"阴影",单击"确定"按钮。

(2)单击"设计"→"页面背景"组中的"页面颜色"按钮,在下拉列表中选择一种"主题颜色"(本例中选择"茶色,背景 2,深色 25%")。

(3)单击"文件"→"选项"按钮,弹出"Word 选项"对话框,单击左侧的"显示",在右侧的"打印选项"中勾选"打印背景色和图像"复选框,单击"确定"按钮。

(4)单击快速访问工具栏上的"保存"按钮。

11.按照笔画顺序升序排列

(1)单击"文件"选项卡中的"另存为"命令,将文件保存到考生文件夹下,并命名为"笔画顺序"。

(2)单击"视图"→"文档视图"组中的"大纲视图",将文档切换为"大纲视图",在"大纲视图"下,单击"大纲"→"大纲工具"组中的"显示级别",将"显示级别"设置为"1级"。

(3)单击"开始"→"段落"组中的"排序"按钮,弹出"排序文字"对话框,在"主要关键字"中选择"段落数",将"类型"设置为"笔划",选择"升序",单击"确定"按钮。在"大纲"视图中单击"关闭大纲视图"按钮。选中第一页的表格对象,单击键盘上的"Backspace"键进行删除。

最后,单击快速访问工具栏中的"保存"按钮,关闭所有文档。

2.15　政策文件排版

题目要求

办事员小李需要整理一份有关高新技术企业的政策文件呈送给总经理查阅。参照"示例 1.jpg""示例 2.jpg",利用考生文件夹下提供的相关素材,按下列要求帮助小李完成文档的编排:

(1)打开考生文件夹下的文档"Word 素材.docx",将其另存为"Word.docx"(.docx 为文件扩展名),之后所有的操作均基于此文件,否则不得分。

(2)首先将文档"附件 4 新旧政策对比.docx"中的"标题 1""标题 2""标题 3"及"附件正文"4 个样式的格式应用到 Word.docx 文档中的同名样式中;然后将文档"附件 4 新旧

政策对比.docx"中的全部内容插入到 Word.docx 文档的最下面,后续操作均应在 Word.docx 中进行。

(3) 删除 Word.docx 文档中所有的空行和全角(中文)空格;给"第一章""第二章""第三章"……所在段落应用"标题 2"样式;将所有应用"正文 1"样式的文本段落以"第一条、第二条、第三条……"的格式连续编号并替换原文中的纯文本编号,字号设为五号,首行缩进 2 字符。

(4) 在文档的开始处插入"瓷砖型提要栏"文本框,将"插入目录"标记之前的文本移动到该文本框中,要求文本框内部边距分别为左右各 1 厘米、上 0.5 厘米、下 0.2 厘米,为其中的文本进行适当的格式设置以使文本框高度不超过 12 厘米,结果可参考"示例 1.jpg"。

(5) 在标题段落"附件(3)高新技术企业证书样式"的下方插入图片"附件 3 证书.jpg",为其应用恰当的图片样式、艺术效果,并改变其颜色。

(6) 将标题段落"附件(2)高新技术企业申请基本流程"下的绿色文本参照其上方的样例转换成布局为"分段流程"的 SmartArt 图形,适当改变其颜色和样式,加大图形的高度和宽度,将第 2 级文本的字号统一设置为 6.5 磅,将图形中所有文本的字体设为"微软雅黑"。最后将多余的文本及样例删除。

(7) 在标题段落"附件(1)国家重点支持的高新技术领域"的下方插入以图标方式显示的文档"附件 1 高新技术领域.docx",将图标命名为"国家重点支持的高新技术领域",双击该图标应能打开相应的文档进行阅读。

(8) 将标题段落"附件(4)高新技术企业认定管理办法新旧政策对比"下的以连续符号"###"分隔的蓝色文本转换为一个表格,套用恰当的表格样式,在"序号"列插入自动编号 1、2、3…,将表格中所有内容的字号设为小五号,在垂直方向上居中。令表格与其上方的标题"新旧政策的认定条件对比表"占用单独的横向页面,且表格与页面同宽,并适当调整表格各列列宽,结果可参考"示例 2.jpg"。

(9) 文档的 4 个附件内容排列位置不正确,将其按 1、2、3、4 的正确顺序进行排列,但不能修改标题中的序号。

(10) 在文档开始的"插入目录"标记处插入只包含第 1、第 2 两级标题的目录并替换"插入目录"标记,目录页不显示页码。自目录后的正式文本另起一页,并插入自 1 开始的页码于右边距内,最后更新目录。

操作步骤

1. 保存文件

打开考生文件夹下的"Word 素材.docx",单击"文件"选项卡,选择另存为。在弹出的对话框中输入文件名"Word.docx",单击保存按钮。

2. 导入样式

(1) 打开考生文件夹下的"附件 4 新旧政策对比.docx",单击"开始"选项卡下"样式"组中的扩展按钮,单击样式工具栏中的"管理样式"按钮,弹出"管理样式"对话框。

(2) 在弹出的对话框中单击"导入/导出"按钮,在弹出的"管理器"对话框中单击"样式"选项卡下右侧的"关闭文件"按钮。单击"打开文件"按钮,定位到考生文件夹,单击右侧的文件类型下拉按钮，选择"所有文件"，再选择考生文件夹下的"Word.docx"，单击"打开"按钮。

(3) 选择左侧列表框中的"标题 1"，单击"复制"按钮，在弹出的对话框中提示"是否要改写现有的样式词条标题1"，此时单击"是"，即可将文档"附件4新旧政策对比.docx"中的"标题1"样式应用到"Word.docx"中的同名样式中。

(4) 按照同样的方法将文档"附件4新旧政策对比.docx"中的"标题1""标题2""标题3"及"附件正文"4个样式的格式应用到"Word.docx"文档中的同名样式中，单击关闭按钮，关闭"附件4新旧政策对比.docx"。

(5) 打开考生文件夹下的"Word.docx"文档，光标定位到文档最后，单击"插入"选项卡下"文本"组中的"对象"下拉按钮，选择"文件中的文字"。在弹出的"插入文件"对话框中选择考生文件夹下的"附件4新旧政策对比.docx"，单击"插入"按钮。

3. 应用样式

(1) 将光标定位在文档第一行，在"开始"选项卡下单击"编辑"组中的"替换"按钮，在弹出的"查找和替换"对话框中将光标定位到"查找内容"文本框，删除"查找内容"文本框中的内容，单击"更多"按钮，再单击"特殊格式"下拉按钮，选择"段落标记"。再次单击"特殊格式"按钮，选择"段落标记"。将光标定位到"替换为"文本框，单击"特殊格式"下拉按钮，选择"段落标记"。单击"全部替换"按钮，然后单击"确定"按钮，再次单击"全部替换"按钮，然后单击"确定"按钮。完成替换后，单击"关闭"按钮，关闭对话框。手动删除文档中最后一行空行。

(2) 将光标定位在文档第一行，在"开始"选项卡下单击"编辑"组中的"替换"按钮，在弹出的"查找和替换"对话框中，将光标定位到"查找内容"文本框，删除"查找内容"文本框中的内容，输入1个全角空格。删除"替换为"文本框中的内容。单击"全部替换"按钮，完成替换后，单击"关闭"按钮，关闭对话框。

(3) 光标定位在"第一章"所在段落，单击"样式"组中的"标题2"样式。按照同样的方法给"第二章""第三章"……所在段落应用"标题2"样式。

(4) 右键单击"样式"组中的"正文1"样式，选择"修改"，在弹出的"修改样式"对话框中单击"格式"下拉按钮，选择"编号"，弹出"编号和项目符号"对话框，单击"定义新编号格式"按钮，在弹出的"定义新编号格式"对话框中单击"编号样式"下拉按钮，选择"一、二、三(简)…"。光标移动到"编号格式"输入框"一"前输入"第"，删除"一"后的"."，输入"条"，单击"确定"按钮，再次单击"确定"按钮。在"修改样式"对话框中单击"字号"下拉按钮，选择"五号"。单击"格式"下拉按钮，选择"段落"，在弹出的"段落"对话框中的"缩进和间距"选项卡下单击"特殊格式"下拉按钮，选择"首行缩进"，磅值设置为2字符。单击"确定"按钮，再次单击"确定"按钮。

(5) 选中纯文本编号，按"Backspace"键删除。

4. 插入文本框

(1) 将光标定位在文档第1行，单击"插入"选项卡下"文本"组中的"文本框"下拉按钮，选择"瓷砖型提要栏"。选中"插入目录"标记之前的文本，按"Ctrl+X"快捷键剪切，光标定位在提要栏内，按"Ctrl+V"快捷键粘贴内容。

(2) 删除文本框中多余的空行。

(3) 鼠标定位到插入目录之前(在这里可使用键盘上的方向键进行定位)，按两次 Backspace 键，删除多余的空行。

(4) 选中文本框的边框，单击鼠标右键选择"设置形状格式"，在弹出的"设置形状格式"对话框中单击"文本框"选项，在"内部边距"中设置左右各 1 厘米、上 0.5 厘米、下 0.2 厘米。设置完成后单击"关闭"按钮。

(5) 光标定位在提要栏内文字"关于修订"前，按"Enter"键。选中第 1 段文字，在"开始"选项卡下的"字体"组中单击"增大字体"按钮，再单击"加粗"按钮。在"段落"组中单击"居中"按钮。

(6) 按照同样的方法设置第 2 段文字为加粗、居中对齐，第 3 段文字为居中对齐。

(7) 选中第 5 段文字，单击"段落"组中的扩展按钮，设置特殊格式为"首行缩进"，设置磅值为"2 字符"。单击"行距"下拉按钮，选择"1.5 倍行距"，单击"确定"按钮。

(8) 选中最后两段内容，单击"段落"组中的"文本右对齐"按钮。

(9) 选中文本框，单击"绘图工具"→"格式"选项卡，确认"大小"组中的高度不超过 12 厘米。

5. 图片编辑

(1) 光标定位在"附件(3) 高新技术企业证书样式"后，按"Enter"键，单击"插入"选项卡下"插图"组中的图片按钮，在弹出的对话框中选择考生文件夹下的"附件 3 证书.jpg"。单击"插入"按钮。

(2) 选中图片，在"图片工具"→"格式"选项卡下的"图片样式"组中选择"剪裁对角线，白色"样式。

(3) 单击"调整"组中的"艺术效果"下拉按钮，选择"塑封"。

(4) 单击"调整"组中的"颜色"下拉按钮，选择"色调"中的"色温：4700K"。

6. 插入 SmartArt 图形

(1) 光标定位到"附件(2)高新技术企业申请基本流程"后，按"Enter"键，单击"插入"选项卡下"插图"组中的"SmartArt"按钮，在弹出的对话框中选择"流程"选项中的"分段流程"。单击"确定"按钮。

(2) 选中绿色文本，按"Ctrl + C"快捷键复制，选中 SmartArt 图形，单击左侧的扩展按钮即可打开文本窗格。将光标定位在文本窗格相应位置，按"Ctrl + V"快捷键粘贴。

(3) 将光标定位在文本窗格中第 2 行文字"1.申请书"中，在"SmartArt 工具"→"设计"选项卡下的"创建图形"组里单击"降级"按钮。使其从一级文本变为二级文本。将光标定位在第 10 行文字"认定机构组织专家评审"中，单击"升级"按钮，使其从二级文本变为一级文本。

(4) 按照同样的方法，参照样例，为其他文字升级或降级。

(5) 选中末尾多余的文本行，按"Delete"键删除。单击"关闭"按钮，关闭文本窗格。

(6) 选中整个 SmartArt 图形，单击"SmartArt 工具"→"设计"选项卡下"SmartArt 样式"组中的"更改颜色"下拉按钮，选择"彩色，强调文字颜色"。单击"SmartArt 样式"组中的"其他"扩展按钮，选择"三维"选项下的"粉末"。

(7) 选中整个 SmartArt 图形，参照样例，在"SmartArt 工具"→"格式"选项卡下的"大小"组中增加高度和宽度。

(8) 打开文本窗格，按住"Ctrl"键，选中所有二级文本，右键单击，在弹出的快捷菜单中选择"字体"。在弹出的"字体"对话框中，设置"大小"为 6.5，单击"确定"按钮。选中文本窗格内所有的文字内容，在"开始"选项卡下的"字体"组中单击字体下拉按钮，选择"微软雅黑"。

(9) 单击"关闭"按钮，关闭文本窗格。选中多余的文本和样例，按"Delete"键删除。

7. 插入对象

(1) 将光标定位在"附件(1)国家重点支持的高新技术领域"后，按"Enter"键。

(2) 单击"插入"选项卡下"文本"组中的"对象"下拉按钮，选择"对象"。在弹出的对话框中单击"由文件创建"选项卡下的"浏览"按钮，选择考生文件夹下的"附件 1 高新技术领域.docx"，单击"插入"按钮。

(3) 勾选"显示为图标"复选框，单击"更改图标"按钮，在弹出的对话框中输入题注"国家重点支持的高新技术领域"，单击"确定"按钮，再次单击"确定"按钮。

8. 表格设置

(1) 选中"附件(4)高新技术企业认定管理办法新旧政策对比"下的以连续符号"###"分隔的蓝色文本。在"开始"选项卡下单击"编辑"组中的"替换"按钮，在弹出的"查找和替换"对话框中将光标定位到"查找内容"文本框，输入"###"。将光标定位到"替换为"文本框，输入"#"，单击"全部替换"按钮。在弹出的对话框中单击"否"，完成替换后，单击"关闭"按钮，关闭对话框。

(2) 单击"插入"选项卡下"表格"组中的"表格"下拉按钮，选择"文字转换成表格"。在弹出的"将文字转换成表格"对话框中的"文字分隔位置"中输入"#"，单击"确定"按钮。

(3) 选中"序号"列中的空白单元格，单击"开始"选项卡下"段落"组中的"编号"下拉按钮，选择编号"123…"。

(4) 在"表格工具"→"设计"选项卡下"表格样式"组中选择一种合适的表格样式，如"浅色底纹，强调文字颜色 4"。

(5) 选中整个表格，在"开始"选项卡下的"字体"组中单击"字号"下拉按钮，选择"小五"。单击鼠标右键，选择"表格属性"，在弹出的"表格属性"对话框中单击"单元格"选项卡，选择"垂直对齐方式"下的"居中"，单击"确定"按钮。

(6) 光标定位在表格标题前，在"布局"选项卡下的"页面设置"组中单击"分隔符"下拉按钮，选择"下一页"，将光标定位到"二、认定的程序性和监督管理方面事项"前，单击"分隔符"下拉按钮，选择"下一页"。光标定位到表格标题前，单击"页面设置"组中的"纸张方向"下拉按钮，选择"横向"。

(7) 选中表格标题，单击"开始"选项卡下"段落"组中的扩展按钮，在弹出的段落对话框中，选择"换行和分页"选项卡，勾选"与下段同页"复选框，单击"确定"按钮。

(8) 选中表格，单击鼠标右键，选择"自动调整"级联菜单中的"根据窗口调整表格"。

(9) 参考"示例 2.jpg"，适当调整表格列宽。使得表格和标题占用单独的 1 页。

(10) 选中表格第 1 行，在"表格工具"→"布局"选项卡下"对齐方式"组中单击"水平居中"按钮，按照同样的方法设置表格 A2:A9 中部右对齐。

(11) 选中整个表格，在"表格工具"→"设计"选项卡下的"表格样式"组中单击"边框"下拉按钮，选择"边框和底纹"。在弹出的"边框和底纹"对话框中，单击"全部"按钮，在样式中选择虚线，单击"颜色"下拉按钮，选择"橄榄色，强调文字颜色3"，单击"确定"按钮。在"表格工具"→"设计"选项卡下"绘图边框"组中单击"绘制表格"按钮，单击"笔样式"下拉按钮，选择单实线，单击"笔颜色"下拉按钮，选择紫色(标准色)，按照示例图绘制表格边框线。绘制完成后，再次单击"绘制表格"按钮，取消绘制。

9. 调整标题顺序

单击"开始"选项卡下"编辑"组中的"查找"按钮，在文档左侧的导航窗格中单击"标题"选项，选中标题"附件 1"后，直接拖动到"附件 2"前。按照同样的方法调整附件的正确顺序。

10. 插入目录

(1) 选中"插入目录"控件，按"Delete"键删除，再按一次"Backspace"键。单击"引用"选项卡下"目录"组中的"目录"下拉按钮，选择"插入目录"，在弹出的"目录"对话框中单击"选项"按钮，弹出"目录选项"选项对话框。删除标题 3 的目录级别，单击"确定"按钮，再次单击"确定"按钮。

(2) 光标定位在目录后的文本"高新技术企业认定管理办法"前，单击"布局"选项卡下"页面设置"组中的"分隔符"下拉按钮，选择"下一页"。删除目录下方多余的空行。

(3) 单击"插入"选项卡下"页眉和页脚"组中的"页码"下拉按钮，选择"页边距"中的"圆(右侧)"。将光标定位在目录页的页脚处，在"页眉和页脚工具"→"设计"选项卡下的"选项"组中勾选"首页不同"复选框。

2.16　准考证制作

 题目要求

培训部小郑正在为本部门报考会计职称的考生准备相关通知及准考证，利用考生文件夹下提供的相关素材，按下列要求帮助小郑完成文档的编排：

(1) 打开一个空白 Word 文档，利用文档"准考证素材及示例.docx"中的文本素材并参考其中的示例图制作准考证主文档，以"准考证.docx"为文件名保存在考生文件夹下（".docx"为文件扩展名），以下操作均基于此文件，否则不得分。具体制作要求如下：

① 准考证表格整体水平、垂直方向均位于页面的中间位置。

② 表格宽度根据页面自动调整，为表格添加任一图案样式的底纹，以不影响阅读其中的文字为宜。

③ 适当加大表格第 1 行中标题文本的字号、字符间距。

④ "考生须知" 4 字竖排且水平、垂直方向均在单元格内居中，"考生须知"下包含

的文本以自动编号排列。

(2) 为指定的考生每人生成一份准考证，要求如下：

① 在主文档"准考证.docx"中，将表格中的红色文字替换为相应的考生信息，考生信息保存在考试文件夹下的 Excel 文档"考生名单.xlsx"中。

② 标题中的考试级别信息根据考生所报考科目自动生成："考试科目"为"高级会计实务"时，考试级别为"高级"，否则为"中级"。

③ 在考试时间栏中，令中级 3 个科目名称(素材中蓝色文本)均等宽占用 6 个字符宽度。

④ 表格中的文本字体均采用"微软雅黑"、黑色，并选用适当的字号。

⑤ 在"贴照片处"插入考生照片(提示：只有部分考生有照片)。

⑥ 为所属"门头沟区"，且报考中级全部三个科目(中级会计实务、财务管理、经济法)或报考高级科目(高级会计实务)的考生每人生成一份准考证，并以"个人准考证.docx"为文件名保存到考生文件夹下，同时保存主文档"准考证.docx"的编辑结果。

(3) 打开考生文件夹下的文档"Word 素材.docx"，将其另存为"Word.docx"，以下所有的操作均基于此文件，否则不得分。

① 将文档中的所有手动换行符(软回车)替换为段落标记(硬回车)。

② 在文号与通知标题之间插入高 2 磅、宽 40%、标准红色、居中排列的横线。

③ 用文档"样式模板.docx"中的样式"标题、标题 1、标题 2、标题 3、正文、项目符号、编号"替换本文档中的同名样式。

④ 参考素材文档中的示例将其中的蓝色文本转换为一个流程图，选择适当的颜色及样式。之后将示例图删除。

⑤ 将文档最后的两个附件标题分别超链接到考生文件夹下的同名文档。修改超链接的格式，使其访问前为标准紫色，访问后变为标准红色。

⑥ 在文档的最后以图标形式将"个人准考证.docx"嵌入到当前文档中，任何情况下单击该图标即可开启相关文档。

操作步骤

1. 保存文件、建立表格并进行表格格式设置

(1) 在考生文件夹下新建空白 Word 文档，并将文件名修改为"准考证 docx"。

(2) 双击打开"准考证.docx"，单击"插入"选项卡下"表格"组中的"表格"按钮，在下拉列表中选择"插入表格"选项，弹出"插入表格"对话框，在"表格尺寸"组下的"列数"中输入"3"，在"行数"中输入"9"，单击"确定"按钮。

(3) 选中整个表格对象，单击"表格工具/布局"选项卡下"表"组中的"属性"按钮，弹出"表格属性"对话框，在"表格"选项卡下，将"对齐方式"设置为"居中"，单击"确定"按钮，关闭对话框。

(4) 在"表格工具/布局"选项卡下"单元格大小"的"自动调整"下拉列表中选择"根据窗口自动调整表格"。

(5) 选中整个表格对象，单击"表格工具/设计"选项卡下"表格样式"组中的"边框"下拉按钮，选择"边框和底纹"命令，在弹出的"边框和底纹"对话框中切换到"底纹"选项卡，设置图案样式和颜色，以不影响阅读文字为宜，单击"确定"按钮。

(6) 参考"准考证素材及示例.docx"文件中的"准考证示例图",选中表格中的第 1 行单元格,单击"表格工具/布局"选项卡下"合并"组中的"合并单元格"按钮,对单元格进行合并操作;按照同样的方法对其余单元格进行相应的合并操作。

(7) 参考"准考证素材及示例.docx"文件中的"准考证示例图",将素材文件中的数据复制到表格相对应的单元格中。

(8) 参考"准考证素材及示例.docx"文件中的"准考证示例图",选中需要调整高度的行,通过"表格工具/布局"选项卡下"单元格大小"组中的"高度"微调框调整行高到合适大小。

(9) 将光标置于第 1 行文字"准考证"之前,按"Enter"键,产生一个新段落。选中第 1 行文字,单击"开始"选项卡下"字体"组中右下角的对话框启动器按钮,弹出"字体"对话框,在"字体"选项卡中设置字号和字形,切换到"高级"选项卡,在"字符间距"组中将"间距"设置为"加宽",适当调整磅值,单击"确定"按钮。

(10) 按照同样的方法,选中标题第 2 行文字"准考证",打开"字体"对话框,设置字号、字形和字符间距。

(11) 选中表格最后一行"考生须知",单击"表格工具/布局"选项卡下"对齐方式"组中的"文字方向"按钮,将文字方向设置为"纵向",并单击左侧的"中部居中"按钮,将文字水平、垂直居中于单元格内。

(12) 选中"考生须知"右侧的文本内容,单击"开始"选项卡下"段落"组中的"编号"按钮,在下拉列表中选择"编号库"中相应的编号格式。

2. 使用邮件合并方法制作考生准考证

(1) 单击"邮件"选项卡下"开始邮件合并"组中的"选择收件人"按钮,在下拉列表中选择"使用现有列表",弹出"选取数据源"对话框,浏览考生文件夹,选择"考生名单.xlsx"文件,单击"打开"按钮,弹出"选择表格"对话框,单击"确定"按钮。

(2) 将表格中的红色"填写准考证号"文本框删除,单击"邮件"选项卡下"编写和插入域"组下的"插入合并域"按钮,在下拉列表中选择"准考证号"域;按照同样的方法插入其余域。

(3) 选中标题行中的红色"填写考试级别"文本框,将其删除,单击"邮件"选项卡下"编写和插入域"组下的"规则"按钮,在下拉列表中选择"如果...那么...否则",弹出"插入 Word 域:IF"对话框,按照图 2.1 进行设置,单击"确定"按钮。

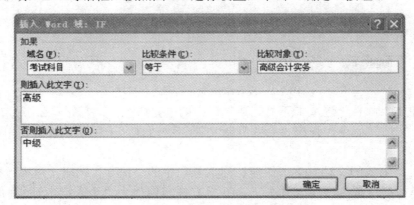

图 2.1　设置邮件合并的规则

(4) 设置完成后，适当调整第 1 行文本的格式(字体大小一致，居中对齐)。

(5) 选中考试时间行中"中级"对应的科目"财务管理"，单击"开始"选项卡下"段落"组中的"中文版式"按钮，在下拉列表框中选择"调整宽度"命令，弹出"调整宽度"对话框，将"新文字宽度"设置为"6 字符"，单击"确定"按钮；按照同样的方法，设置"经济法"和"中级会计实务"为"6 字符"宽度。

(6) 参考"准考证素材及示例.docx"文件中的"准考证示例图"，在"开始"选项卡下"字体"组中将表格的文本字体设置为"微软雅黑"，颜色为"黑色"，并适当调整字号，最后在"表格工具/布局"选项卡下的"对齐方式"组中设置单元格中的文本对齐方式为"水平居中"。

(7) 在表格"贴照片处"，单击"插入"选项卡下"文本"组中的"文档部件"按钮，在下拉列表中选择"域"，弹出"域"对话框，在"类别"选择框中选择"链接和引用"，在"域名"列表框中选择"IncludePicture"，单击下方的"域代码"按钮，在窗体右侧出现"域代码"文本框，在文本框中的"IncludePicture"后输入"C:\\考生文件夹"(此处可以根据文件的具体存放位置设置)，然后单击下方的"选项"按钮，弹出"域选项"对话框，在"开关"列表框中选择"\d"，单击右侧的"添加到域"按钮，然后单击"确定"按钮，关闭"域选项"对话框，最后单击"确定"按钮，关闭"域"对话框。

(8) 使用键盘上的"Alt + F9"切换显示"域代码"，在相片处将光标置于"C:\\考生文件夹"之后，输入"\\"，然后单击"邮件"选项卡下"编写和插入域"组中的"插入合并域"按钮，在下拉列表中选择"照片"，输入完成后，使用键盘上的"Alt + F9"切换显示图片信息(注意：可以使用 F9 键进行刷新操作)。

(9) 单击"邮件"选项卡下"开始邮件合并"组中的"编辑收件人列表"，弹出"邮件合并收件人"对话框，单击下方的"筛选"按钮，弹出"筛选和排序"对话框，按照图 2.2 所示进行设置，设置完后单击"确定"按钮。

图 2.2　设置邮件合并的筛选和排序

(10) 单击"邮件"选项卡下"完成"组中的"完成合并"按钮，在下拉列表中选择"编辑单个文档"命令，弹出"合并到新文档"对话框，采用默认设置，单击"确定"按钮。

(11) 对新生成的文档，单击快速访问工具栏中的"保存"按钮，弹出"另存为"对话框，选择保存位置为考生文件夹下，并将文件名修改为"个人准考证"，最后保存原文档。

3. 修饰文档

(1) 在考生文件夹下打开"Word 素材.docx"文件，单击"文件"选项卡下的"另存为"选项，弹出"另存为"对话框，将文件名修改为"Word"，单击"保存"按钮。

(2) 单击"开始"选项卡下"编辑"组中的"替换"按钮，弹出"查找和替换"对话框，在"替换"选项卡下，将光标置于"查找内容"文本框中，单击下方的"更多"按钮，在"替换"组中单击"特殊格式"按钮，在弹出的列表中选择"手动换行符"，继续将光标置于"替换为"文本框中，单击"特殊格式"按钮，在弹出的列表中选择"段落标记"。设置完成后，单击"全部替换"按钮。

(3) 将光标置于段落"京财会【2016】123 号"之后，按"Enter"键，产生一个新的段落。单击"开始"选项卡下"段落"组中的"下框线"按钮，在下拉列表中选择"横线"命令，即可在光标处插入一横线对象。双击该横线对象，弹出"设置横线格式"对话框，按照题目要求设置横线格式，如图 2.3 所示。

图 2.3　设置横线格式

(4) 单击"开始"选项卡下"样式"组右下角的对话框启动器按钮，弹出"样式"对话框，单击最后一行的"管理样式"按钮，弹出"管理样式"对话框。单击最下方的"导入/导出"按钮，弹出"管理器"对话框。

(5) 在左侧列表框的"样式的有效范围"下单击"关闭文件"按钮，继续单击"打开文件"按钮，选择并打开考生文件夹下的"样式模板.docx"文件。按同样的方式在右侧列表框的"样式的有效范围"中关闭原有文件，选择并打开"Word.docx"文件。

(6) 在左侧列表框中选择需要复制的样式(标题、标题 1、标题 2、标题 3、正文、项目符号、编号)，单击中间的"复制"按钮，在弹出的对话框中单击"全是"按钮，即可添加并覆盖"Word.docx"中的同名样式，最后关闭"管理器"对话框。

注意：此处同时选择多个样式时，可以配合使用 Ctrl 键进行多选。

(7) 将光标置于蓝色文本之后，单击"插入"选项卡下"插图"组中的"SmartArt"按钮，弹出"选择 SmartArt 图形"对话框，单击左侧的"流程"选项，在右侧列表框中选择"分段流程"，单击"确定"按钮。

(8) 单击"SmartArt 工具/设计"选项卡下"创建图形"组中的"文本窗格"按钮，通过右侧的"升级""降级"命令调整图形的样式。参考下方的"流程图示例"图片,将上方的蓝色文本复制到"SmartArt"图形相应的文本框中。(注意:如果不能输入文字,则可以右键单击该区域,选择"编辑文字"命令。)

(9) 选中 SmartArt 对象,单击"SmartArt 工具/设计"选项卡下的"SmartArt 样式"组中的"其他"按钮,在下拉列表框中选择"三维/优雅",单击左侧的"更改颜色"按钮,在下拉列表框中选择"彩色,强调文字颜色"。

(10) 按住"Ctrl"键,选中图形中所有文字,设置字体为"微软雅黑",适当调整字号,设置完成后,将下方的"流程图示例"删除。

(11) 单击"布局"选项卡下"主题"组中的"颜色"按钮,在下拉列表中选择"新建主题颜色",弹出"新建主题颜色"对话框,单击"超链接"右侧的按钮,在颜色选择面板中选择标准色的"紫色",单击下方的"已访问的超链接"右侧的按钮,在颜色选择面板中选择标准色的"红色",完成后单击"保存"按钮。

(12) 在文档的最后一页,选中附件 1 标题,单击"插入"选项卡下"链接"组中的"超链接"按钮,弹出"插入超链接"对话框,选择考生文件夹下对应的文档,单击"确定"按钮;按照同样的方法,对附件 2 设置超链接。

(13) 将光标置于文档结束位置"准考证打印"段落之后,单击"插入"选项卡下"文本"组中的"对象"按钮,在下拉列表中选择"对象",弹出"对象"对话框,切换到"由文件创建"选项卡,单击"浏览"按钮,找到考生文件夹下的"个人准考证.docx"文件,单击"插入"按钮。勾选"对象"对话框中的"链接到文件"和"显示为图标"两个复选框,最后单击"确定"按钮,此处可适当调整插入图标的大小,使其不产生新的一页。

最后,单击快速访问工具栏中的"保存"按钮,关闭所有文档。

2.17　科普文章排版

 题目要求

在某学校任教的林涵需要对一篇 Word 格式的科普文章进行排版,按照如下要求,帮助她完成相关工作。

(1) 在考生文件夹下,将"Word 素材.docx"文件另存为"Word.docx"(".docx"为扩展名),后续操作均基于此文件,否则不得分。

(2) 修改文档的纸张大小为"B5",纸张方向为横向,上、下页边距为 2.5 厘米,左、右页边距为 2.3 厘米,页眉和页脚距离边界皆为 1.6 厘米。

(3) 为文档插入"字母表型"封面,将文档开头的标题文本"西方绘画对运动的描述和它的科学基础"移动到封面页标题占位符中,将下方的作者姓名"林凤生"移动到作者占位符中,适当调整它们的字体和字号,并删除副标题和日期占位符。

(4) 删除文档中所有的全角空格。

(5) 在文档的第 2 页，插入"飞越型"提要栏的内置文本框，并将红色文本"一幅画最优美的地方和最大的生命力就在于它能够表现运动，画家们将运动称为绘画的灵魂。——拉玛左(16 世纪画家)"移动到文本框内。

(6) 将文档中 8 个字体颜色为蓝色的段落设置为"标题 1"样式，3 个字体颜色为绿色的段落设置为"标题 2"样式，并按照表 2-10 中的要求修改"标题 1"和"标题 2"样式的格式。

表 2-10　样式设置要求 9

项　目	要　求
标题 1 样式	字体格式：方正姚体，小三号，加粗，字体颜色为"白色，背景 1" 段落格式：段前段后间距为 0.5 行，左对齐，并与下段同页 底纹：应用于标题所在段落，颜色为"紫色，强调文字颜色 4，深色 25%"
标题 2 样式	字体格式：方正姚体，四号，字体颜色为"紫色，强调文字颜色 4，深色 25%" 段落格式：段前段后间距为 0.5 行，左对齐，并与下段同页 边框：对标题所在段落应用下框线，宽度为 0.5 磅，颜色为"紫色，强调文字颜色 4，深色 25%"，且距正文的间距为 3 磅

(7) 新建"图片"样式，将其应用于文档正文中的 10 张图片中，并修改样式为居中对齐和与下段同页；修改图片下方的注释文字，将手动的标签和编号"图 1"到"图 10"替换为可以自动编号和更新的题注，并设置所有题注内容为居中对齐，小四号字，中文字体为黑体，西文字体为 Arial，段前、段后间距为 0.5 行；修改标题和题注以外的所有正文文字的段前和段后间距为 0.5 行。

(8) 将正文中使用黄色突出显示的文本"图 1"到"图 10"替换为可以自动更新的交叉引用，引用类型为图片下方的题注，只引用标签和编号。

(9) 在标题"参考文献"下方，为文档插入书目，样式为"APA 第五版"，书目中文献的来源为文档"参考文献.xml"。

(10) 在标题"人名索引"下方插入格式为"流行"的索引，栏数为 2，排序依据为拼音，索引项来自文档"人名.docx"；在标题"参考文献"和"人名索引"前分别插入分页符，使它们位于独立的页面中(文档最后若存在空白页，则将其删除)。

(11) 除了首页外，为文档在页脚正中央添加页码，正文页码自 1 开始，格式为"Ⅰ，Ⅱ,Ⅲ…"。

(12) 为文档添加自定义属性，名称为"类别"，类型为文本，取值为"科普"。

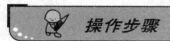 操作步骤

1. 保存文件

(1) 打开考生文件夹下的"Word 素材.docx"文件。

(2) 单击"文件"选项卡下的"另存为"按钮，再单击"当前文件夹"，弹出"另存为"对话框，在该对话框中将"文件名"设为"Word.docx"，将其保存于考生文件夹下。

2. 页面设置

(1) 单击"布局"选项卡中"页面设置"分组中的"纸张大小"向下箭头，在列表中

选择"B5"。

(2) 单击"纸张方向"向下箭头，在列表中选择"横向"。

(3) 单击"页边距"向下箭头，在列表中单击"自定义边距"命令，打开"页面设置"对话框。

(4) 单击"页边距"选项卡，设置"页边距"中的上页边距和下页边距为 2.5 厘米、左页边距和右页边距为 2.3 厘米。

(5) 单击"版式"选项卡，在"页眉和页脚"下的距边界中将页眉和页脚设置为"1.6 厘米"。

3. 设置封面格式

(1) 单击"插入"选项卡中"页面"分组中的"封面"向下的箭头，在"内置"分类中选择"字母表型"封面。

(2) 选中标题文字"西方绘画对运动的描述和它的科学基础"，并剪贴到封面标题的占位符中。将作者姓名"林凤生"剪贴到作者占位符中。

(3) 选中标题文字"西方绘画对运动的描述和它的科学基础"，单击"开始"选项卡中"字体"分组中的字体下拉框，在其中选择除宋体之外的其他字体(例如黑体)。在字号下拉框中选择一种字号(例如二号)。

(4) 选中作者姓名文字"林凤生"，单击"开始"选项卡中"字体"分组中的字体下拉框，在其中选择除宋体之外的其他字体(例如楷体)。在字号下拉框中选择一种字号(例如三号)。

(5) 选中"副标题"和"日期"占位符，按"Delete"键删除。

4. 查找替换

按"Ctrl + H"组合键，打开"查找和替换"对话框。从文档中复制一个全角空格，并粘贴到"查找内容"文本框中。在"替换"文本框中不输入，单击"更多"按钮，在"搜索选项"中选中"区分/半角"选项，单击"全部替换"按钮。单击"关闭"按钮。

5. 飞跃型内置文本框

(1) 将光标定位于第 2 页文字的首行，单击"插入"选项卡中"文本"分组中的"文本框"向下箭头。在"内置"中选择"飞越型"提要栏的内置文本框。

(2) 选中红色文本"一幅画最优美的地方和最大的生命力就在于它能够表现运动，画家们将运动称为绘画的灵魂。——拉玛左(16 世纪画家)"移动到文本框内。

6. 样式设置

(1) 按"Ctrl + H"组合键，打开"查找替换"对话框。

(2) 将光标定位在"查找内容"输入框中，单击"格式"按钮，在弹出的列表中选择"字体"，打开"字体"对话框。单击在"字体颜色"下拉按钮，选择其中的"蓝色"。

(3) 将光标定位在"替换为"输入框中，单击"格式"按钮，在弹出的列表中选中"样式"。在打开的"替换样式"对话框中选择"标题 1"，单击"确定"按钮。单击"全部替换"按钮。

(4) 采用同样的方式将 3 个字体颜色为绿色的段落设置为"标题 2"。

(5) 在"开始"选项卡中"样式"分组中的"标题 1"上单击鼠标右键，在弹出的菜单中选择"修改"命令。

(6) 在"修改样式"对话框中的"格式"分组中，将字体设置为"方正姚体"，字号设置为"小三"，选中"加粗"按钮，字体颜色设置为"白色，背景1"。

(7) 单击"格式"按钮，在弹出的列表中选择"段落"命令。在打开的"段落"对话框中将"段前"和"段后"间距均设置为 0.5 行。将常规中的对齐方式设置为"左对齐"。单击"换行和分页"选项卡，选中"分页"中的"与下段同页"复选框。单击"确定"按钮。

(8) 单击"格式"按钮，在弹出的列表中选择"边框"命令。在弹出的"边框和底纹"对话框中单击"底纹"选项卡。在填充中选择"紫色，强调文字颜色 4，深色 25%"。将应用于设置为"段落"。单击"确定"按钮。

(9) 单击"修改样式"对话框中的"确定"按钮。

(10) 在"开始"选项卡中"样式"分组中的"标题 2"上单击鼠标右键，在弹出的菜单中选择"修改"命令。

(11) 在"修改样式"对话框中的"格式"分组中，将字体设置为"方正姚体"，字号设置为"四号"，字体颜色设置为"紫色，强调文字颜色 4，深色 25%"。

(12) 单击"格式"按钮，在弹出的列表中选择"段落"命令。在打开的"段落"对话框中将"段前"和"段后"间距均设置为 0.5 行。将常规中的对齐方式设置为"左对齐"。单击"换行和分页"选项卡，选中"分页"中的"与下段同页"复选框。单击"确定"按钮。

(13) 单击"格式"按钮，在弹出的列表中选择"边框"命令。在弹出的"边框和底纹"对话框中单击"边框"选项卡。选中预览中的"下边框"按钮，设置颜色为"紫色，强调文字颜色 4，深色 25%"，宽度设置为"0.5 磅"。

(14) 单击"选项"按钮，在打开的"边框和底纹选项"对话框中，设置距正文间距上、下、左、右均为 4 磅，单击"确定"按钮。

(15) 将应用于设置为"段落"。单击"确定"按钮。单击"修改样式"对话框中的"确定"按钮。

7. 图片样式及题注

(1) 单击"开始"选项卡中"样式"分组中的启动器，打开"样式"对话框。

(2) 在底部单击"新建样式"按钮，打开"根据格式设置创建新样式"对话框。

(3) 将"名称"框中的名称改成"图片"。单击"格式"按钮，在弹出的列表中单击"段落"命令，打开"段落"对话框。

(4) 将"常规"中的"对齐方式"设置为"居中"。单击"换行和分页"选项卡，选中"分页"中的"与下段同页"复选框，单击"确定"按钮。再次单击"确定"按钮。

(5) 选中第 1 张图片，然后选中样式中的"图片"样式，采用同样的方法设置其他图片样式。

(6) 选中第 1 张图片的图注前的"图 1"并删除，然后单击"引用"选项卡中"题注"分组中的"插入题注"按钮，打开"题注"对话框。

(7) 单击"新建标签"按钮，打开"新建标签"对话框。在标签输入框中输入"图"，单击"确定"按钮。

(8) 单击"编号"按钮，打开"题注编号"对话框。在"格式"下拉列表框中选中"1,2,3…"，取消勾选"包含章节号"复选框。单击"确定"按钮。再次单击"确定"按钮。

(9) 复制"图 1",依次粘贴到图 2～图 10。选中全文,单击鼠标右键,在弹出的菜单中单击"更新域"命令,完成图标号的自动更新。

(10) 选中图 1 的题注内容"图 1 公元前 1600 年,出土于古希腊克里特岛的一个匕首的剑套,装饰的画面动感强烈",单击"开始"选项卡中"字体"分组中的对话框启动器按钮,打开"字体"对话框。

(11) 在中文字体中设置字体为"黑体",在西文字体中设置字体为"Arial",将字号设置为"小四",单击"确定"按钮。

(12) 单击"开始"选项卡中"段落"分组中的对话框启动器按钮,打开"段落"对话框。

(13) 单击"缩进和间距"选项卡。设置常规中的对齐方式为"居中",设置间距中的段前和段后间距为"0.5 行",单击"确定"按钮。

(14) 在选中"图 1 公元前 1600 年,出土于古希腊克里特岛的一个匕首的剑套,装饰的画面动感强烈"的情况下双击格式刷。然后用格式刷刷新图 2～图 10 的题注。

(15) 在"开始"选项卡中"样式"分组中的"正文"样式上单击鼠标右键,在弹出的列表中单击"修改"命令,打开"修改样式"对话框。

(16) 单击"格式"按钮,在弹出的列表中单击"段落"命令,打开"段落"对话框。

(17) 将"间距"中的段前和段后间距设置为"0.5 行",单击"确定"按钮。再次单击"确定"按钮。

8. 交叉引用

(1) 选中正文中有黄底的文字"图 1",单击"引用"选项卡中"题注"分组中的"交叉引用"按钮,弹出"交叉引用"对话框。

(2) 在"引用类型"下拉列表中选择"图",在"引用内容"下选择"只有标签和编号"。单击选中"引用哪一个题注"下的"图 1...",单击"确定"按钮。采用同样的方法设置图 2 到图 10 的引用。

9. 参考文献

(1) 将光标定位于参考文献的下方,单击"引用"选项卡中"引文与书目"分组中的"管理源"按钮,打开"源管理器"对话框。

(2) 单击"浏览"按钮,打开"打开源列表"找到考生文件夹下的"参考文献.xml",单击"确定"按钮。

(3) 选择左侧文本框中的所有文字,单击"复制"按钮,将它们复制到"当前列表"文本框中,单击"关闭"按钮。

(4) 再单击"书目"向下箭头,在列表中单击"插入书目",即可完成参考文献的插入工作。

10. 人名索引

(1) 将光标定位于"人名索引"下方,单击"引用"选项卡"索引"分组中的"插入索引"按钮,打开"索引"对话框。

(2) 在"格式"下拉列表框中选择"流行",设置栏数为"2",在"排序依据"下拉列表中选择"拼音"。

(3) 单击"自动标记"按钮，打开"索引自动标记文件"对话框，在考生文件夹下找到"人名.docx"，单击"打开"按钮。

(4) 再单击"插入索引"按钮，单击"确定"按钮，完成人名索引的建立。

(5) 分别将光标定位于标题"参考文献"和"人名索引"前，单击"插入"选项卡中"页面"分组中的"分页"命令，使"参考文献"和"人名索引"分别位于不同的页中。如果文档最后存在空白页，则将其删除。

11. 页眉和页脚的设置

(1) 将光标定位于正文首行，单击"插入"选项卡中"页眉和页脚"分组中的"页码"向下箭头，在下拉列表中选择"页面底端"中的"普通数字 2"。

(2) 在"页眉和页脚工具"中"设计"选项下的"页眉和页脚"分组中单击"页码"向下箭头，在下拉列表中单击"设置页码格式"命令，弹出"页码格式"对话框。

(3) 在对话框中将编号格式设置为"Ⅰ,Ⅱ,Ⅲ..."，在页码编号中选中"起始页码"，设置为"Ⅰ"，单击"确定"按钮。

(4) 单击选中"设计"选项卡中"选项"分组中的"首页不同"复选框。单击"关闭页眉和页脚"按钮，退出页码编辑状态。

12. 自定义属性

(1) 单击"文件"选项卡中的"信息"选项。单击右侧的"属性"向下箭头，在下拉列表中选择"高级属性"，打开"Word.docx 属性"对话框。

(2) 单击"自定义"选项卡，在"名称"中输入"类别"，"类型"设置为"文本"，"取值"设置为"科普"，单击"确定"按钮。

最后，单击快速访问工具栏中的"保存"按钮，关闭所有文档。

2.18　宣传海报制作

 题目要求

某高校为了使学生更好地进行职场定位和职业准备，提高就业能力，该校学工处将于 2013 年 4 月 29 日(星期五)19:30—21:30 在校国际会议中心举办题为"领慧讲堂——大学生人生规划"的就业讲座，特别邀请资深媒体人、著名艺术评论家赵蕈先生担任演讲嘉宾。

根据上述活动的描述，利用 Microsoft Word 制作一份宣传海报(宣传海报的样式参考"Word-海报参考样式.docx"文件)，要求如下：

(1) 在考生文件夹下，将"Word 素材.docx"文件另存为"Word.docx"(".docx"为扩展名)，后续操作均基于此文件，否则不得分。

(2) 调整文档版面，要求页面高度 35 厘米，页面宽度 27 厘米，页边距(上、下)为 5 厘米，页边距(左、右)为 3 厘米，并将考生文件夹下的图片"Word-海报背景图片.jpg"设置为海报背景。

(3) 根据"Word-海报参考样式.docx"文件,调整海报内容文字的字号、字体和颜色。

(4) 根据页面布局需要,调整海报内容中"报告题目""报告人""报告日期""报告时间""报告地点"信息的段落间距。

(5) 在"报告人:"位置后面输入报告人姓名(赵蕈)。

(6) 在"主办:校学工处"位置后另起一页,并设置第 2 页的页面纸张大小为 A4 篇幅,纸张方向设置为"横向",页边距为"普通"页边距定义。

(7) 在新页面的"日程安排"段落下面,复制本次活动的日程安排表(参考"Word-活动日程安排.xlsx"文件),要求表格内容引用 Excel 文件中的内容,若 Excel 文件中的内容发生变化,则 Word 文档中的日程安排信息随之发生变化。

(8) 在新页面的"报名流程"段落下面,利用 SmartArt,制作本次活动的报名流程(学工处报名、确认座席、领取资料及领取门票)。

(9) 设置"报告人介绍"段落下面的文字排版布局为参考示例文件中所示的样式。

(10) 更换报告人照片为考生文件夹下的 Pic2.jpg 照片,将该照片调整到适当位置,并不要遮挡文档中的文字内容。

(11) 保存本次活动的宣传海报设计为 Word.docx。

 操作步骤

1. 保存文件

(1) 打开考生文件夹下的"Word 素材.docx"文件。

(2) 单击"文件"选项卡下的"另存为"按钮,再单击"当前文件夹",弹出"另存为"对话框,在该对话框中将"文件名"设为"Word.docx",将其保存于考生文件夹下。

2. 页面设置

(1) 打开考生文件夹下的 Word 素材.docx。

(2) 根据题目要求,调整文档版面。单击"布局"选项卡下"页面设置"组中的"页面设置"按钮。打开"页面设置"对话框,在"纸张"选项卡下设置高度和宽度。此处分别在"高度"和"宽度"微调框中设置"35 厘米"和"27 厘米"。

(3) 设置好后单击"确定"按钮。按照上面同样的方式打开"页面设置"对话框中的"页边距"选项卡,根据题目要求将"页边距"选项卡中的"上"和"下"微调框都设置为"5 厘米",将"左"和"右"微调框都设置为"3 厘米"。然后单击"确定"按钮。

(4) 单击"设计"选项卡下页面背景组中的"页面颜色"按钮,在弹出的下拉列表中选择"填充效果"命令,弹出"填充效果"对话框,选择"图片"选项卡,从目标文件中选择"Word-海报背景图片.jpg"。

(5) 单击"确定"按钮后即可看到实际填充效果图。

3. 格式设置

根据"Word-海报参考样式.docx"文件,选中标题"'领慧讲堂'就业讲座",单击开始选项卡下字体组中的"字体"下拉按钮,选择"华文琥珀",在"字号"下拉按钮中选择"初号",在"字体颜色"下拉按钮中选择"红色"。按同样的方式设置正文部分的字体,

这里把正文部分设置为"宋体""二号",字体颜色设为"深蓝"和"白色,文字 1"。"欢迎踊跃参加"设置为"宋体""初号""白色,文字 1"。

4．段落格式设置

选中"报告题目""报告人""报告日期""报告时间""报告地点"所在的段落信息,单击开始选项卡下段落组中的"段落"按钮,弹出"段落"对话框。在"缩进和间距"选项卡下的"间距"选项中单击"行距"下拉列表,选择合适的行距,此处选择"单倍行距",在"段前"和"段后"微调框中都设置"0 行"。

5．文字录入

在"报告人:"位置后面输入报告人"赵覃"。

6．分节

(1) 将鼠标置于"主办:校学工处"位置后面,单击"布局"选项卡下页面设置组中的"分隔符"按钮,选择"分节符"中的"下一页"命令即可另起一页。

(2) 选择第 2 页,在"布局"选项卡页面设置组中的"纸张"选项卡下选择"纸张大小"选项中的"A4"。

(3) 切换至"页边距"选项卡,选择"纸张方向"选项下的"横向"。

(4) 单击页面设置组中的"页边距"按钮,在下拉列表中选择"普通"。

7．表格制作

(1) 打开"Word-活动日程安排.xlsx",选中表格中的所有内容,按"Ctrl + C"键,复制所选内容。

(2) 切换到 Word.docx 文件中,单击开始选项卡下粘贴组中的"选择性粘贴"按钮,弹出"选择性粘贴"对话框。选择"粘贴链接",在"形式"下拉列表框中选择"Microsoft Excel 工作表对象"。

(3) 单击"确定"按钮后,更改"Word-活动日程安排.xlsx"文字单元格的背景色,在 Word 中同步更新。

8．流程制作

(1) 单击插入选项卡下插图组中的"SmartArt"按钮,弹出"选择 SmartArt 图像"对话框,选择"流程"中的"基本流程"。

(2) 单击"确定"按钮。

(3) 在文本中输入相应的流程名称。

(4) 在"学工处报名"所处的文本框右击鼠标,在弹出的工具栏中单击"形状填充"的下三角按钮,选择"标准色"中的"红色"。按照同样的方法依次设置后 3 个文本框的填充颜色为"浅绿""紫色""浅蓝"。

9．设置首字下沉

(1) 选中"赵",单击"插入"选项卡"文本"组中的"首字下沉"按钮,选择"首字下沉选项",弹出"首字下沉"对话框,在"位置"组中选择"下沉",单击"选项"组中的"字体"下拉按钮,选择"+中文正文""下沉行数",微调框设置为"3"。

(2) "报告人介绍"段落下面的文字字体颜色设置为"白色,背景 1"。

10. 图片编辑

选中图片，在"图片工具"的"格式"选项卡下单击"调整"组中的"更改图片"按钮，弹出"插入图片"对话框，选择"Pic2.jpg"，单击"插入"，实现图片的更改，拖动图片到恰当位置。

11. 保存文件

单击"保存"按钮保存本次的宣传海报设计为"Word.docx"文件名。

2.19　信 函 制 作

 题目要求

某高校学生会计划举办一场"大学生网络创业交流会"的活动，拟邀请部分专家和老师给在校学生进行演讲。因此，校学生会外联部需制作一批邀请函，并分别递送给相关的专家和老师。请按如下要求，完成邀请函的制作：

(1) 在考生文件夹下，将"Word 素材.docx"文件另存为"Word.docx"（".docx"为扩展名），后续操作均基于此文件，否则不得分。

(2) 调整文档版面，要求页面高度 18 厘米、宽度 30 厘米，页边距(上、下)为 2 厘米，页边距(左、右)为 3 厘米。

(3) 将考生文件夹下的图片"背景图片.jpg"设置为邀请函背景。

(4) 根据"Word-邀请函参考样式.docx"文件，调整邀请函中内容文字的字体、字号和颜色。

(5) 调整邀请函中内容文字的段落对齐方式。

(6) 根据页面布局需要，调整邀请函中"大学生网络创业交流会"和"邀请函"两个段落的间距。

(7) 在"尊敬的"和"(老师)"文字之间，插入拟邀请的专家和老师姓名，拟邀请的专家和老师姓名在考生文件夹下的"通讯录.xlsx"文件中。每页邀请函中只能包含一位专家或老师的姓名，所有的邀请函页面另外保存在一个名为"Word-邀请函.docx"的文件中。

(8) 邀请函文档制作完成后，保存"Word.docx"文件。

 操作步骤

1. 保存文件

(1) 打开考生文件夹下的"Word 素材.docx"文件。

(2) 单击"文件"选项卡下的"另存为"按钮，再单击"当前文件夹"，弹出"另存为"对话框，在该对话框中将"文件名"设为"Word.docx"，将其保存于考生文件夹下。

2. 页面设置

(1) 打开考生文件夹下的文档"Word.docx"。

(2) 单击"布局"选项卡→"页面设置"组中的对话框启动器按钮，打开"页面设置"

对话框，在"页边距"选项卡中的"页边距"区域中设置页边距(上、下)为 2 厘米，页边距(左、右)为 3 厘米。

(3) 将"纸张"选项卡中的"纸张大小"区域设置为"自定义"，然后设置页面高度为18 厘米，页面宽度为 30 厘米。

3. 背景设置

单击"布局"选项卡→"页面背景"组的"页面颜色"右侧的下三角按钮，打开"页面颜色"下拉列表，选择"填充效果"，打开"填充效果"对话框，单击"图片"选项卡中的"选择图片"按钮，去选择考生文件夹下的图片"背景图片.jpg"，这样就设置好了背景。

4. 格式设置

(1) 选中文本"大学生网络创业交流会"，设置字号为"初号"，字体为"黑体"，颜色为"深蓝"，对齐方式为"居中"。

(2) 选中文本"邀请函"，设置字号为"初号"，字体为"黑体"，颜色为"黑色"。对齐方式为"居中"。

5. 调整对齐方式

选中剩下的文本，单击"开始"选项卡→"段落"组中的对话框启动器按钮，打开"段落"对话框，在"行距"中选择"多倍行距"，在"设置值"中设置"3"，或者段后段前各一行。

6. 调整段落间距

选中"大学生网络创业交流会"，单击"开始"选项卡→"段落"组中的对话框启动器按钮，打开"段落"对话框，设置段后段前各一行。

7. 制作信函

(1) 单击"邮件"选项卡→"开始邮件合并"组→"开始邮件合并"→"邮件合并分步向导"命令。

(2) 打开了"邮件合并"任务窗格，进入"邮件合并分步向导"的第 1 步(共 6 步)，在"选择文档类型"中选择"信函"。

(3) 单击"下一步：正在启动文档"链接，进入"邮件合并分步向导"的第 2 步，在"选择开始文档"中选择"使用当前文档"，即以当前的文档作为邮件合并的主文档。

(4) 接着单击"下一步：选取收件人"链接，进入"邮件合并分步向导"的第 3 步。在"选择收件人"中选择"使用现有列表"按钮，然后单击"浏览超链接"。

(5) 打开"选择数据源"对话框，选择保存拟邀请的专家和老师姓名(在考生文件夹下的"通讯录.xlsx"文件中)。然后单击"打开"按钮；此时打开"选择表格"对话框，选择保存专家和老师姓名信息的工作表名称，然后单击"确定"按钮。

(6) 打开"邮件合并收件人"，可以对需要合并的收件人信息进行修改，然后单击"确定"按钮，完成了现有工作表的链接。

(7) 接着单击"下一步：撰写信函"链接，进入"邮件合并分步向导"的第 4 步。如果用户此时还没有撰写邀请函的正文，则可以在活动文档窗口输入与输出一致的文本。如果需要将收件人信息添加到信函中，则先将鼠标指针定位在文档中合适的位置，然后单击

"地址块"等超链接，本例单击"其他项目"超链接。

(8) 打开"编写和插入域"对话框，在"域"列表中选择要添加邀请函的邀请人的姓名所在位置的域，本例选择姓名，单击"插入"按钮。插入完毕后单击"关闭"按钮，关闭"插入合并域"对话框。此时文档中的相应位置就会出现已插入的标记。

(9) 单击"邮件"选项卡→"开始邮件合并"组→"规则"→"如果...那么...否则"命令，打开"插入 Word 域"对话框，进行信息设置。单击"确定"按钮。

(10) 在"邮件合并"任务窗格单击"下一步：预览信函"链接，进入"邮件合并分步向导"的第 5 步。

(11) 在"邮件合并"任务窗格单击"下一步：完成合并"链接，进入"邮件合并分步向导"的第 6 步。选择"编辑单个信函"超链接。

(12) 打开"合并到新文档对话框"，选中"全部"按钮，单击"确定"按钮。这样 Word 将 Excel 中存储的收件人信息自动添加到邀请函正文中，并合并生成一个新文档。

8. 保存文件

单击"保存"按钮保存"Word.docx"文件。

2.20　制作请柬

 题目要求

书娟是海明公司的前台文秘，她的主要工作是管理各种档案，为总经理起草各种文件。新年将至，公司定于 2013 年 2 月 5 日下午 2:00，在中关村海龙大厦办公大楼 5 层多功能厅举办一个联谊会，重要客人名录保存在名为"重要客户名录.docx"的 Word 文档中，公司联系电话为 010-66668888。

根据上述内容制作请柬，具体要求如下：

(1) 制作一份请柬，以"董事长：王海龙"名义发出邀请，请柬中需要包含标题、收件人名称、联谊会时间、联谊会地点和邀请人。

(2) 对请柬进行适当的排版，具体要求：改变字体、加大字号，且标题部分("请柬")与正文部分(以"尊敬的×××"开头)采用不相同的字体和字号；加大行间距和段间距；对必要的段落改变对齐方式，适当设置左右及首行缩进，以美观且符合中国人阅读习惯为准。

(3) 在请柬的左下角位置插入一幅图片(图片自选)，调整其大小及位置，不影响文字排列、不遮挡文字内容。

(4) 进行页面设置，加大文档的上边距；为文档添加页眉，要求页眉内容包含本公司的联系电话。

(5) 运用邮件合并功能制作内容相同、收件人不同(收件人为"重要客户名录.docx"中的每个人，采用导入方式)的多份请柬，要求先将合并主文档以"请柬 1.docx"为文件名进行保存，再进行效果预览后生成可以单独编辑的单个文档"请柬 2.docx"。

操作步骤

1．新建请柬文件

(1) 打开 Microsoft Word 2016，新建一空白文档。

(2) 按照题意在文档中输入请柬的基本信息，由此请柬初步建立完毕。

2．对请柬格式进行排版

(1) 根据题目要求，对已经初步做好的请柬进行适当的排版。选中"请柬"二字，单击"开始"选项卡下"字体"组中的"字号"下拉按钮，在弹出的下拉列表中选择适合的字号，此处选择"小一"。按照同样的方式在"字体"下拉列表中设置字体，此处选择"黑体"。

(2) 选中除了"请柬"以外的正文部分，单击"开始"选项卡下"字体"组中的"字体"下拉按钮，在弹出的列表中选择适合的字体，此处选择"楷体"。按照同样的方式设置字号为"小二"。

(3) 选中正文(除了"请柬"和"董事长：王海龙")，单击"开始"选项卡下"段落"组中的"对话框启动器"按钮，弹出"段落"对话框。在"缩进和间距"选项卡下的"间距"组中单击"行距"下拉列表，选择合适的行距，此处选择"固定值"，"设置值"为"50磅"，在"段前"和"段后"微调框中分别选择合适的数值，此处分别设为"0.5 行"。

(4) 在"缩进"组中，设置合适的"左侧"微调框以及"右侧"微调框缩进字符，此处皆选择"1 字符"；在"特殊格式"中选择"首行缩进"，在对应的"磅值"微调框中选择"2 字符"；在"常规"组中单击"对齐方式"下拉按钮，选择合适的对齐方式，此处选择"左对齐"。

(5) 设置完毕即可。

3．插入图片

(1) 插入图片。根据题意，将光标置于正文下方，单击"插入"选项卡下"插图"组中的"图片"按钮，在弹出的"插入图片"对话框中选择合适的图片，此处选择"图片 2"，单击"插入"按钮。

(2) 选中图片，将鼠标指针置于图片右上角。

(3) 此时鼠标变成双向箭头状，拖动鼠标即可调整图片的大小。将图片调整至合适大小后，再利用光标插入点移动图片在文档中的左右位置。

4．页面设置

(1) 进行页面设置。单击"布局"选项卡下"页面设置"组中的"页边距"下拉按钮，在下拉列表中单击"自定义边距"。

(2) 在弹出的"页面设置"对话框中选择"页边距"选项卡。在"页边距"选项的"上"微调框中选择合适的数值，以适当加大文档的上边距为准，此处选择"3 厘米"。

(3) 单击"插入"选项卡下"页眉页脚"组中的"页眉"按钮，在弹出的下拉列表中选择"空白"选项。

(4) 在光标显示处输入本公司的联系电话"010-66668888"，单击"关闭页眉和页脚"按钮。

5. 利用邮件合并功能制作多份请柬

(1) 鼠标定位在"尊敬的"后面,删除"×××"。在"邮件"选项卡上的"开始邮件合并"组中,单击"开始邮件合并"下的"邮件合并分步向导"命令。

(2) 打开"邮件合并"任务窗格,进入"邮件合并分步向导"的第 1 步。在"选择文档类型"中选择一个希望创建的输出文档的类型,此处选择"信函"单选按钮。

(3) 单击"下一步:正在启动文档"超链接,进入"邮件合并分步向导"的第 2 步,在"选择开始文档"选项区域中选中"使用当前文档"单选按钮,以当前文档作为邮件合并的主文档。

(4) 接着单击"下一步:选取收件人"超链接,进入第 3 步,在"选择收件人"选项区域中选中"使用现有列表"单选按钮。

(5) 然后单击"浏览"超链接,打开"选取数据源"对话框,选择"重要客户名录.docx"文件后单击"打开"按钮。此时打开"选择表格"对话框,选择默认选项后单击"确定"按钮即可。

(6) 进入"邮件合并收件人"对话框,单击"确定"按钮完成现有工作表的链接工作。

(7) 选择了收件人的列表之后,单击"下一步:撰写信函"超链接,进入第 4 步。在"撰写信函"区域中选择"其他项目"超链接。

(8) 打开"插入合并域"对话框,在"域"列表框中,按照题意选择"姓名"域,单击"插入"按钮。插入完所需的域后,单击"关闭"按钮,关闭"插入合并域"对话框。文档中的相应位置就会出现已插入的域标记。

(9) 在"邮件合并"任务窗格中,单击"下一步:预览信函"超链接,进入第 5 步。在"预览信函"选项区域中单击"<<"或">>"按钮,可查看具有不同邀请人姓名和称谓的信函。

(10) 预览并处理输出文档后,单击"下一步:完成合并"超链接,进入"邮件合并分步向导"的最后一步。此处选择"编辑单个信函"超链接。

(11) 打开"合并到新文档"对话框,在"合并记录"选项区域中选中"全部"单选按钮。

(12) 最后单击"确定"按钮,Word 就会将存储的收件人的信息自动添加到请柬的正文中,并合并生成一个新文档。

(13) 将合并主文档以"请柬 1.docx"为文件名进行保存。

(14) 进行效果预览后,生成可以单独编辑的单个文档,并以"请柬 2.docx"为文件名进行保存。

最后,单击快速访问工具栏中的"保存"按钮,关闭所有文档。

第 3 章

电子表格 Excel 2016 高级应用

3.1 Excel 2016 简介

Excel 2016 是 Microsoft Office 2016 软件套装的组件之一，它是一个电子表格软件，用来取代传统的手工图表绘制。电子表格软件是办公自动化应用中非常重要的一类软件，它不仅能够方便地处理表格和进行图形分析，其更强大的功能体现在对数据的自动处理和计算方面，Excel 2016 可以帮助用户制作各种复杂的表格文档，进行烦琐的数据计算，并能对输入的数据进行各种复杂统计运算后将其显示为可视性极佳的表格，同时它还能形象地将大量枯燥无味的数据变为多种漂亮的彩色商业图表并显示出来，从而极大地增强了数据的可视性。另外，电子表格还能将各种统计报告和统计图打印出来。

3.1.1 Excel 2016 的基本概念

1. 工作簿与工作表

工作簿是指在 Excel 2016 环境中用来储存并处理数据的文件，Excel 2016 的工作簿的文件扩展名默认为 .xlsx，.xlsx 格式文件从 Excel 2007 开始被引入到 Office 产品中，它是一种压缩包格式的文件。Excel 2016 也兼容 Excel 2007 之前广泛使用的 .xls 文件格式。如果工作簿需要在 Excel 97～Excel 2003 环境下使用，则要把工作簿保存为 .xls 格式。每个工作簿又包含多个工作表，每个工作表都是一个相对独立的二维表格，这些工作表可以储存不同类型的数据，Excel 2016 中每个工作簿中可以包含无限数量的工作表。每一个工作簿文件在默认状态下打开 3 个工作表，分别以 Sheet1、Sheet2、Sheet3 命名。Excel 2016 默认的工作簿名是工作簿 1，2，3…，可以自行修改。工作表的名字显示在工作簿文件窗口底部的标签里，在标签上单击工作表的名字可以实现在同一工作簿中不同工作表间的切换。

2. 单元格

每个工作表由规则排列的长方形的小格子组成，这些小格子称为"单元格"，输入的数据都保存在这些单元格内。正在操作的单元格称为"活动单元格"。

3. 单元格区域

单元格区域是指一组被选中的单元格，可以是相邻的或彼此分离的。对一个单元格区域的操作就是对该区域中的所有单元格执行相同的操作。当单元格区域被选中后，所选范围内的所有单元格都变成蓝色，取消时又恢复原样。

3.1.2　Excel 2016 界面

在桌面上双击 Excel 2016 图标或者进入 Windows 开始菜单，选择"所有程序"→"Microsoft Office"→"Microsoft Excel 2016"，打开 Excel 2016，首先进入图 3.1 所示的 Excel 2016 空白工作簿界面。

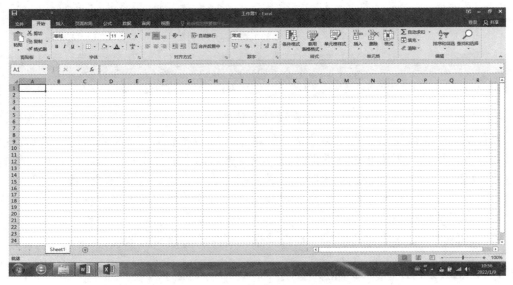

图 3.1　Excel 2016 空白工作簿界面

图 3.1 就是 Excel 2016 的工作界面，中间白色的网格就是工作表，其中行以数字编号，列以字母编号，通过行列编号就可以确定每一个单元格的名称，如 A 列 1 行，它的名称就是"A1"，在选中或者编辑某个单元格的内容时，这个单元格的名称就会在表格的左上角的名称框中显示出来。

Excel 2016 可以同时打开多个工作簿，每个打开的工作簿都表现为一个独立的 Excel 窗口，窗口最上方显示打开的工作簿名称，可以通过 Windows 的任务栏进行切换。在工作表下方有页面标签，默认有 1 个，名称为"Sheet1"，可以通过单击"+"按钮添加"Sheet2"和"Sheet3"工作表的页标签，这些页面属于同一个工作簿，单击标签可以在工作表之间切换，右键单击页标签可以在弹出菜单中插入、删除页以及编辑页的名称。

工作表上方是 Microsoft Office 2016 的菜单功能区，菜单界面将功能区的图标按功能分成几个页面的形式呈现，可以避免以前存在的工具栏显示占用太多屏幕空间的问题，也便于用户快速找到所需功能。每个组内部根据功能的不同也把图标进行了分类，不同类的图标之间有竖线分隔，下方显示类别名称。功能区的图标位置固定，无法像以前的工具栏一样可以在主界面内浮动，或者附着到左右边框上。

在功能区之上的是 Excel 2016 的标题栏，在菜单界面里没有了以往常见的排列成一行的主菜单，标题栏上显示当前编辑的工作簿名称和工作模式，在标题栏左边有一组图标，包含 ，这是 Excel 2016 的快速访问工具栏，默认只有存盘、撤销、重做 3 个功能，可以通过最右边的 来进行自定义，把功能区中属于各个组的图标加到快速访问工具栏中，这样无论何时都可以直接单击该图标，而无须先切换功能区的页面，再找图标。快速访问工具栏空间有限，应当只放置频繁用到的图标。

3.2　Excel 2016 的工作簿操作

3.2.1　Excel 2016 界面操作

在 Excel 2016 中新建工作簿的操作方法和在 Word 2016 中新建文档的方法一样，在功能区"文件"页中选择"新建"选项，在右侧单击"空白工作簿"后就可以新建一个空白的表格。也可以选择由模板建立工作簿，选择"脱机"，则 Excel 2016 给出了 Office.com 上的常用模板供选择。

1．打开工作簿

工作簿的打开操作是指打开一个已经存在的工作簿文件，单击"打开"选项，在列表中选择需要打开的工作簿文件，然后单击"打开"按钮即可。

2．保存工作簿

保存工作簿是把正在编辑的工作簿文件保存到磁盘上，以备下次继续编辑或使用。如果需要保存的是一个新建的工作簿，那么在保存时，应先为其命名，指定文件的存放位置，然后执行保存操作。

保存文件的常用方式有以下两种：

(1) 单击功能区里"文件"页中的"保存"命令。如果是第一次保存文件，则会弹出"另存为"对话框，要求为其命名并选择文件存放的路径，在"文件名"框中键入文件的名称，然后单击"保存"按钮。如果保存的是已有文件，则不会有任何提示。

(2) 在快速访问工具栏上单击 按钮。效果与方式(1)中的相同。

需要指出，如果保存的是一个已有文件，则保存后，原来的文件就被保存的数据所覆盖，无法恢复，如果想要保留原有文件，则可以使用功能区里"文件"页中的"另存为"命令，为需要保存的工作簿指定一个新的文件名或者路径，使得新的文件和旧的文件可以并存。

3．关闭工作簿

1) 关闭当前呈激活状态的窗口

选择要关闭的窗口，在功能区里"文件"页中单击"关闭"命令。或者单击功能区右上角的 按钮。

2) 退出整个应用程序

在功能区里"文件"页中单击"退出"命令，或者单击主界面右上角的 按钮都可以退出整个应用程序。

如果要关闭的工作簿经过编辑，尚未保存，则会弹出询问"是否保存修改"的对话框，如果需要保存，则单击"保存"按钮，否则单击"不保存"按钮放弃所修改的内容，选择"取消"则放弃关闭工作簿，继续保持打开状态。

3.2.2　Excel 2016 工作表编辑

制作一份表格首先要进行的工作是数据输入，单击要输入数据的单元格，就可以选中它作为输入的对象，这时它周围会呈现粗线框，表示它现在是活动单元格。选定单元格之后，就可以向里面输入数据了。Excel 2016 中允许使用的数据类型包括文本、数字、图表、声音等。在当前活动单元格中输入的数据都将保存在当前单元格中。在输入过程中，按下"Enter"键表示确认输入的数据，同时单元格指针自动移到下一个单元格，还可使用 Tab 键和方向键移动单元格指针，按下"Esc"键则可取消当前的输入。

1. 输入数据类型

1) 输入数字

在 Excel 2016 中，当建立新的工作表时，所有单元格都采用默认的通用数字格式。通用格式一般采用整数(如 123)和小数(如 1.23)格式，而当数字的整数位数大于 11 位或者长度超过单元格的宽度时，Excel 2016 将自动使用科学记数法来表示该数字，数字通常靠右对齐。

2) 输入文字

文字是指字符或者是任何数字和字符的组合。任何输入到单元格内的字符集，只要不被系统解释成数字、公式、日期、时间或逻辑值，就一律将其视为文字。对于全部由数字组成的字符串(比如邮政编码、电话号码等字符串)的输入，为了避免被认为是数字型数据，Excel 2016 提供了在这些输入项前添加单引号"'"的方法来区别是"数字字符串"而非"数字"数据。

3) 输入日期和时间

在 Excel 2016 中键入日期时，通常使用连字符分隔年、月、日，比如"2018-01-10""2018/01/10"或者"2018-01-10"等。当在单元格中输入可识别的日期和时间数据时，单元格的格式就会自动地从"通用"格式转换为相应的"日期"或"时间"格式，而不需要用户去设定该单元格为日期或时间格式，可以在同一单元格中键入日期和时间，但二者之间必须用空格分隔。例如，2018/01/10 17:00。

2. 数据输入方式

数据有以下两种输入方式。

1) 直接输入法

首先选定要输入数据的单元格，然后在单元格中输入文字，此时在编辑栏上将出现与单元格中相对应的内容，也可以不在单元格中输入而用鼠标单击编辑栏的输入框，在编辑栏中输入。这两种方法都可以实现文字的录入，前者较为直观，后者适合录入较多的内容。另外，也常在编辑栏中录入公式。

单元格中存在输入内容后，编辑栏上多出了"×"和"√"两个工具按钮。这两个工具按钮的作用是：

"×"：单击此按钮将取消此次输入，按"Esc"键与该按钮功能相同。

"√"：单击此按钮确认刚才的输入有效，完成输入操作，按"Enter"键与该按钮功能相同。

2）快速填充式输入

如果某些单元格需要输入相同的数据，则有 3 种方法可以完成。

(1) 利用单元格区域批量输入。首先批量选中需要输入的单元格：如果需要输入的单元格彼此相邻，则可以通过先用鼠标选中一个单元格，然后在不松开鼠标左键的状态下拖动的方法进行选择；如果需要输入的单元格彼此分散，则可以按住"Ctrl"键，逐个点选。被选中的单元格底色会变成蓝色，当所有需要输入的单元格都被选中后，它们就组成了单元格区域，然后用键盘键入需要输入的内容，按"Ctrl + Enter"键结束，则单元格区域内所有单元格都被填入所输入的数据。

(2) 通过填充柄进行行列填充。当选中一个单元格时，会发现它的边框的右下角有一个和边框同色的方块，这个方块叫作填充柄，如图 3.2 所示。利用填充柄可以进行表格中一行或者一列的填充。具体实现方法如下：

图 3.2　填充柄

先在第一个单元格中输入数据，然后将光标移动到单元格的右下角填充柄处，光标会变为一个没有箭头的小黑十字，按住"Ctrl"键，拖动填充柄至该单元格所在行或者列需填充的最后一个单元格。松开鼠标后就会发现，填充柄所经过的单元格都被填充了第一个单元格的内容。

(3) 通过填充柄创建填充序列。首先选定作为初始值的单元格，然后拖动单元格填充柄进行填充。如果初始单元格内容是一般文字，则效果和前面的行列填充是一样的，而如果单元格中存在数字或者其他能够构成序列元素的内容，则 Excel 2016 在填充时会将它看成是一个序列，并能预测序列的趋势，在相邻的单元格中填入相同趋势的数据。

例如，在 C4 中输入数字 5，然后将鼠标放到填充柄处，此时鼠标将变成黑色十字形状，接着拖动鼠标，使得 C5～C8 都被选中，默认填充内容都是数字 5，按住"Ctrl"键，重复刚才的拖动，每个单元格填充的数据自动增加 1。Excel 2016 还增加了对数据的快速分析的弹出显示，如图 3.3 所示。

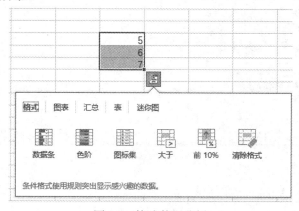

图 3.3　快速数据分析

另外，通过填充柄填充，还可直接识别连续的数字和递增的等差数列。例如，在连续两个单元格内输入 5、7，然后将这两个单元格一起选中，接着拖动填充柄，其他连续的单元格内将按照 5 和 7 的差值自动填充为 9、11、13…。

"自动填充"功能还可以完成时间和日期等序列的填充。例如：

键入 Monday 填充时可以自动填充 Tuesday、Wednesday、Thursday 和 Friday。

键入 January 填充时可以自动填充 February、March 和 April。

键入星期一填充时可以自动填充星期二、星期三…

在功能区"开始"选项卡中单击"填充"图标，在弹出的列表中选择"系列"命令，出现如图 3.4 所示的填充序列设置对话框，在此可设置"等差序列""等比序列""日期"等序列的填充，同时还可确定步长值、终止值及按行还是按列填充。

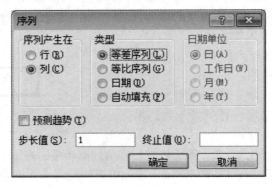

图 3.4 序列填充

单击功能区"文件"选项卡中的"选项"命令，在弹出的选项对话框的左边列表中选择"高级"，在右边列表中单击"常规"一栏中的"编辑自定义列表"按钮，就可以自己定义序列，如图 3.5 所示。

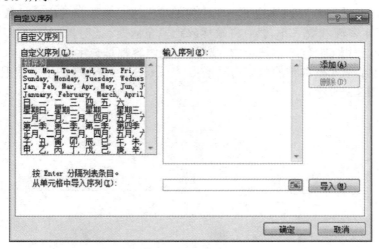

图 3.5 自定义填充

3.2.3 编辑表格

1. 编辑单元格内容

要编辑单元格中的数据，可以用鼠标左键双击待编辑的单元格，出现竖线样式的闪动光标时，直接在单元格中进行编辑。也可以单击选中需要编辑的单元格后，再单击上方编辑栏的输入框，在输入框中进行编辑。编辑完成后按"Enter"键确认，如果要取消修改，则可按"Esc"键。

2．单元格的复制粘贴

要将单元格中的内容复制到其他单元格中，首先应选中要复制的单元格或者单元格区域，如果要复制整行或者整列，则单击相应的行号或列号，就可以选中这一行或这一列，也可以用按住左键拖动的方法选择多行或多列；然后右键单击选择快捷菜单中的"复制"命令或者使用功能区"开始"选项卡中的 ▤▤ 复制 ▾ 图标进行复制；最后鼠标移到要粘贴的位置，右键单击选择快捷菜单中的"粘贴"命令或者使用功能区"开始"选项卡中的 ▤ 图标即可将所选内容粘贴过来。还有更简单的方法，在选中单元格区域后，将鼠标移到其边框处，当光标变为带箭头的十字标记时，同时按下"Ctrl"键和鼠标左键并拖动到要粘贴的位置即可。

当复制的区域中不仅包含数值，还包含公式、格式和批注时，可以使用"选择性粘贴"，有选择地进行粘贴，方法如下：

首先选择源单元格，并进行"复制"操作，然后在目标单元格中单击鼠标右键，在弹出的快捷菜单中选择"选择性粘贴"命令，在弹出的子菜单中选择要粘贴的项目，也可以单击最下方的"选择性粘贴"，打开"选择性粘贴"对话框，在"粘贴"选项组中选择合适的粘贴项目，单击"确定"按钮进行粘贴，如图 3.6 所示。

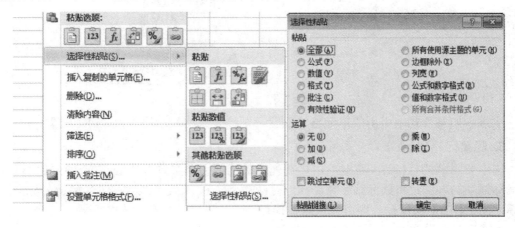

图 3.6　选择粘贴

3．单元格内容的移动

移动单元格内容的操作是：在选中单元格区域后，将鼠标移到其边框处，当光标变为带箭头的十字标记时，直接按住鼠标并拖动到要粘贴的位置，或者利用快捷菜单或功能区图标的剪切/粘贴功能完成。

4．插入单元格、行或列

要插入空白的单元格，首先在所选位置上根据需要选择相应大小的单元格区域。要插入一行，选择需插入新行之下的行中的任意单元格。例如，若要在第 6 行之上插入一行，则单击第 6 行中的任意单元格。若要插入多行，则选择需插入新行之下的若干行(插入的行数与选定的行数相等)。

若要插入一列，则选择需插入新列右侧的列中的任意单元格。例如，若要在 C 列左侧插入一列，则单击 C 列中的任意单元格。若要插入多列，则选择需要插入新列右侧的若干列(插入的列数与选定的列数相等)。

选择好后，单击鼠标右键，在弹出的快捷菜单中选择"插入"选项，弹出如图 3.7 所示的对话框。根据需要选择插入方式。也可以使用功能区"开始"选项卡中的"插入"图标来实现。

图 3.7　插入界面

5. 删除单元格、行或列

要进行删除操作，首先选定要删除的单元格、行或列，然后在功能区"开始"选项卡中单击"删除"图标。如果要删除单元格，则可以直接单击图标；如果需要删除整行、整列，则可以单击图标下方的"删除"文字，在列表中选择删除整行、整列。也可以在选定之后，右键单击，在弹出的快捷菜单中选择"删除"命令，在弹出的如图 3.8 所示的对话框中选择要删除的选项。

图 3.8　删除界面

注意：如果公式中引用的单元格被删除，则该公式将显示错误值"#REF！"。

6. 隐藏行、列

选中要隐藏的行(列)，右键单击，在弹出的快捷菜单中选择"隐藏"命令。也可以采用鼠标拖动的办法：将鼠标移至待隐藏的行(列)标的下(右)交界线，此时光标变为标准分隔光标，向上(左)拖动鼠标，即可完成隐藏操作。

若要取消隐藏，则可以在行(列)标区选中隐藏行(列)上下(左右)的两行(列)，单击鼠标右键，在弹出的快捷菜单中选择"取消隐藏"即可。

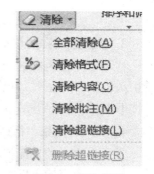

7. 清除单元格格式和内容

1) 采用功能区图标清除

选定需要清除其格式或内容的单元格、行或列。在功能区"开始"选项卡中选择"清除"图标，在列表中根据需要选择清除的种类——全部清除、清除格式、清除内容、清除批注和清除超链接，如图 3.9 所示。

图 3.9　清除界面

2）用键盘删除

选定需要清除内容的单元格、行或列。按 Delete 键，可清除单元格的内容。

8. 查找与替换

用户可以按指定的方式、指定的条件在指定的范围内进行查找操作。其实现步骤是：首先选中要搜索的区域。在功能区"开始"选项卡中选择"查找和选择"图标，在列表中选择"查找"，弹出"查找和替换"对话框，直接输入要查找的内容。单击右下角的"选项"按钮，可以显示查找的选项，如图 3.10 所示。在"范围""搜索""查找范围"栏分别选择合适的项目。若选中"区分大小写"，则可在搜索字符串时区分大小写；若选中"单元格匹配"，则在比较字符串时必须与单元格内整个字符串完全一致。单击"查找下一个"按钮开始查找，查找到第一个符合条件的单元格时，会在这个单元格停下来等待用户进行替换操作或者继续查找。按"Esc"键可以中止查找。

图 3.10　"查找"选项卡

对满足指定条件、指定范围的单元格内容可以进行指定的替换操作。其实现步骤是：在功能区"开始"选项卡中选择"查找和选择"图标，在列表中选择"替换"，弹出"查找和替换"对话框，单击右下角的"选项"按钮，可以显示替换的选项，如图 3.11 所示。在"查找内容"栏中输入被换的内容；在"替换为"栏中输入新的内容，然后选择搜索的方向、方式等。单击"全部替换"可以替换查找到的符合条件的全部内容；如果不需要全部替换，则可以先单击"查找下一个"按钮进行查找，光标停在符合条件的单元格，如果需要替换，则单击"替换"按钮，如果不需要替换，则可以单击"查找下一个"按钮继续查找，或者按"Esc"键中止。

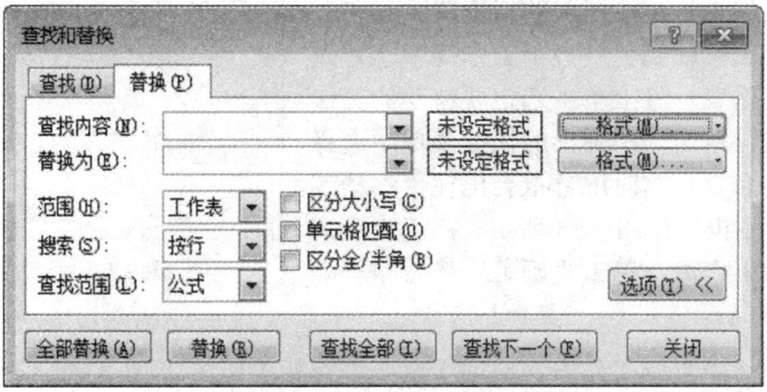

图 3.11　"替换"选择卡

3.2.4　工作表操作

1. 工作表的切换

一个工作簿文件可以包含若干个工作表。在工作簿中可进行表的插入、删除、移动、复制、重命名等操作，还可以将一个工作表分割、冻结，或执行在不同的工作表间复制数据、插入新表等操作。工作簿的各个工作表中只有一个为当前工作表，可以利用工作表标签快速地在不同的工作表之间进行切换。在切换工作表的过程中，如果该工作表的名字显示在屏幕左下方的标签中，则可以单击对应的标签，进行切换。

如果要切换的工作表标签没有显示在当前的工作表标签中，则可以通过快捷键或滚动按钮的操作来实现工作表的切换。

2. 插入或删除工作表

1) 插入工作表

在一个新打开的工作簿中通常默认含有一张工作表，即"Sheet1"，若要插入一张工作表，则可鼠标单击工作表标签右边的"+"按钮，一张新的工作表将插入到工作簿中并被命名为"Sheet2""Sheet3"…，如图 3.12 所示。

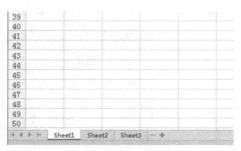

图 3.12　工作表标签

2) 删除工作表

若要"删除"一张工作表，则可以在想要将其删除的工作表标签上单击鼠标右键，在弹出的快捷菜单中单击"删除"命令，并在打开的对话框中单击"确定"按钮即可。一个工作表被删除后，该工作表后面的工作表将成为新的活动工作表。

3. 移动、复制工作表

1) 移动工作表

在工作簿中移动工作表，只需用鼠标选中要移动的工作表，然后沿着标签行拖动选中的工作表到达新的位置，之后松开鼠标即可将工作表移动到新的位置。在拖动过程中，屏幕上会出现一个黑色的三角形来指示工作表将要被插入的新位置。

也可将工作表移动到另外一个工作簿中，首先在源工作簿的工作表标签上单击选定要移动的工作表标签，然后右键单击，在弹出的快捷菜单中选择"移动或复制"命令，这时屏幕上会出现"移动或复制工作表"对话框，如图 3.13 所示。在工作簿列表框中选择目的工作簿，单击"确定"按钮即可。

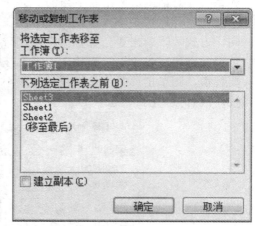

图 3.13　移动复制工作表

2) 复制工作表

在同一工作簿中复制工作表，应用于两张表格相类似的情况。有一张旧表，就不必建立一张新表，而只需将旧表复制一份，然后对其中个别项目进行修改即可。

其操作过程只是在移动的同时按住"Ctrl"键。新工作表的名字以旧工作表的名字+"(2)"来命名。若要将工作表复制到其他工作簿中，则只需要按前面介绍的移动工作表的方式操作即可。只是当选择了"目的"工作簿之后，再选择"建立副本"复选框即可完成。

4. 重新命名工作表

可以改变系统自动给定的工作表名，从而进行更加有效的管理。双击选中的工作表标签，也可以右键单击标签，选择快捷菜单中的重命名命令。这时屏幕上会看到名字反黑显示进入编辑状态，直接输入新的名字即可。按"Enter"键后，会看到新的名字已经出现在工作表标签中，代替了原来的名字。

5. 同时操作多个工作表

需要在多个工作表中输入相同的数据时，可以先将这些工作表全部选定，使之成为一个工作组，然后再进行输入操作。

要选定多个工作表，可执行操作：按下"Ctrl"或"Shift"键的同时，用鼠标单击各工作表标签，即可选定多个工作表。按"Ctrl + Shift + PageDown"键可以向后选定多个工作表。按"Ctrl + Shift + PageUp"键可以向前选定多个工作表。

3.3　Excel 2016 中的公式和函数

电子表格系统除了能进行一般的表格处理外，还具有很强的数据处理能力。Excel 2016 允许使用公式对数值进行计算并提供了大量的函数，可以自如地汇总、转换、计算电子表格中的所有数据。

3.3.1　使用公式进行计算

1. 输入公式

公式是包括下列要素的数学算式：数值、引用、名称、运算符和函数。在 Excel 2016 中，所有的公式都以等号"="开头。在单元格中输入公式的步骤如下：

(1) 选择要输入公式的单元格。

(2) 在编辑栏的输入框中输入一个"="。

(3) 输入一个公式。

(4) 按"Enter"键确认。

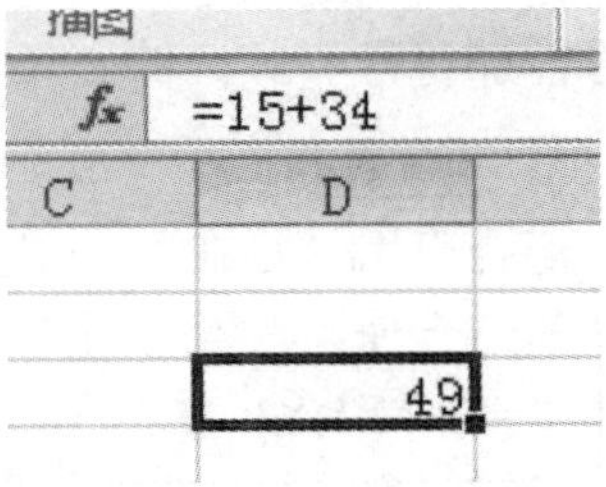

通常当输入公式后，在单元格中显示的不是公式本身，而是公式的计算结果，公式本身则在编辑栏的输入框中反映，如图 3.14 所示。

图 3.14　输入公式

对于公式，可以使用多种数学运算符号来完成，如+、−、*、/、%、^(乘方)、&(连接字符串)等。还可以使用比较运算符，根据公式来判断条件，返回逻辑结果 true(真)或 false(假)。

运算符符号及优先级：( )、−(负号)、%、^、*、/、+、−(减号)。

比较运算符：=、<>、<、>、>=、<=。

2. 数据的自动计算

利用 Excel 2016 功能区 "开始" 选项卡中的 "自动求和" 按钮可实现自动累加一列或一行数据，具体操作如下：

(1) 选中欲放置累加数据的总和的单元格。

(2) 单击 "自动求和" 按钮。

(3) 选取要求和的单元格的范围。

(4) 按 "Enter" 键。

自动求和实际上是使用了 Excel 2016 的 SUM( )函数，只不过不需要用户自己输入，而是由系统完成，除了求和之外，单击 "自动求和" 文字右侧的下三角按钮，可以选择其他常用的函数，如图 3.15 所示。

图 3.15　自动计算函数列表

3. 单元格的引用

在表格应用中经常需要对表格中的数据进行计算，因此公式必然要包含单元格内容的引用，引用单元格的内容要使用单元格的行列地址作为该单元格的标识，例如引用 D 列第 3 行的单元格，则在公式中用 D3 表示。根据引用效果的不同，单元格引用可以分为 3 个类别：相对引用、绝对引用和混合引用。

1) 相对引用

相对引用是指公式中对于引用的单元格地址保存的并不是固定在该地址给出的位置，而是记录该地址与公式所在单元格的相对位置关系。如果把一个含有单元格地址的公式复制到一个新的位置，那么公式中的单元格地址会随之改变，而新的单元格地址和公式所在新单元格的相对位置关系不会改变，这样可以很方便地进行公式的批量应用。例如，在学生的成绩单里要计算学生的各科成绩总分，只需要在第一个学生的总分那一项中输入各科成绩相加的公式，例如 "=B3+C3"，然后拖动填充柄填充到所有学生的行就可以得到所有学生的各科总成绩。

2) 绝对引用

绝对引用是指把公式复制到新位置时，单元格地址不变。设置绝对地址需要在行号和列号前加符号 "$"，例如 "=$B$3+$C$3"。绝对引用拖动填充柄时，引用单元格不变。

3) 混合引用

混合引用是指在一个单元格地址中，既包含相对地址引用，又包括绝对地址引用，是两者的结合使用。混合引用有 "绝对列和相对行"，或是 "绝对行和相对列" 两种形式。前者如 "=SUM($A3: $E3)"，后者如 "=SUM(A$3: E$3)"。

三维引用，上面的几个实例引用的都是同一工作表中的数据，如果要分析同一工作簿中多张工作表上的数据，则要使用三维引用。假如公式放在工作表 Sheet1 的 C6 单元格中，要引用工作表 Sheet2 的 "A1:A6" 和 Sheet3 的 "B2:B9" 区域进行求和运算，则公式中的引用形式为 "=SUM(Sheet2!A1:A6,Sheet3!B2:B9)"。也就是说，三维引用中不仅包含单元格或区域引用，还要在前面加上带 "!" 的工作表名称。假如要引用的数据来自另一个工作簿，如工作簿 Book1 中的 SUM 函数要绝对引用工作簿 Book2 中的数据，则其公式为

"=SUM([Book2]Sheet1!\$A\$1:\$A\$8, [Book2]Sheet2!\$B\$1:\$B\$9)"，也就是在原来单元格引用的前面加上"[Book2]Sheet1!"。放在中括号里面的是工作簿名称，带"!"的则是其中的工作表名称，即跨工作簿引用单元格或区域时，引用对象的前面必须用"!"作为工作表分隔符，再用中括号作为工作簿分隔符。不过三维引用要受到较多的限制，例如不能使用数组公式等。

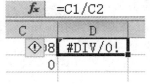

4. 公式的错误信息

当公式中出现错误而无法进行运算时，在公式所在的单元格中无法显示正确结果，此时单元格中会显示相应的错误信息，根据错误信息，用户可以判断到底是出了什么样的错误。例如在 C1 中输入数字 128，在 C3 中输入数字 0，在

图 3.16　引用错误提示

D1 中输入公式"=C1/C2"，由于除数为 0，因此出现错误，在 D1 中出现的不是计算结果而是错误信息，如图 3.16 所示。

常见错误如表 3-1 所示。

表 3-1　错误信息说明

错　误　值	说　　明
####	表明计算结果太长超过了单元格宽度
#DIV/0!	公式被零除
#NIA	没有可用的数值
#NAME	Excel 2016 不识别公式中使用的名字
#NULL!	指定的两个区域不相交
#NUM!	数字有问题
#REF!	公式引用了无效的单元格
#VALUE!	参数或操作数的类型有错

3.3.2　函数的使用

为了能够更方便地进行数据的运算，Excel 2016 为用户提供了一系列的函数，函数实际是内置的公式，能够完成更复杂的计算。它能够自如地汇总、转换、计算和操作电子表格中的所有数据。

1. 函数的类型

函数有以下几种类型：

(1) 日期和时间函数：这些函数可根据参数返回一个特定的日期与时间序列。

(2) 数学与三角函数：函数常用的三角函数和数学函数。

(3) 统计函数：提供对数据常用的统计运算功能。

(4) 查找与引用函数：提供在工作表或工作簿之间查找数据并返回引用位置的功能。

(5) 文本函数：提供对字符串操作的一组函数。

(6) 逻辑函数：提供通用的逻辑函数，可控制运算的流程和逻辑判断能力。

(7) 财务函数：提供制作财务报表中需要的函数。

2. 函数的语法

函数可以看作具有特定语法的公式，语法主要有以下几点。

(1) 函数是一种特殊的公式，因此所有的函数要以"="开始。

(2) 函数是预定义的内置公式，每个函数都有一个特定的函数名，通过函数名来调用其运算方法。

(3) 函数使用被称为参数的特定数值，并按特定顺序进行计算，参数要放在函数名后面的括号中。

(4) 函数的书写格式为：函数名(参数 1，参数 2，参数 3…)，函数名与括号之间没有空格，括号要紧跟在数字之后，参数之间用逗号隔开，逗号与参数之间也不要插入空格和其他字符。

例如，要计算 D4 和 D6 两个单元格的和，可以这样输入函数：=SUM(D4，D6)。其中 SUM 是求和函数，D4、D6 是单元格引用。

(5) 如果一个函数的参数行后面跟有省略号(...)，则表明可使用多个该种数据类型的参数。

(6) 名称后带有一组空格号的函数不需要任何参数，但是使用时必须带括号，以使 Excel 2016 能识别该函数。

(7) 函数调用中单元格区域的表示方法。

独立地址：各地址用逗号(,)分隔，例如 =SUM(A1,A3)，表示 A1 和 A3 两个单元格的和。

连续地址：首尾地址用冒号(:)连接，例如 =SUM(A1:A3)，表示计算 A1 到 A3 的 3 个单元格 A1、A2、A3 的和。

混合地址：例如 =SUM(A1:A8, B3)，表示计算 A1、A2、A3、A4、A5、A6、A7、A8 以及 B3 的和。

3. 函数的输入方法

对 Excel 2016 公式而言，函数是其中的主要组成部分，因此公式输入可以归结为函数输入的问题。

1) "插入函数"对话框

"插入函数"对话框是 Excel 2016 输入公式的重要工具，以公式"=SUM(Sheet2! A1: A6, Sheet3!B2: B9)"为例，Excel 2016 输入该公式的具体过程如下：

首先选中存放计算结果(即需要应用公式)的单元格，单击编辑栏(或工具栏)中的"fx"按钮，则表示公式开始的"="出现在单元格和编辑栏；然后在打开的"插入函数"对话框的"选择函数"列表中找到"SUM"函数，如果需要的函数不在里面，则可以打开"选择类别"下拉列表进行选择；最后单击"确定"按钮，在单元格中会出现"=SUM()"。对 SUM 函数而言，它可以使用从数值 1 开始直到数值 30 共 30 个参数。对上面的公式来说，首先应当把光标放在括号中，单击工作簿中的"Sheet2!"工作表标签，连续选择 A1: A16 区域，按住"Ctrl"键，单击"Sheet3!"，选择 B2:B9 区域，回车即可。上述方法的最大优点就是引用的区域很准确，特别是三维引用时不容易发生工作表或工作簿名称输入错误的问题。

2) 编辑栏输入

如果要套用某个现成公式，或者输入一些嵌套关系复杂的公式，则利用编辑栏输入更加快捷。

选中存放计算结果的单元格，鼠标单击 Excel 2016 编辑栏，按照公式的组成顺序依次输入各个部分，公式输入完毕后，单击编辑栏中的"输入"(即"√")按钮(或回车)即可。手工输入时同样可以采取上面介绍的方法引用区域，以公式"=SUM(Sheet2!A1:A6, Sheet3!B2:B9)"为例，可以先在编辑栏中输入"=SUM()"，然后将光标插入括号中间，再按上面介绍的方法操作就可以引用输入公式了。但是分隔引用之间的逗号必须用手工输入，而不能像"插入函数"对话框那样自动添加。

3) 使用功能区"公式"选项卡的"函数库"组

在功能区的"公式"选项卡最左端的"函数库"组中分类列出了 Excel 2016 的所有函数，如果不记得确切的函数名，则可以在这里根据函数的用途快速查找到。首先选中存放计算结果的单元格，然后单击函数所属的类型，在列表中选中需要的函数，该函数就会出现在选中的单元格内，并弹出一个输入函数参数的对话框，填写好参数后，单击"确定"按钮，即可完成函数输入。"函数库"组如图 3.17 所示。

图 3.17　"函数库"组

4. 常用函数介绍

1) 求和函数 SUM()

作用：返回某一单元格区域中所有数字之和。

语法：SUM(number1, number2, ...)

参数：number1，number2，...为 1～30 个需要求和的参数。

说明：直接键入到参数表中的数字、逻辑值及数字的文本表达式将被计算。如果参数为数组或引用，则只有其中的数字将被计算，数组或引用中的空白单元格、逻辑值、文本或错误值将被忽略。如果参数为错误值或为不能转换成数字的文本，则会导致错误。

2) 求平均数函数 AVERAGE()

作用：返回参数的平均值(算术平均值)。

语法：AVERAGE(number1, number2, ...)

参数：number1，number2，...为需要计算平均值的 1～30 个参数。

说明：① 参数可以是数字，或者是包含数字的名称、数组或引用。② 如果数组或引用参数包含文本、逻辑值或空白单元格，则这些值将被忽略，但包含零值的单元格将计算在内。③ 当对单元格中的数值求平均值时，应牢记空白单元格与含零值单元格的区别，尤其在"选项"对话框中的"视图"选项卡上已经清除了"零值"复选框的条件下，空白单元格不计算在内，但计算零值。若要查看"选项"对话框，则单击"工具"菜单中的"选项"命令。

3) 条件判断函数 IF()

作用：执行真假值判断，根据逻辑计算的真假值，返回不同结果。

语法：IF(logical_test，value_if_true，value_if_false)

参数：logical_test 表示计算结果为 TRUE(真)或 FALSE(假)的任意值或表达式；value_if_true 表示 logical_test 为 TRUE(真)时返回的值；value_if_false 表示 logical_test 为 FALSE(假)时返回的值。

说明：① 函数 IF 可以嵌套 7 层，用 value_if_false 及 value_if_true 参数可以构造复杂的检测条件。② 在计算参数 value_if_true 和 value_if_false 后，函数 IF 返回相应语句执行后的返回值。③ 如果函数 IF 的参数包含数组，则在执行 IF 语句时，数组中的每一个元素都将计算。

4) 计数函数 COUNT()

作用：返回包含数字及参数列表中的数字的单元格的个数。利用函数 COUNT 可以计算单元格区域或数字数组中数字字段的输入项个数。

语法：COUNT(value1，value2，...)

参数：value1，value2，...为包含或引用各种类型数据的参数(1~30 个)，但只有数字类型的数据才被计算。

说明：函数 COUNT 在计数时，将把数字、日期或以文本代表的数字计算在内，但是错误值或其他无法转换成数字的文字将被忽略。

实例：如果 A1=90，A2=人数，A3="　"，A4=54，A5=36，则公式"=COUNT(A1:A5)"返回 3。

如果参数是一个数组或引用，那么只统计数组或引用中的数字；数组或引用中的空白单元格、逻辑值、文字或错误值都将被忽略。如果要统计逻辑值、文字或错误值，则使用函数 COUNTA。

5) 求最大值函数 MAX( )

作用：返回一组值中的最大值。

语法：MAX(number1，number2，...)

参数：number1，number2，...要从中找出最大值的参数，最少两个参数，最多允许 30 个参数。

说明：可以将参数指定为数字、空白单元格、逻辑值或数字的文本表达式。如果参数为错误值或不能转换成数字的文本，则会产生错误。

实例：如果 A1=71，A2=83，A3=76，A4=49，A5=92，A6=88，A7=96，则公式"=MAX(A1:A7)"返回 96。

如果参数为数组或引用，则只有数组或引用中的数字将被计算。数组或引用中的空白单元格、逻辑值或文本将被忽略。如果逻辑值和文本不能忽略，则使用函数 MAXA 来代替。如果参数不包含数字，则函数 MAX 返回 0(零)。

MIN()是求最小值函数，用法同 MAX()。

6) 取整函数 INT()

作用：将数字向下舍入到最接近的整数。

语法：INT(number)

参数：number 是需要进行向下舍入取整的实数。

7) 四舍五入函数 ROUND()

作用：返回某个数字按指定位数取整后的数字。

语法：ROUND(number，num_digits)

参数：number 是需要进行四舍五入的数字。num_digits 是指定的位数，按此位数进行四舍五入。

说明：如果 num_digits 大于 0，则四舍五入到指定的小数位；如果 num_digits 等于 0，则四舍五入到最接近的整数；如果 num_digits 小于 0，则在小数点左侧进行四舍五入。

8) 条件计数函数 COUNTIF()

作用：计算区域中满足给定条件的单元格的个数。

语法：COUNTIF(range，criteria)

参数：range 为需要计算其中满足条件的单元格数目的单元格区域；criteria 为确定哪些单元格将被计算在内的条件，其形式可以为数字、表达式或文本。例如，条件可以表示为 32、"32"、">32" 或 "apples"。

说明：Excel 2016 提供其他函数，可用来基于条件分析数据。例如，若要计算基于一个文本字符串或某范围内的一个数值的总和，则可使用 SUMIF(1)函数。若要使公式返回两个基于条件的值之一，例如某指定销售量的销售红利，则可使用 IF( )函数。

9) 与函数 AND()

作用：所有参数的逻辑值为真时，返回 TRUE；只要有一个参数的逻辑值为假，即返回 FLASE。

语法：AND(logical1，logical2，...)

参数：logical1，logical2，...表示待检测的 1~30 个条件值，各条件值可为 TRUE 或 FALSE。

说明：① 参数必须是逻辑值 TRUE 或 FALSE，或者包含逻辑值的数组或引用。② 如果数组或引用参数中包含文本或空白单元格，则这些值将被忽略。③ 如果指定的单元格区域内包括非逻辑值，则 AND 将返回错误值 "#VALUE!"。

10) 或函数 OR()

作用：在其参数组中，任何一个参数逻辑值为 TRUE，即返回 TRUE；所有参数的逻辑值为 FALSE，才返回 FALSE。

语法：OR(logical1，logical2，...)

参数：logical1，logical2，...为需要进行检验的 1~30 个条件表达式。

说明：① 参数必须能计算为逻辑值，如 TRUE 或 FALSE，或者为包含逻辑值的数组或引用。② 如果数组或引用参数中包含文本或空白单元格，则这些值将被忽略。如果指定的区域中不包含逻辑值，则函数 OR 返回错误值 "#VALUE!"。③ 可以使用 OR 数组公式来检验数组中是否包含特定的数值。若要输入数组公式，则按 "Ctrl + Shift + Enter" 键。

11) 列查找函数 VLOOKUP( )

作用：列查找函数也叫垂直查询函数，用来核对数据，在多个表格之间快速导入数据，按列查找，最终返回该列所需查询序列所对应的值；与之对应的 HLOOKUP 是按行查找的。

语法：VLOOKUP(lookup_value,table_array,col_index_num,[range_lookup])

参数：该函数对应的参数为 VLOOKUP(匹配查找值，查找区间，反馈回的时候是第几列，精准(0 或 false)/模糊匹配(1 或 true))。

说明：在 table_array 的第一列中搜索文本值时，须确保 table_array 第一列中的数据不包含前导空格、尾部空格、非打印字符或者未使用不一致的直引号（' 或 "）与弯引号（' 或 "）。否则，VLOOKUP 可能返回不正确或意外的值。

垂直查询函数如图 3.18 所示。

	A	B	C	D E F
1	姓名	成绩	表1	
2	李红	100	#N/A	=VLOOKUP(A2, A9:B12, 2, FALSE)
3	李磊	95	2018003	=VLOOKUP(A3, A9:B12, 2, FALSE)
4	韩梅梅	75	2018001	=VLOOKUP(A4, A9:B12, 2, FALSE)
5	赵强	80	2018002	=VLOOKUP(A5, A9:B12, 2, FALSE)
6			2018001	=VLOOKUP(A2, A9:B12, 2, TRUE)
7				
8	姓名	学号	表2	用表1中的姓名作为匹配查找
9	韩梅梅	2018001		值，在表2（查找区间）中，查
10	赵强	2018002		询，如果有，则反馈第2列数据，
11	李磊	2018003		精准匹配
12	李红2	2018004		

图 3.18　垂直查询函数

注：VLOOKUP 是可以跨表查询的，但是有几个要求：① 表格的后缀(版本)是一样的；② 第一列必须是匹配查找值所对应的；③ 匹配查找区域内不能有合并的单元格。

行匹配填充函数 HLOOKUP 参照 VLOOKUP 函数。

12）排位函数 RANK( )

作用：返回一个数值在一组数值中的排位(如果数据清单已经排过序了，则数值的排位就是它当前的位置)。

语法：RANK(number，ref，order)

参数：number 是需要计算其排位的一个数字；ref 是包含一组数字的数组或引用(其中的非数值型参数将被忽略)；order 为一个数字，指明排位的方式。如果 order 为 0 或省略，则按降序排列的数据清单进行排位。如果 order 不为零，则 ref 当作按升序排列的数据清单进行排位。

注意：函数 RANK 对重复数值的排位相同，但重复数的存在将影响后续数值的排位。如在一列整数中，若整数 60 出现两次，其排位为 5，则 61 的排位为 7(没有排位为 6 的数值)。

实例：如果 A1=78，A2=45，A3=90，A4=12，A5=85，则公式"=RANK(A1，$A$1:$A$5)"返回 3、4、1、5、2。

排位函数如图 3.19 所示。

13）单一条件求和函数 SUMIF( )

作用：计算符合指定条件的单元格

B1		× ✓ fx	=RANK(A1,$A$1:$A$5)		
	A	B	C	D	E
1	78	3			
2	45	4			
3	90	1			
4	12	5			
5	85	2			

图 3.19　排位函数

区域内的数值和。

语法：SUMIF(range，criteria，sum_range)

参数：range 为条件区域，用于条件判断的单元格区域；criteria 为求和条件，是由数字、逻辑表达式等组成的判定条件；sum_range 为实际求和区域，是需要求和的单元格、区域或引用。

当省略第三个参数时，条件区域就是实际求和区域。

单一条件求和函数如图 3.20 所示。

图 3.20　单一条件求和函数

14）多条件求和函数 SUMIFS( )

作用：快速对多条件单元格求和。

语法：SUMIFS(sum_range,criteria_range1,criteria1,[criteria_range2,criteria2],...)

参数：criteria_range1 为计算关联条件的第一个区域。criteria1 为条件 1，条件的形式为数字、表达式、单元格引用或者文本，可用来定义将对 criteria_range1 参数中的哪些单元格求和。例如，条件可以表示为 32、">32"、B4、"苹果"、或"32"。criteria_range2 为计算关联条件的第二个区域。criteria2 为条件 2，与 criteria_range2 均成对出现。最多允许 127 个区域、条件对，即参数总数不超 255 个。sum_range 是需要求和的实际单元格，包括数字或包含数字的名称、区域或单元格引用，忽略空白值和文本值。

多条件求和函数如图 3.21 所示。

图 3.21　多条件求和函数

15）求余数函数 MOD( )

语法：MOD(number,divisor)

参数：number 为被除数，divisor 为除数。

结果为整除后的余数。

16）条件求平均函数 AVERAGEIF( )和 AVERAGEIFS( )

用法参照 SUMIF( )与 SUMIFS( )。

17) 单条件统计函数 COUNTIF( )

语法：COUNTIF (区域，"条件")

作用：根据给定的单一条件统计区域内满足这个条件的单元格个数。

18) 多条件统计单元格个数函数 COUNTIFS( )

语法：COUNTIFS(区域，"条件"，区域，"条件"...)

作用：根据每个区域内给定的条件统计同时满足这些条件的单元格个数。

19) 折旧函数 SLN( )

作用：返回某项资产在一个期间中的线性折旧值。

语法：SLN(cost，salvage，life)

参数：cost 为资产原值；salvage 为资产在折旧期末的价值(也称为资产残值)；life 为折旧期限(有时也称作资产的使用寿命)。

20) 累计偿还利息数额函数 CUMIPMT( )

作用：返回一笔贷款在给定的 start_period 到 end_period 期间累计偿还的利息数额。

语法：CUMIPMT(rate，nper，pv，start_period，end_period，type)

参数：rate 为利率；nper 为总付款期数；pv 为现值；start_period 为计算中的首期(付款期数从 1 开始计数)；end_period 为计算中的末期；type 为付款时间类型(0(零)为期末付款，1 为期初付款)。

21) 固定利率及等额分期函数 IPMT( )

作用：基于固定利率及等额分期付款方式，返回投资或贷款在某一给定期限内的利息偿还额。

语法：IPMT(rate，per，nper，pv，fv，type)

参数：rate 为各期利率；per 用于计算其利息数额的期数(1 到 nper 之间)；nper 为总投资期；pv 为现值(本金)；fv 为未来值(最后一次付款后的现金余额，如果省略 fv，则假设其值为零)；type 指定各期的付款时间是在期初还是期末(0 为期末，1 为期初)。

22) 未来值函数 FV( )

作用：基于固定利率及等额分期付款方式，返回某项投资的未来值。

语法：FV(rate，nper，pmt，pv，type)

参数：rate 为各期利率；nper 为总投资期(即该项投资的付款期总数)；pmt 为各期所应支付的金额；pv 为现值(即从该项投资开始计算时已经入账的款项，或一系列未付款的当前值的累积和，也称为本金)；type 为数字 0 或 1(0 为期末，1 为期初)。

3.4　工作表的美化

3.4.1　行高列宽设置

1. 调整列宽

在 Excel 2016 中，默认的列宽是 8 个字符。如果单元格中的内容超过了默认的宽度，则该单元格的内容就会溢出到右边的单元格内。如果单元格中的内容是数字，则会自动变为科学记数法表示。如果调整列宽至小于 5 个字符，则会用 # 号取代不完全的数字显示，此时只要将单元格的宽度加宽，即可使数字正确显示出来。

调整列宽的方法主要有以下 3 种：

方法 1：用功能区"格式"图标调整列宽。

(1) 选定调整列宽的区域。

(2) 在"开始"功能区中单击"格式"图标，从列表中选择"列宽"命令。

(3) 在"列宽"框中输入要设定的列宽。

(4) 单击"确定"按钮，完成列宽的调整。

这种方法可以一次性将多个列设置为同一宽度。

方法 2：用鼠标调整列宽。

(1) 将鼠标指针指向要改变列宽的工作表的列编号之间的格线。

(2) 当鼠标指针变成两条黑色竖线并且各带一个分别指向左右的箭头时，按住鼠标左键，拖动鼠标，将列宽调整到所需的宽度，松开鼠标左键即可。这种方法比较直观，可以很方便地将列调整到适当的宽度。

方法 3：自动选择列宽。

在方法 1 的第(2)步中选取"自动调整列宽"，系统会自动调整各列的宽度以刚好容纳各列内容。

2. 调整行高

调整行高的方法与调整列宽的方法类似，也有 3 种方法。

方法 1：用功能区"格式"图标调整行高。

(1) 选定调整行高的区域。

(2) 在"开始"功能区中单击"格式"图标，从列表中选择"行高"命令，这时屏幕上出现"行高"对话框。

(3) 在"行高"框中输入要设定的高度。

(4) 单击"确定"按钮，完成行高的调整。

方法 2：用鼠标调整行高。

(1) 将鼠标指针指向要改变行高的工作表的行编号之间的横线。

(2) 当鼠标指针变成一个两条黑色横线并且各带一个分别指向上下的箭头时，按住鼠标左键拖动鼠标，将行高调整到所需的高度，松开鼠标左键即可。

方法 3：自动选择行高。

在方法 1 的第(2)步中选取"自动调整行高"，系统会自动调整各行的高度以刚好容纳各行内容。

3.4.2 单元格设置

1. 颜色设置

方法 1：使用功能区中的"填充"命令。

可以使用"开始"功能区上的"填充颜色"按钮来设置单元格区域的颜色，其操作步骤如下：

(1) 选定要设置颜色的单元格区域。

(2) 单击工具栏上的"填充颜色"按钮右侧的三角符号，就可以看到如图 3.22 所示的颜色选择框。

(3) 在颜色选择框中选择要使用的颜色。

所选单元格区域的底色就变为所选择的颜色。

方法 2：使用快捷菜单。

(1) 选定要设置颜色的单元格区域。

(2) 右键单击，在弹出的快捷菜单中选择"设置单元格格式"命令，在屏幕上将显示"设置单元格格式"对话框，如图 3.23 所示。

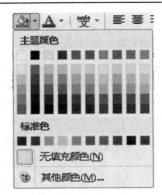

图 3.22　颜色填充

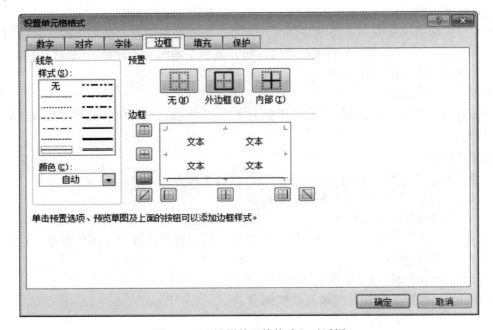

图 3.23　"设置单元格格式"对话框

(3) 在"设置单元格格式"对话框中选择"填充"选项卡，选择填充颜色和图案即可。

2. 单元格边框设置

(1) 选定要加上框线的单元格区域。

(2) 右键单击，在弹出的快捷菜单中选择"设置单元格格式"命令，在弹出的"设置单元格格式"对话框中选择"边框"选项卡。

(3) 选用线条下"样式"内的一种线条样式。如果要为框线指定颜色，则可以在"颜色"下拉列表框中为其选择所需要的颜色。

(4) 根据需要单击"预置"或"边框"项下的各个按钮。

(5) 如果需要，则重复上面的第(3)步和第(4)步。

(6) 单击"确定"按钮。

3. 单元格文字字体设置

方法 1：使用快捷菜单。

(1) 选定要设置字体的所有单元格。

(2) 右键单击，在弹出的快捷菜单中选择"设置单元格格式"命令，在弹出的"设置单元格格式"对话框中选择"字体"选项卡。

(3) 在"字体"选项列表中选择字体，如选择"宋体"。

(4) 在"字号"列表中选择所需字体的大小。

(5) 单击"确定"按钮。

方法 2：使用功能区中的"字体"命令。

(1) 打开"字体"列表框。

(2) 在"字体"列表中选择字体。

(3) 在"字号"列表中选择字号大小。

4. 单元格文字颜色设置

方法 1：使用快捷菜单。

(1) 选定要设置字符颜色的单元格。

(2) 右键单击，在弹出的快捷菜单中选择"设置单元格格式"命令，打开"设置单元格格式"对话框。

(3) 选择其中的"字体"选项标签。

(4) 在"颜色"列表框中选择所需要的颜色。

(5) 单击"确定"按钮。

方法 2：使用功能区的"字体颜色"命令。

(1) 选定要设置字符颜色的所有单元格。

(2) 单击"开始"功能区中的 $\boxed{A}$▾ 按钮。

(3) 在颜色选择框上单击要使用的颜色。

5. 设置对齐方式

为了美观，对于 Excel 2016 单元格中的数据，都要设置统一的对齐方式，对齐方式分为水平对齐和垂直对齐两类，单元格中数据常用的水平对齐方式有左对齐、右对齐、居中对齐等，垂直对齐方式有顶对齐、底对齐、居中对齐等。设置对齐方式的方法如下：

(1) 选定要设置字符颜色的单元格。

(2) 右键单击，在弹出的快捷菜单中选择"设置单元格格式"命令，打开"设置单元格格式"对话框。

(3) 选择其中的"对齐"选项标签。

(4) 在"水平对齐"和"垂直对齐"两个列表框中选择所需要的对齐方式。

(5) 单击"确定"按钮。

更便捷的方法是选择单元格后，直接单击"开始"功能区"对齐方式"组中的图标，如图 3.24 所示。

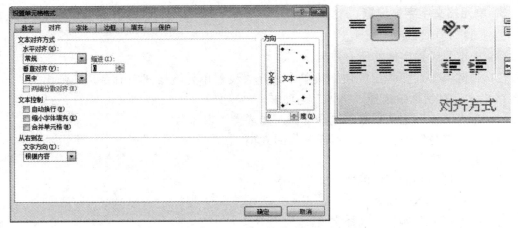

图 3.24　单元格内容对齐

6. 单元格合并居中

在 Excel 2016 中，经常会碰到需要将几个单元格合并的情况，例如表格的标题，一般都要横跨几个列并居中显示，为此，Excel 2016 提供了合并居中功能。进行单元格合并时，选中欲合并为一个单元格的多个单元格，直接单击"开始"功能区中的 🔳合并后居中▾ 图标，或在"设置单元格格式"对话框中的"对齐"选项卡的"文本控制"项中选择"合并单元格"复选项，即可将多个单元格合并为一个单元格。

3.4.3　数据格式设置

1. 一般格式设置

在表格中输入数值时，Excel 2016 会根据定义好的数据格式来显示，比如输入很大的数值时，Excel 2016 会自动转为用科学记数法表示。单元格的宽度如果太小，那么单元格会用 # 号填满，此时只要将单元格的宽度加宽，就可使数字显示出来。如输入 5/8 时，Excel 2016 会显示 5 月 8 日。如果认为默认的数据格式不合要求，则可以自行定义其显示格式，方法如下：

(1) 选定要格式化的单元格或区域。

(2) 右键单击，在弹出的快捷菜单中选择"设置单元格格式"命令，打开 "设置单元格格式"对话框。

(3) 在"数字"选项卡的"分类"列表中选择所需要的格式分类。在对话框的右边会按选择出现不同的类型。

如果列表中给出的格式都不符合要求或者需要更复杂的显示格式，则可以选择列表中最后一项"自定义"，在类型的文本框内输入自己需要的格式。

(4) 单击"确定"按钮。

2. 快速格式设置

快速格式设置可以根据已有的格式，快速对其他单元格复制格式。 ✔格式刷 按钮被设计为让用户从一个选定的单元格或单元格范围中选取格式化信息，并把这个格式用于另一个单元格。

　　所有依附于选定单元格的格式，包括数字、文字、背景和边框格式都被复制，所有复制工作就像刷油漆一样简单，只要在源单元格中蘸一下，然后刷过目标单元格即可。

3. 条件格式化

　　在 Excel 2016 中可以根据设定的条件来设置单元格中数据的不同显示方式，使某些数据视觉上更为突出。例如，为了表示警示，在学生成绩表中把不及格的成绩用红色显示，就可以把条件设定为小于 60 分，颜色设为红色。条件格式化的操作如下：

　　(1) 选定要设置格式的单元格区域。

　　(2) 在"开始"功能区中单击"条件格式"图标，在下拉列表中选择"突出选择单元格规则"，在下一级菜单中选择所需规则，如本例中选择"小于"，打开"小于"对话框，如图 3.25 所示。

图 3.25　条件格式

　　(3) 在"小于"对话框中选定所需条件，本例为输入"60"。

　　(4) 为所设定的条件设定格式：在右边的列表中选取满足条件的单元格的显示方式，本例中设为红色文本。如果列表中没有需要的格式，则可以选择最后一项"自定义格式"来自行设定。

　　(5) 单击"确定"按钮。

3.5　数　据　管　理

　　在 Excel 2016 中，一张工作表也被视为一个数据清单，数据清单是指按记录和字段的结构特点组成的数据区域。在数据清单中，表格的每一行看作一条记录，每一列看作一个字段，所以数据清单就相当于数据库软件中的一个数据表，对于数据清单可以执行各种数据管理和分析功能，包括查询、排序、筛选、分类汇总等数据库基本操作。

3.5.1　数 据 排 序

1. 排序规则

　　排序是按照某一列或者某几列字段值的大小对数据清单中的记录重新排列顺序。可以进行排序的数据类型有数值、文字、逻辑值和日期四种。排序默认规则如下：

　　(1) 数字：从最小的负数到最大的正数进行排序。

　　(2) 字母：按字母先后顺序排序。

　　(3) 在按字母先后顺序对文本项进行排序时，会从左到右一个字符接着一个字符地进行排序。

(4) 文本以及包含数字的文本，按 ASCII 字符次序排序。

(5) 撇号(')和连字符(-)会被忽略。

(6) 例外情况：如果两个文本字符串除了连字符不同外其余都相同，则带连字符的文本排在后面。

(7) 逻辑值：在逻辑值中，FALSE 排在 TRUE 之前。

(8) 错误值：所有错误值的优先级相同。

(9) 空白单元格(无内容)：空格始终排在最后。

2. 排序方法

在 Excel 2016 中，进行排序主要有以下两种方法。

方法 1：利用功能区或快捷菜单简单排序。

(1) 在需要排序的数据列中单击任一单元格。

(2) 单击"开始"功能区中的"排序和筛选"按钮，在列表中选择升序或降序(如图 3.26 所示)，或者使用"数据"功能区的"排序和筛选"组的相关按钮。也可以在右键快捷菜单中选择"排序"命令，在下一级菜单中选择升序或降序。

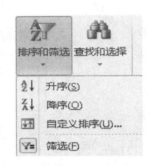

注意：排序时不能选中数据列，如果选中一列数据进行此操作，则只会对该列的数据进行排序，这样会破坏行内数据间的关系。

图 3.26　排序

方法 2：自定义排序。

(1) 在数据清单中选定排序数据列的任一单元格。

(2) 单击"开始"功能区中的"排序和筛选"按钮，在列表中选择"自定义排序"，或者使用"数据"功能区的 按钮。也可以在右键快捷菜单中选择"排序"命令，在下一级菜单中选择"自定义排序"。打开"排序"对话框，如图 3.27 所示。

图 3.27　"排序"对话框

(3) 在"排序"对话框中设置排序关键字。通过左上角的"添加条件"按钮可以设置多个次要关键字，每一个关键字都可以选择按升序或降序排列。

为了防止数据清单的标题也参加排序，可以勾选"排序"对话框右上角的"数据包含标题"复选框。

3.5.2　数据的自动筛选

自动筛选允许输入搜索和查看电子表格数据的条件，根据这些条件，它会把不符合条件的记录隐藏起来。自动筛选是查找和处理数据清单中数据子集的快捷方法。与排序不同，执行筛选时并不重排清单。筛选只是暂时隐藏不必显示的行。

1. 创建自动筛选

创建自动筛选的操作步骤如下：

(1) 单击数据清单中的任一单元格。

(2) 单击"开始"功能区中的"排序和筛选"按钮，在列表中选择"筛选"命令，或者在"数据"功能区中选择 筛选 按钮，此时，工作表中每一数据列的顶端均会出现箭头按钮。

(3) 单击所要筛选的数据列顶端的箭头，就会出现"自动筛选"对话框，如图 3.28 所示。

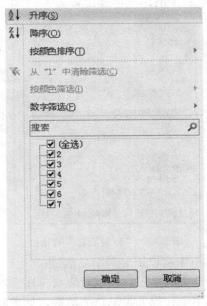

图 3.28　"自动筛选"对话框

(4) 从选择列表中把需要显示的数据勾选上，把不需要显示的数据的钩去掉，"自动筛选"功能随即隐藏起数据清单中与所选选项无关的其他数据行。

2. 自定义筛选

以上方法只能在筛选值所在列中选择已有的值作为筛选依据。在 Excel 2016 中，还提供了更为灵活的筛选方法。在自动筛选对话框中单击"数字筛选"，可以在弹出的列表中选取"自定义"，弹出"自定义自动筛选方式"对话框，如图 3.29 所示。在此可以设置筛选条件的组合。

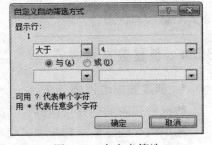

图 3.29　自定义筛选

3. 取消自动筛选

取消自动筛选与创建自动筛选的操作方法完全相同，通过"数据"菜单或者"数据"工具栏，再执行一次"自动筛选"命令，"自动筛选"功能就取消了。

3.5.3 分类汇总

Excel 2016 提供了"分类汇总"功能，可以快速地对一张数据表进行自动汇总计算。当插入自动分类汇总时，Excel 2016 将分级显示数据清单，以便为每个分类汇总显示和隐藏明细数据行。

1. 创建分类汇总

创建分类汇总的操作步骤如下：

(1) 对分类汇总的字段排序，排序后相同的记录被排在一起。

(2) 单击"数据"功能区 中的图标，弹出如图 3.30 所示的"分类汇总"对话框。

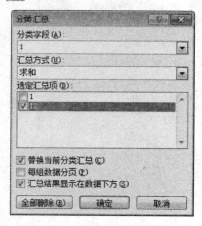

图 3.30 "分类汇总"对话框

(3) 在"分类汇总"对话框中有以下分类汇总选项：

① 分类字段：选择需要分类的字段，该字段应与排序字段相同。

② 汇总方式：选择需要用于计算分类汇总的函数，如求和、求平均值等。

③ 选定汇总项：选择与需要汇总计算的数值列相对应的复选框。

2. 删除分类汇总

再次进入"分类汇总"对话框，单击"全部删除"按钮取消分类汇总，这样就会回到分类汇总前的状态。

3.5.4 创建数据透视表

1. 创建数据透视表

数据透视表的创建可以通过"数据透视表和数据透视图向导"进行。

利用向导创建数据透视表需要以下 3 个步骤：

(1) 选择所创建的数据透视表的数据源类型。

(2) 选择数据源的区域。

(3) 设计将要生成的数据透视表的版式和选项。把需要的选项拖动到行标签和列标签的位置。如按年级统计图 3.31 中的学生在校状态，按照图 3.32 和图 3.33 所示拖动要添加的字段到相应位置即可完成。

1	学校	年级	班级	在校状态	性别
2	明华中学分校	初三	八班	在读	男
3	明华中学分校	初三	八班	在读	男
4	明华中学本部	初三	二班	全休	男
5	明华中学本部	初三	三班	在读	男
6	明华中学分校	初一	四班	在读	女
7	明华中学本部	初三	三班	在读	女
8	明华中学分校	初三	八班	在读	男
9	明华中学本部	初三	一班	在读	女
10	明华中学本部	初三	一班	退学	男
11	明华中学分校	初三	九班	在读	男
12	明华中学分校	初一	四班	在读	女
13	明华中学分校	初二	二班	在读	男
14	明华中学本部	初三	二班	在读	女
15	明华中学本部	初三	一班	在读	男
16	明华中学本部	初二	一班	在读	女
17	明华中学分校	初一	四班	在读	男
18	明华中学本部	初三	三班	半休	女
19	明华中学分校	初二	二班	在读	女
20	明华中学分校	初三	九班	在读	男

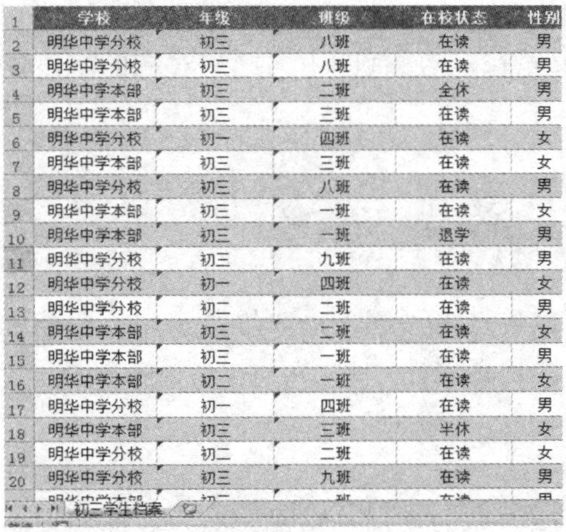

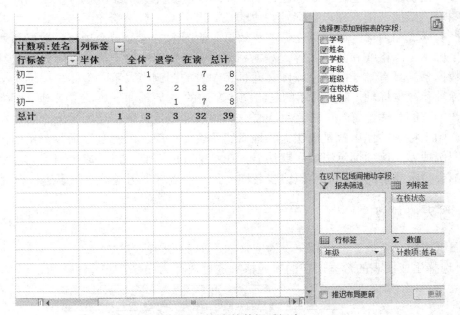

图 3.31　数据透视表源数据

图 3.32　数据透视表界面

计数项:姓名	列标签				
行标签	半休	全休	退学	在读	总计
初二		1		7	8
初三	1	2	2	18	23
初一			1	7	8
总计	**1**	**3**	**3**	**32**	**39**

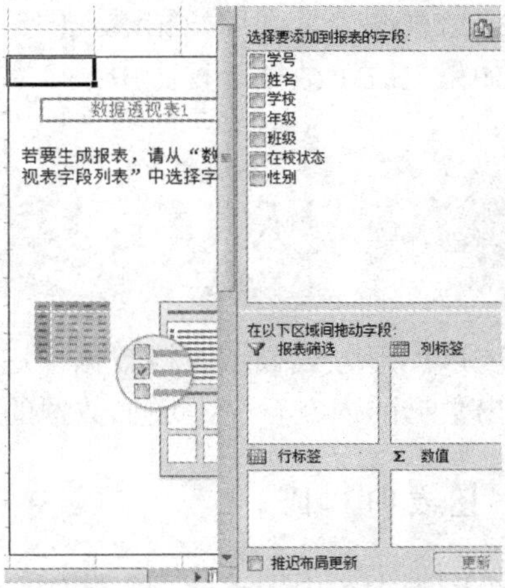

图 3.33　完成的数据透视表

2. 修改数据透视表

创建好数据透视表之后，根据需要有可能要对它的布局、数据项、数据汇总方式与显示方式、格式等进行修改，包括：

(1) 修改数据透视表的布局。

(2) 修改数据透视表的数据项，包括修改隐藏或显示行、列中的数据项以及调整数据项显示的位置。

(3) 修改数据透视表的数据汇总方式和显示方式。

(4) 修改数据透视表的格式。

3. 创建数据透视图

数据透视图表是利用数据透视的结果制作的图表，数据透视图总是与数据透视表相关联的。如果更改了数据透视表中某个字段的位置，则透视图中与之相对应的字段位置也会改变。

3.6　图表的应用

图表以图形方式显示表格数据，这样可以使读者不陷入一大堆数字中，而能更加直观地表达出数据的内在含义，增加数据的可读性和直观性。

3.6.1　图表的构成

一个图表大致由图表标题、图例、绘图区、数据系列、数据标签、坐标轴、网格线等元素构成，图表中主要包含图表标题、图例和绘图区 3 个大的组成部分。绘图区是指图表区内的图形表示的范围，即以坐标轴为边的长方形区域。对于绘图区的格式，可以改变绘图区边框的样式和内部区域的填充颜色及效果。绘图区中包含 5 个项目：数据系列、数据标签、坐标轴、网格线和其他内容。数据系列对应工作表中的一行或者一列数据。图表中的每个数据系列具有唯一的颜色或图案并且在图表的图例中表示。坐标轴按位置不同可分为主坐标轴和次坐标轴，默认显示的是绘图区左边的主 Y 轴和下边的主 X 轴。网格线用于显示各数据点的具体位置，同样有主次之分。图表标题是显示在绘图区上方的文本框且只有一个。图表标题的作用就是简明扼要地概述图表的作用。图例是显示各个系列代表的内容，由图例项和图例项标示组成，默认显示在绘图区的右侧。在生成的图表上，鼠标移动到哪里都会显示要素的名称，熟识这些名称能让我们更好、更快地对图表进行设置。

3.6.2　图表的创建

下面以构建一个员工销售额图表为例来学习图表的创建方法。

(1) 选择生成图表的数据所在的单元格，这里选择 A3:F6，如图 3.34 所示。

	A	B	C	D	E	F
1	2010—2014年度员工销售业绩表（单位：万元）					
2	员工姓名	2010	2011	2012	2013	2014
3	张超	12	16	26	30	36
4	李明	20	18	22	18	26
5	王晓	14	24	16	33	24
6	宋佳	31	22	32	28	18

图 3.34　数据区域

(2) 进入"插入"功能区，在"图表"组中选择一种图表类型的按钮，并在下拉列表中选择一种子类型，即可创建一个图表。这里选择三维柱形图类中的三维簇状柱形图，然后工作区中就会出现如图 3.35 所示的图表。

图 3.35　图表类型

可以看到，自动生成的图表如图 3.36 所示。图表中数据系列、图例、坐标轴和网格线都已经有了，但是横坐标的标识不是需要的年度，而且还没有标题。

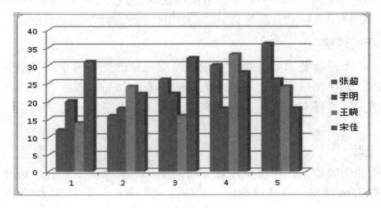

图 3.36　图表

(3) 选中图表，可以发现功能区会出现两个新的菜单，分别是"设计"和"格式"，它们都属于图表菜单。在"设计"选项卡中，可以更改图表的类型、样式和布局。

单击 按钮，弹出"选择数据源"对话框，在此可以重新选择图表中的数据源。这里可以修改横坐标的值，单击"水平(分类)轴标签"下方的"编辑"按钮，弹出轴标签对话框，然后在工作区鼠标拖动选择 B2:F2，单击"确定"按钮后发现原来列表中的 1、2、3、4、5 变为了选择的年度数值，如图 3.37 所示，同时图表中的横坐标值也发生了同样的变化。

在"布局"选项卡中，可以设置坐标轴、网格线的样式，添加标题、图形和各种标签。

这里为图表添加一个标题。单击"添加图表元素"，选择列表中的"图表上方"，在图表中出现内容默认为"图表标题"的文本框，将其内容修改为"2010—2014 年度员工销售业绩表"。最终效果如图 3.38 所示。

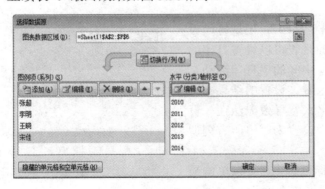

图 3.37　选择数据源

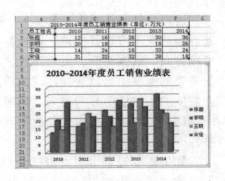

图 3.38　带标题的图表

3.6.3　图表的修改

1. 图表的移动

建好一幅图表后，工作只完成了一半。图表的位置还需要调整，否则这些图表会将数据挡住，必须对工作表中的图表和工作表数据进行合理的版面调整，使工作表数据和图表都能非常清晰地呈现出来。

在 Excel 2016 中移动一幅图表的操作非常简单，只需要单击要移动的图表，此时在选中的图表的四周将出现 8 个选中点，接着用鼠标拖动它到一个新的位置，再松开鼠标即可。按上述操作就可以将图表移动到新位置。

2. 图表大小的调整

当图表的大小不符合要求时，还可以根据需要任意改变其大小。要改变一幅图表的大小，可这样操作：先单击鼠标选中要改变大小的图表，然后将鼠标指针移至图表的四周的任意控点上，当指针变成双箭头时，拖动鼠标，直至图表变成满意的大小为止，然后松开鼠标即可。

3. 数据的删除

对于不必要的图表数据，可以从图表中将其删除。先激活工作表，选择要删除的数据系列，然后按 Delete 键将这些数据删除，此时图表也会随之发生相应的变化。

4. 图表的编辑

如果需要对图表的格式、内容等做修改，则选中图表，在菜单"设计"和"格式"中选择需要的项目进行编辑即可。

3.7　电子表格的打印输出

电子表格制作完成后，很多时候还需要打印成纸质表格，要执行打印操作。在打印之前，先设置打印区域，如图 3.39 所示。设置好打印区域后，选择"文件"菜单下的"打印"命令，也可直接单击"常用"工具栏上的"打印"按钮。在打印输出之前，应该先进行页面设置、打印区域设置，再通过打印预览在屏幕上观察打印效果，等确定符合要求时再实际打印，以免浪费纸张。

进入功能区"文件"选项卡，单击"打印"，出现打印设置界面。在下方设置栏里，通过各项的列表可以设置打印的横纵方向、纸张幅面、页边距等选项。中间的"打印活动工作表"的列表中可以选择打印的活动区域。设置的结果实时在右侧的预览框中显示出来。如果表格太宽导致无法在一页中打印全，则可以在"无缩放"列表中设置为"将所有列调整为一页"。

如果需要设置页眉页脚以及打印标题等，则可以单击最下方的"页面设置"，在弹出的"页面设置"对话框中进行

图 3.39　设置打印区域

设置，如图 3.40 所示。"页面设置"对话框包含 4 个选项卡：

(1) "页面"选项卡可根据不同需要，选择纸张大小、打印方向和缩放。

(2) "页边距"选项卡可按需要设置页的上、下、左、右边距。

(3) "页眉/页脚"选项卡可设置页码、页眉、页脚等。

(4) "工作表"选项卡可以控制打印区域的大小、打印标题、是否打印网格线、行号列标等。设置完成后单击"确定"按钮退出"页面设置"对话框。

图 3.40　页面设置

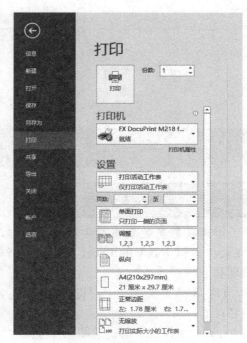

图 3.41　打印栏列表

页面设置完成后，可以在"打印机"中选择要使用的打印机，如图 3.41 所示。通过"打印机属性"按钮可以进行打印机的相关设置。最后选择好打印份数，单击左上角的"打印"按钮就开始打印了。

第 4 章

Excel 2016 精选案例

4.1　学生成绩管理

 题目要求

小蒋在教务处负责学生的成绩管理，他将初一年级 3 个班的成绩均录入在了名为"Excel 素材.xlsx"的 Excel 工作簿文档中。根据下列要求帮助小蒋老师对该成绩单进行整理和分析：

(1) 在考生文件夹下，将"Excel 素材.xlsx"文件另存为"Excel.xlsx"（".xlsx"为扩展名）。

(2) 对工作表"第一学期期末成绩"中的数据列表进行格式化操作：将第一列"学号"列设为文本，将所有成绩列设为保留两位小数的数值；适当加大行高列宽，改变字体、字号，设置对齐方式，增加适当的边框和底纹以使工作表更加美观。

(3) 利用"条件格式"功能进行设置：将语文、数学、英语 3 科中不低于 110 分的成绩所在的单元格以一种颜色填充，其他 4 科中高于 95 分的成绩以另一种字体颜色标出，所用颜色深浅以不遮挡数据为宜。

(4) 利用 Sum 和 Average 函数计算每一个学生的总分及平均成绩。

(5) 学号第 3、4 位代表学生所在的班级，例如，"120105"代表 12 级 1 班 5 号。请通过公式提取每个学生所在的班级并按对应关系填写在"班级"列中，见表 4-1。

表 4-1　学生序号与班级的对应关系

"学号"的 3、4 位	对 应 班 级
01	1 班
02	2 班
03	3 班

(6) 复制工作表"第一学期期末成绩"，将副本放置到原表之后；改变该副本表标签的颜色，并重新命名，新表名需包含"分类汇总"字样。

(7) 通过分类汇总功能求出每个班各科的平均成绩，并将每组结果分页显示。

(8) 以分类汇总结果为基础，创建一个簇状柱形图，对每个班各科平均成绩进行比较，并将该图表放置在一个名为"柱状分析图"的新工作表的 A1:M30 单元格区域内。

 操作步骤

1. 建立文件

(1) 打开考生文件夹下的"Excel 素材.xlsx"文件。

(2) 单击"文件"菜单下的"另存为"按钮，弹出"另存为"对话框，在该对话框中将"文件名"设为"Excel.xlsx"，保存在考生文件夹下。

2. 基本格式设置

(1) 对工作表"第一学期期末成绩"进行操作，选中"学号"所在的列，单击鼠标右键，在弹出的下拉列表中选择"设置单元格格式"命令，即可弹出"设置单元格格式"对话框。切换至"数字"选项卡，在"分类"组中选择"文本"后单击"确定"按钮即可。

(2) 选中所有成绩列，单击鼠标右键，在弹出的下拉列表中选择"设置单元格格式"命令，弹出"设置单元格格式"对话框，切换至"数字"选项卡，在"分类"组中选择"数值"，在小数位数微调框中设置小数位数为"2"，单击"确定"按钮即可。

(3) 选中 A1:L19，单击"开始"菜单下"单元格"组中的"格式"按钮，在弹出的下拉列表中选择"行高"命令，弹出"行高"对话框，设置行高大于默认值。

(4) 单击"开始"菜单下"单元格"组中的"格式"按钮，在弹出的下拉列表中选择"列宽"命令，弹出"列宽"对话框，设置列宽大于默认值。

(5) 右击鼠标选择"设置单元格格式"，在弹出的"设置单元格格式"对话框中切换至"字体"选项卡，在"字体"下拉列表框中设置字体为"幼圆"，字号为"12"。

(6) 选中第 1 行单元格，在"开始"菜单下的"字体"组中单击"加粗"按钮设置字形为"加粗"。

(7) 重新选中数据区域，按照同样的方式打开"设置单元格格式"对话框，切换至"对齐"选项卡下，在"文本对齐方式"组中设置"水平对齐"与"垂直对齐"都为"居中"。按要求设置字体、字号和对齐方式，要不同于默认的。如设置字号要大于默认的，对齐方式都为居中。

(8) 切换至"边框"选项卡，在"预置"选项中选择"外边框"和"内部"。

(9) 再切换至"填充"选项卡，在"背景色"组中选择一种颜色即可。单击"确定"按钮。

3. 条件格式设置

(1) 选中 D2:F19 单元格区域，单击"开始"菜单下"样式"组中的"条件格式"按钮，选择"突出显示单元格规则"中的"其他规则"命令，弹出"新建格式规则"对话框。在"编辑规则说明"选项下设置单元格值大于或等于 110，然后单击"格式"按钮，弹出"设置单元格格式"对话框，在"填充"选项卡下选择"红色"，单击"确定"按钮。

(2) 选中 G2:J19，按照上述方法，把单元格值大于 95 的字体颜色设置为浅绿色。

4. 填充总分和平均分

(1) 在 K2 单元格中输入"= SUM(D2:J2)"，按"Enter"键后该单元格值为 629.50，拖动 K2 右下角的填充柄直至最下一行数据处，完成总分的填充。

(2) 在 L2 单元格中输入"= AVERAGE(D2:J2)"，按"Enter"键后该单元格值为 89.93，拖动 L2 右下角的填充柄直至最下一行数据处，完成平均分的填充。

5. 填充学号对应的班级

在 C2 单元格中输入"= IF(MID(A2,3,2)="01","1 班",IF(MID(A2,3,2) = "02","2 班","3 班"))"，按"Enter"键后该单元格值为"3 班"，拖动 C2 右下角的填充柄直至最下一行数据处，完成班级的填充。

6. 复制工作表并重命名

(1) 选中工作表"第一学期期末成绩"名称，单击鼠标右键，在弹出的快捷菜单中选择"移动或复制工作表"选项，接着弹出"移动或复制工作表"对话框，在"下列选定工作表之前"的列表框中选择"Sheet2"，勾选"建立副本"复选框，单击"确定"按钮。

(2) 在副本的工作表名上单击鼠标右键，在弹出的快捷菜单"工作表标签颜色"的级联菜单中选择"红色"命令。

(3) 双击副本表名，呈可编辑状态，重新命名为"分类汇总"。

7. 进行分类汇总

(1) 按照题意，对"班级"字段按"升序"进行排序，选中 C2:C19，单击"数据"菜单下"排序和筛选"组中的"升序"按钮，弹出"排序提醒"对话框，单击"扩展选定区域"，单击"排序"按钮。

(2) 选中 A1:L19，单击"数据"菜单下"分级显示"组中的"分类汇总"按钮，弹出"分类汇总"对话框，单击"分类字段"组中的下拉按钮选择"班级"，单击"汇总方式"组中的下拉按钮选择"平均值"，在"选定汇总项"组中勾选"语文""数学""英语""生物""地理""历史""政治"复选框。最后再勾选"每组数据分页"复选框，单击"确定"按钮。

8. 创建图表

(1) 选中每个班各科平均成绩所在的单元格，单击"插入"菜单下"图表"组中的"柱形图"按钮，选择"二维柱形图"。

(2) 右击图表区，在弹出的列表中选择"选择数据"命令，弹出"选择数据源"对话框，选中"图例项"选项下的"系列 1"，单击"编辑"按钮，弹出"编辑数据系列"对话框，在"系列名称"文本框中输入"1 班"。然后单击"确定"按钮，按照同样的方法编辑"系列 2""系列 3"为"2 班""3 班"。

(3) 在"选择数据源"对话框中，选中"水平(分类)轴标签"下的"1"，单击"编辑"按钮，弹出"轴标签"对话框，在"轴标签区域"文本框中输入"语文，数学，英语，生物，地理，历史，政治"。单击"确定"按钮。

(4) 选中新生成的图表，在"图表工具"菜单下"设计"选项卡"位置"组中单击"移动图表"按钮，打开"移动图表"对话框，勾选新工作表单选按钮，在右侧的文本框中输入"柱状分析图",单击"确定"按钮即可新建一个工作表且将此图表放置于其中。

(5) 在"柱状分析图"工作表中,调整图表的位置为 A1:M30 单元格区域内。然后保存文件。

4.2　图书销售管理

 题目要求

小李今年毕业后,在一家计算机图书销售公司担任市场部助理,主要的工作职责是为部门经理提供销售信息的分析和汇总。根据以下要求完成销售数据的统计和分析工作:

(1) 在考生文件夹下,将"Excel 素材.xlsx"文件另存为"Excel.xlsx"("`.xlsx`"为扩展名)。

(2) 对"订单明细表"工作表进行格式调整,通过套用表格格式的方法将所有的销售记录调整为一致的外观格式,并将"单价"列和"小计"列所包含的单元格调整为"会计专用"(人民币)数字格式。

(3) 根据图书编号,在"订单明细表"工作表的"图书名称"列中,使用 VLOOKUP 函数完成图书名称的自动填充。"图书名称"和"图书编号"的对应关系在"编号对照"工作表中。

(4) 根据图书编号,在"订单明细表"工作表的"单价"列中,使用 VLOOKUP 函数完成图书单价的自动填充。"单价"和"图书编号"的对应关系在"编号对照"工作表中。

(5) 在"订单明细表"工作表的"小计"列中,计算每笔订单的销售额。

(6) 根据"订单明细表"工作表中的销售数据,统计所有订单的总销售金额,并将其填写在"统计报告"工作表的 B3 单元格中。

(7) 根据"订单明细表"工作表中的销售数据,统计《MS Office 高级应用》图书在 2012 年的总销售额,并将其填写在"统计报告"工作表的 B4 单元格中。

(8) 根据"订单明细表"工作表中的销售数据,统计隆华书店在 2011 年第 3 季度的总销售额,并将其填写在"统计报告"工作表的 B5 单元格中。

(9) 根据"订单明细表"工作表中的销售数据,统计隆华书店在 2011 年每月的平均销售额(保留 2 位小数),并将其填写在"统计报告"工作表的 B6 单元格中。

 操作步骤

1. 建立文件

(1) 打开考生文件夹下的"Excel 素材.xlsx"文件。

(2) 单击"文件"菜单下的"另存为"按钮,弹出"另存为"对话框,在该对话框中将"文件名"设为"Excel.xlsx",保存在考生文件夹下。

2. 基本格式设置

(1) 选中工作表中的 A2:H636,单击"开始"菜单下样式组中的"套用表格格式"按钮,在弹出的下拉列表中选择一种表样式，此处选择"表样式浅色 10"。弹出"套用表格式"对话框。保留默认设置后单击"确定"按钮。

(2) 选中"单价"列和"小计"列，右击鼠标，在弹出的下拉列表中选择"设置单元格格式"命令，继而弹出"设置单元格格式"对话框。在"数字"选项卡下的"分类"组中选择"会计专用"命令，然后单击"货币符号(国家/地区)"下拉列表选择"CNY"。

3. 函数填充

(1) 在"订单明细表"工作表的 E3 单元格中输入"=VLOOKUP(D3，编号对照!$A$3:$C$19,2,FALSE)"，按"Enter"键完成图书名称的自动填充。

(2) 在"订单明细表"工作表的 F3 单元格中输入"=VLOOKUP(D3,编号对照!$A$3:$C$19,3,FALSE)"，按"Enter"键完成单价的自动填充。

(3) 在"订单明细表"工作表的 H3 单元格中输入"=[@单价]*[@销量(本)]"，按"Enter"键完成小计的自动填充。

(4) 在"统计报告"工作表中的 B3 单元格中输入"=SUM(订单明细表!H3:H636)"，按"Enter"键完成销售额的自动填充。

(5) 单击 B4 单元格右侧的"自动更正选项"按钮，选择"撤销计算列"。

(6) 在"统计报告"工作表的 B4 单元格中输入"=SUMIFS(订单明细表!H3:H636,订单明细表!E3:E636,订单明细表!E7,订单明细表!B3:B636,">=2012-1-1",订单明细表!B3:B636,"<=2012-12-31")"，按"Enter"键确认。

(7) 在"统计报告"工作表的 B5 单元格中输入"=SUMIFS(订单明细表!H3:H636,订单明细表!C3:C636,订单明细表!C12,订单明细表!B3:B636,">=2011-7-1",订单明细表!B3:B636,"<=2011-9-30")"，按"Enter"键确认。

(8) 在"统计报告"工作表的 B6 单元格中输入"=SUMIFS(订单明细表!H3:H636,订单明细表!C3:C636,订单明细表!C12,订单明细表!B3:B636,">=2011-1-1",订单明细表!B3:B636,"<=2011-12-31")/12"，按"Enter"键确认，设置该单元格格式保留 2 位小数。

(9) 保存文件。

4.3　产品销售管理

 题目要求

某公司销售部门主管大华拟对本公司产品前两季度的销售情况进行统计，按下述要求帮助大华完成统计工作：

(1) 在考生文件夹下，将"Excel 素材.xlsx"文件另存为"Excel.xlsx"（".xlsx"为扩展名）。

(2) 参照"产品基本信息表"所列内容，运用公式或函数分别在工作表"一季度销售情况表""二季度销售情况表"中填入各型号产品对应的单价，并计算各月销售额，填入 F 列中。其中单价和销售额均为数值，保留两位小数，使用千位分隔符。(注意：不得改变这两个工作表中的数据顺序。)

(3) 在"产品销售汇总表"中，分别计算各型号产品的一、二季度销量、销售额及合计数，填入相应列中。所有销售额均设为数值型、小数位数 0，使用千位分隔符，右对齐。

(4) 在"产品销售汇总表"中，在不改变原有数据顺序的情况下，按一、二季度销售总额从高到低给出销售额排名，填入 I 列相应单元格中。将排名前 3 位和后 3 位的产品名次分别用标准红色和标准绿色标出。

(5) 为"产品销售汇总表"的数据区域 A1:I21 套用一个表格格式，包含表标题，并取消列标题行的筛选标记。

(6) 根据"产品销售汇总表"中的数据，在一个名为"透视分析"的新工作表中创建数据透视表，统计每个产品类别的一、二季度销售及总销售额，透视表自 A3 单元格开始，并按一、二季度销售总额从高到低进行排序。结果参见文件"透视表样例.png"。

(7) 将"透视分析"工作表标签颜色设为标准紫色，并移动到"产品销售汇总表"的右侧。

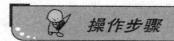 操作步骤

1. 建立文件

(1) 打开考生文件夹下的"Excel 素材.xlsx"文件。

(2) 单击"文件"菜单下的"另存为"按钮，弹出"另存为"对话框，在该对话框中将"文件名"设为"Excel.xlsx"，保存在考生文件夹下。

2. 填充一、二季度单价和销售额并设置格式

(1) 选中"一季度销售情况表"，在 E2 里输入"=VLOOKUP(B2,产品基本信息表!B$2:C$21,2,FALSE)"，按"Enter"键确认，选中 E2 单元格的右下角的填充柄，拖动至最后一行数据完成自动填充。

(2) 在 F2 里输入"=E2*D2"，按"Enter"键确认，选中 F2 单元格的右下角的填充柄，拖动至最后一行数据完成自动填充。

(3) 选中 E2:F44 单元格，接着在选择范围内右击，选择"设置单元格格式"，弹出对话框，设置格式为数值，保留两位小数，使用千位分隔符。

(4) 选中"二季度销售情况表"，在 E2 里输入"=VLOOKUP(B2,产品基本信息表!B$2:C$21,2,FALSE)"，按"Enter"键确认，选中 E2 单元格的右下角的填充柄，拖动至最后一行数据完成自动填充。

(5) 在 F2 里输入" =E2*D2 "，按"Enter"键确认，选中 F2 单元格的右下角的填充柄，拖动至最后一行数据完成自动填充。

(6) 选中 E2:F44 单元格，接着在选择范围内右击，选择"设置单元格格式"，弹出对话框，设置格式为数值，保留两位小数，使用千位分隔符。

3. 填充汇总表数据

(1) 切换到"产品销售汇总表"，在 C2 中输入"=SUMIFS(一季度销售情况表!D$2:D$44,一季度销售情况表!B$2:B$44,B2)"，按"Enter"键确认，选中 C2 单元格的右下角的填充柄，拖动至最后一行数据完成自动填充。

说明：SUMIFS 为多条件求和函数，使用 SUMIFS 函数向导更方便，如图 4.1 所示。

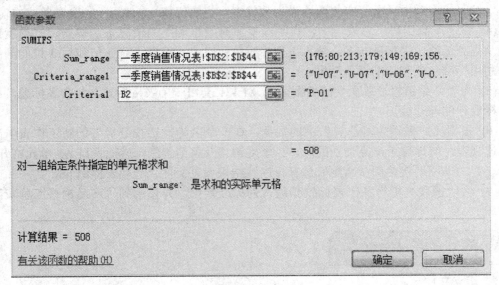

图 4.1　SUMIFS 函数向导

(2) 在 D2 中输入"=SUMIFS(一季度销售情况表!D$2:D$44,一季度销售情况表!B$2:B$44,B2)"，按"Enter"键确认，选中 D2 单元格的右下角的填充柄，拖动至最后一行数据完成自动填充。

(3) 在 E2 中输入"=SUMIFS('二季度销售情况表'!D$2:D$43,'二季度销售情况表'!B$2:B$43,B2)"，按"Enter"键确认，选中 E2 单元格的右下角的填充柄，拖动至最后一行数据完成自动填充。

(4) 在 F2 中输入"=SUMIFS('二季度销售情况表'!F$2:F$43,'二季度销售情况表'!B$2:B$43,B2)"，按"Enter"键确认，选中 F2 单元格的右下角的填充柄，拖动至最后一行数据完成自动填充。

说明：D2、E2、F2 单元格中的公式同样使用 SUMIFS 向导完成输入。

(5) 在 G2 中输入"=C2+E2"，按"Enter"键确认，选中 G2 单元格的右下角的填充柄，拖动至最后一行数据完成自动填充。

(6) 在 H2 中输入"=D2+F2"，按"Enter"键确认，选中 H2 单元格的右下角的填充柄，拖动至最后一行数据完成自动填充。

(7) 选中 D 列，按住"Ctrl"键，再选择 F 列和 H 列，接着在选择范围内右击，选择"设置单元格格式"，弹出"设置单元格格式"对话框。设置格式为数值，保留两位小数，使用千位分隔符。设置文本右对齐。

4. 对汇总表中的数据进行排名并设置条件格式

(1) 在"产品销售汇总表"中的 I2 中输入"=RANK.EQ(H2,H$2:H$21)"，按"Enter"键确认，选中 I2 单元格的右下角的填充柄，拖动至最后一行数据完成自动填充。

(2) 选中区域 I2:I21，单击"开始"菜单下"样式"组中"条件格式"按钮下的"项目选取规则"，选择"值最小 10 项"，在对话框中输入 3，选中"红色文本"。

(3) 选中区域 I2:I21，单击"开始"菜单下"样式"组中"条件格式"按钮下的"项目选取规则"，选择"值最大 10 项"，在对话框中输入 3，单击"自定义格式"，设置字体为标准色绿色。

5. 对汇总表套用表格格式

(1) 选中区域 A1:I21，单击"开始"菜单下"样式"组中的"套用表格格式"按钮，选中一个表格样式，勾选"表包含标题"。

(2) 切换到"数据"选项卡，在"排序和筛选"选项组里取消"筛选"的选中状态。

6. 创建数据透视表

(1) 光标定位于"产品销售汇总表"的数据区域内，插入数据透视表，选中"新工作表"，输入工作表名称"透视分析"。

(2) 在"选项"选项卡里单击"移动透视表"，在对话框中输入"A3"。

(3) 在"数据透视表字段列表"里，设置行标签为"产品类别代码"，"数值"为"一季度销售额""二季度销售额""一二季度销售总额"。

(4) 单击透视表"行标签"的下三角按钮，选择"其他排序选项"，单击"降序排序"，下拉菜单选择"求和项：一二季度销售总额"。

7. 修改透视表标签并移动位置

在"透视分析"工作表标签处单击右键，设置工作表颜色为标准紫色，单击"移动或复制"，把"透视分析"表移动到"产品销售汇总表"右侧并保存文件。

4.4　普查数据统计

题目要求

中国的人口发展形势非常严峻，为此国家统计局每 10 年进行一次全国人口普查，以掌握全国人口的增长速度及规模。按照下列要求完成对第五次、第六次人口普查数据的统计分析工作：

(1) 新建一个空白 Excel 文档，将工作表 Sheet1 更名为"第五次普查数据"，将 Sheet2 更名为"第六次普查数据"，将该文档以"Excel.xlsx"为文件名(".xlsx"为扩展名)保存在考生文件夹下。

(2) 浏览网页"第五次全国人口普查公报.htm"，将其中的"2000 年第五次全国人口普查主要数据"表格导入到工作表"第五次普查数据"中；浏览网页"第六次全国人口普查公报.htm"，将其中的"2010 年第六次全国人口普查主要数据"表格导入到工作表"第六次普查数据"中(要求均从 A1 单元格开始导入，不得对两个工作表中的数据进行排序)。

(3) 对两个工作表中的数据区域套用合适的表格样式，要求至少四周有边框，且偶数行有底纹，并将所有人口数列的数字格式设为带千分位分隔符的整数。

(4) 将两个工作表内容合并，合并后的工作表放置在新工作表"比较数据"中(自 A1

单元格开始)，且保持最左列仍为地区名称，A1 单元格中的列标题为"地区"，对合并后的工作表适当地调整行高列宽、字体字号、边框底纹等，使其便于阅读。以"地区"为关键字对工作表"比较数据"进行升序排列。

(5) 在合并后的工作表"比较数据"中的数据区域最右边依次增加"人口增长数"和"比重变化"两列，计算这两列的值，并设置合适的格式。

其中：人口增长数 = 2010 年人口数 − 2000 年人口数；

比重变化 = 2010 年比重 − 2000 年比重。

(6) 打开工作簿"统计指标.xlsx"，将工作表"统计数据"插入到正在编辑的工作簿"Excel.xlsx"中工作表"比较数据"的右侧。

(7) 在工作簿"Excel.xlsx"的工作表"统计数据"中的相应单元格内填入统计结果。

(8) 基于工作表"比较数据"创建一个数据透视表，将其单独存放在一个名为"透视分析"的工作表中。透视表中要求筛选出 2010 年人口数超过 5000 万的地区及其人口数、2010 年所占比重、人口增长数，并按人口数从多到少排序。最后适当调整透视表中的数字格式。提示：行标签为"地区"，数值项依次为 2010 年人口数、2010 年比重和人口增长数。

操作步骤

1. 建立文件

(1) 在考生文件夹下新建一个空白 Excel 文档，并命名为"Excel.xlsx"。

(2) 打开"Excel.xlsx"，双击工作表 Sheet1 的表名，在编辑状态下输入"第五次普查数据"，双击工作表 Sheet2 的表名，在编辑状态下输入"第六次普查数据"。

2. 导入网页中的数据到工作表中

(1) 在考生文件夹下双击打开网页"第五次全国人口普查公报.htm"，在工作表"第五次普查数据"中选中 A1，单击"数据"菜单下"获取外部数据"组中的"自网站"按钮，弹出"新建 Web 查询"对话框，在"地址"文本框中输入网页"第五次全国人口普查公报.htm"的地址(复制"第五次全国人口普查公报.htm"的网址，即 C:/KSWJJ/6549999999010001/第五次全国人口普查公报.htm)，单击右侧的"转到"按钮。单击要选择的表旁边的带方框的黑色箭头，使黑色箭头变成对号，然后单击"导入"按钮。之后会弹出"导入数据"对话框，选择"数据的放置位置"为"现有工作表"，在文本框中输入"=$A$1"，单击"确定"按钮。

(2) 按照上述方法浏览网页"第六次全国人口普查公报.htm"，将其中的"2010 年第六次全国人口普查主要数据"表格导入到工作表"第六次普查数据"中。

3. 工作表套用合适的样式

(1) 在工作表"第五次普查数据"中选中数据区域，在"开始"菜单的"样式"组中单击"套用表格格式"下拉按钮，弹出下拉列表，按照题目要求至少四周有边框且偶数行有底纹，此处可选择"表样式浅色 16"。选中 B 列，单击"开始"选项卡下"数字"组中的对话框启动器按钮，弹出"设置单元格格式"对话框，在"数字"选项卡的"分类"下选择"数值"，在"小数位数"微调框中输入"0"，勾选"使用千位分隔符"复选框，然后单击"确定"按钮。

(2) 按照上述方法对工作表"第六次普查数据"套用合适的表格样式，要求至少四周有边框，且偶数行有底纹，此处可套用"表样式浅色 17"，并将所有人口数列的数字格式设为带千分位分隔符的整数。

4. 合并工作表

(1) 将工作表 Sheet3 的表名，在编辑状态下输入"比较数据"。在该工作表的 A1 中输入"地区"，在"数据"菜单下"数据工具"组中单击"合并计算"按钮，弹出"合并计算"对话框，设置"函数"为"求和"，在"引用位置"文本框中键入第一个区域"第五次普查数据!$A$1:$C$34"，单击"添加"按钮，键入第二个区域"第六次普查数据!$A$1:$C$34"，单击"添加"按钮，在"标签位置"下勾选"首行"复选框和"最左列"复选框，然后单击"确定"按钮。

(2) 对合并后的工作表适当地调整行高列宽、字体字号、边框底纹等。选中整个工作表，在"开始"菜单下"单元格"组中单击"格式"下拉按钮，从弹出的下拉列表中选择"自动调整行高"，单击"格式"下拉按钮，从弹出的下拉列表中选择"自动调整列宽"。在"开始"菜单下"字体"组中单击对话框启动器按钮，弹出"设置单元格格式"对话框，设置"字体"为"黑体"，字号为"11"，单击"确定"按钮。选中数据区域，单击鼠标右键，从弹出的快捷菜单中选择"设置单元格格式"命令，弹出"设置单元格格式"对话框，单击"边框"选项卡，单击"外边框"和"内部"后单击"确定"按钮。选中数据区域，在"开始"选项卡的"样式"组中单击"套用表格格式"下拉按钮，弹出下拉列表，可选择"表样式浅色 18"。

(3) 选中数据区域的任一单元格，单击"数据"菜单下"排序和筛选"组中的"排序"按钮，弹出"排序"对话框，设置"主要关键字"为"地区"，"次序"为"升序"，单击"确定"按钮。

5. 进行数据计算

(1) 在合并后的工作表"比较数据"中的数据区域最右边依次增加"人口增长数"和"比重变化"两列。

(2) 在工作表"比较数据"中的 F2 单元格中输入" =[@2010 年人口数(万人)]-[@2000年人口数(万人)]"后按"Enter"键确认。在 G2 单元格中输入"=[@2010 年比重]-[@2000年比重]"后按"Enter"键确认。为 F 列和 G 列设置合适的格式，例如保留 4 位小数，选中 F 列和 G 列，单击"开始"菜单下"数字"组中的对话框启动器按钮，弹出"设置单元格格式"对话框，在"数字"选项卡的"分类"下选择"数值"，在"小数位数"微调框中输入"4"，单击"确定"按钮。

6. 插入其他工作表

打开考生文件夹下的工作簿"统计指标.xlsx"，右击工作表"统计数据"，弹出移动或复制(M)…，选择将工作表移至"Excel.xlsx"工作簿中工作表"比较数据"的右侧。

7. 使用函数填充数据

(1) 在"统计数据"工作表的 C2 单元格中输入"=SUM(第五次普查数据!B2:B34)"后

按"Enter"键。在 D2 单元格中输入"=SUM(第六次普查数据!B2:B34)"后按"Enter"键。在 D3 单元格中输入"=D2-C2"后按"Enter"键。

(2) 在 C5 单元格中输入"=INDEX(比较数据!A2:A34,MATCH(MAX(比较数据!D2:D18,比较数据!D20:D32,比较数据!D34),比较数据!D2:D34,0))"后按"Enter"键确认。该单元格统计 2000 年人口最多的地区。

(3) 在 D5 单元格中输入"=INDEX(比较数据!A2:A34,MATCH(MAX(比较数据!B2:B18,比较数据!B20:B32,比较数据!B34),比较数据!B2:B34,0))"后按"Enter"键确认。该单元格统计 2010 年人口最多的地区。

(4) 在 C6 单元格中输入"=INDEX(比较数据!A2:A34,MATCH(MIN(比较数据!D2:D18,比较数据!D20:D32,比较数据!D34),比较数据!D2:D34,0))"后按"Enter"键确认。该单元格统计 2000 年人口最少的地区。

(5) 在 D6 单元格中输入"=INDEX(比较数据!A2:A34,MATCH(MIN(比较数据!B2:B18,比较数据!B20:B32,比较数据!B34),比较数据!B2:B34,0))"后按"Enter"键确认。该单元格统计 2010 年人口最少的地区。

(6) 在 D7 单元格中输入"=INDEX(比较数据!A2:A34,MATCH(MAX(比较数据!F2:F18,比较数据!F20:F32,比较数据!F34),比较数据!F2:F34,0))"后按"Enter"键确认。该单元格统计人口增长最多的地区。

(7) 在 D8 单元格中输入"=INDEX(比较数据!A2:A34,MATCH(MIN(比较数据!F2:F18,比较数据!F20:F32,比较数据!F34),比较数据!F2:F34,0))"后按"Enter"键确认。该单元格统计人口增长最少的地区。

(8) 在 D9 单元格中输入"=COUNTIF(比较数据!F2:F18,"<0")+COUNTIF(比较数据!F20:F32,"<0")+COUNTIF(比较数据!F34,"<0")"后按"Enter"键确认。该单元格统计人口为负增长的地区数。

说明：即使不写公式，也要找到对应的地区填上。

8. 创建数据透视表

(1) 在"比较数据"工作表中，单击"插入"菜单下"表格"组中的"数据透视表"，从弹出的下拉列表中选择"数据透视表"，弹出"创建数据透视表"对话框，设置"表/区域"为"比较数据!$A$1:$G$34"，选择放置数据透视表的位置为"新工作表"，单击"确定"按钮。将 Sheet1 的标签重命名为"透视分析"。

(2) 在"数据透视字段列表"任务窗格中拖动"地区"到"行"区域，拖动"2010 年人口数(万人)""2010 年比重""人口增长数"到"Σ 值"区域。

(3) 单击行标签右侧的"标签筛选"按钮，在弹出的下拉列表中选择"值筛选"，打开级联菜单，选择"大于"，弹出"值筛选(地区)"对话框，在第 1 个文本框中选择"求和项：2010 年人口数(万人)"，在第 2 个文本框中选择"大于"，在第 3 个文本框中输入"5000"，单击"确定"按钮。

(4) 选中 B4 单元格，单击"数据"菜单下"排序和筛选"组中的"降序"按钮即可按人口数从多到少排序。

(5) 适当调整 B 列，使其格式为整数且使用千位分隔符。适当调整 C 列，使其格式为百分比且保留两位小数。最后保存文件。

4.5 　 差旅费报销统计

 题目要求

财务部助理小王需要向主管汇报 2013 年度公司差旅报销情况,现在按照如下需求完成工作:

(1) 在考生文件夹下,将"Excel 素材.xlsx"文件另存为"Excel.xlsx"(".xlsx"为扩展名)。

(2) 在"费用报销管理"工作表"日期"列的所有单元格中标注每个报销日期属于星期几,例如日期为"2013 年 1 月 20 日"的单元格应显示为"2013 年 1 月 20 日 星期日",日期为"2013 年 1 月 21 日"的单元格应显示为"2013 年 1 月 21 日 星期一"。

(3) 如果"日期"列中的日期为星期六或星期日,则在"是否加班"列的单元格中显示"是",否则显示"否"(必须使用公式)。

(4) 使用公式统计每个活动地点所在的省份或直辖市,并将其填写在"地区"列所对应的单元格中,例如"北京市""浙江省"。

(5) 依据"费用类别编号"列内容,使用 VLOOKUP 函数,生成"费用类别"列内容。对照关系参考"费用类别"工作表。

(6) 在"差旅成本分析报告"工作表 B3 单元格中,统计 2013 年第二季度发生在北京市的差旅费用总金额。

(7) 在"差旅成本分析报告"工作表 B4 单元格中,统计 2013 年员工钱顺卓报销的火车票费用总额。

(8) 在"差旅成本分析报告"工作表 B5 单元格中,统计 2013 年差旅费用中,飞机票费用占所有报销费用的比例,并保留 2 位小数。

(9) 在"差旅成本分析报告"工作表 B6 单元格中,统计 2013 年发生在周末(星期六和星期日)的通讯补助总金额。

 操作步骤

1. 建立文件

(1) 打开考生文件夹下的"Excel 素材.xlsx"文件。

(2) 单击"文件"菜单下的"另存为"按钮,弹出"另存为"对话框,在该对话框中将"文件名"设为"Excel.xlsx",保存在考生文件夹下。

2. 设置格式

在"费用报销管理"工作表中,选中"日期"列数据区域,单击鼠标右键,在弹出的快捷菜单中选择"设置单元格格式"命令,弹出"设置单元格格式"对话框。切换至"数字"选项卡,在"分类"列表框中选择"自定义"命令,在右侧的"示例"组中"类型"

列表框中输入" yyyy"年"m"月"d"日" aaaa "。设置完毕后单击"确定"按钮即可。

3. 函数填充

(1) 在"费用报销管理"工作表的 H3 单元格中输入"=IF(WEEKDAY(A3,2)>5,"是","否")"，表示在星期六或者星期日情况下显示"是"，否则显示"否"，按"Enter"键确认。向下填充公式到最后一个日期即可。

(2) 在"费用报销管理"工作表的 D3 单元格中输入"=LEFT(C3,3)"，表示取当前文字左侧的前三个字符，按"Enter"键确认。向下填充公式到最后一个日期即可。

(3) 在"费用报销管理"工作表的 F3 单元格中输入"=VLOOKUP(E3,费用类别!$A$3:$B$12,2,FALSE)"，按"Enter"键确认，然后向下填充公式到最后一个日期即可。

(4) 在"差旅成本分析报告"工作表的 B3 单元格中输入"=SUMIFS(费用报销管理!G3:G401,费用报销管理!D3:D401,"北京市",费用报销管理!A3:A401,">=2013-4-1",费用报销管理!A3:A401,"<=2013-6-30")"，按"Enter"键确认。

(5) 在"差旅成本分析报告"工作表的 B4 单元格中输入"=SUMIFS(费用报销管理!G3:G401,费用报销管理!B3:B401,"钱顺卓",费用报销管理!F3:F401,"火车票")"，按"Enter"键确认。

(6) 在"差旅成本分析报告"工作表的 B5 单元格中输入"=SUMIFS(费用报销管理!G3:G401,费用报销管理!F3:F401,费用报销管理!F3)/SUM(费用报销管理!G3:G401)"，按"Enter"键确认，并设置百分比数字格式，保留两位小数。

(7) 在"差旅成本分析报告"工作表的 B6 单元格中输入"=SUMIFS(费用报销管理!G3:G401,费用报销管理!H3:H401,"是",费用报销管理!F3:F401,"通讯补助")"，按"Enter"键确认并保存文件。

4.6 图书销售统计

 题目要求

销售部助理小王需要根据 2012 年和 2013 年的图书产品销售情况进行统计分析，以便制订新一年的销售计划和工作任务。请按照如下要求完成以下工作：

(1) 在考生文件夹下，将"Excel 素材.xlsx"文件另存为"Excel.xlsx"（".xlsx"为扩展名）。

(2) 在"销售订单"工作表的"图书编号"列中，使用 VLOOKUP 函数填充所对应"图书名称"的"图书编号"，"图书名称"和"图书编号"的对照关系请参考"图书编目表"工作表。

(3) 将"销售订单"工作表的"订单编号"列按照数值升序方式排序，并将所有重复的订单编号数值标记为紫色(标准色)字体，然后将其排列在销售订单列表区域的顶端。

(4) 在"2013 年图书销售分析"工作表中，统计 2013 年各类图书在每月的销售量，并将统计结果填充在所对应的单元格中。为该表添加汇总行，在汇总行单元格中分别计算每月图书的总销量。

(5) 在"2013 年图书销售分析"工作表中的 N4:N11 单元格中,插入用于统计销售趋势的迷你折线图,各单元格中迷你图的数据范围为所对应图书的 1 月~12 月销售数据,并为各迷你折线图标记销量的最高点和最低点。

(6) 根据"销售订单"工作表的销售列表创建数据透视表,并将创建完成的数据透视表放置在新工作表中,以 A1 单元格为数据透视表的起点位置。将工作表重命名为"2012年书店销量"。

(7) 在"2012 年书店销量"工作表的数据透视表中,设置"日期"字段为列标签,"书店名称"字段为行标签,"销量(本)"字段为求和汇总项,并在数据透视表中显示 2012 年期间各书店每季度的销量情况。提示:为了统计方便,请勿对完成的数据透视表进行额外的排序操作。

 操作步骤

1. 建立文件

(1) 打开考生文件夹下的"Excel 素材.xlsx"文件。

(2) 单击"文件"菜单下的"另存为"按钮,弹出"另存为"对话框,在该对话框中将"文件名"设为"Excel.xlsx",保存在考生文件夹下。

2. 根据图书名称填充图书单价

打开考生文件下的"Excel. xlsx"工作表, 在"销售订单"工作表的 E3 单元格中输入"=VLOOKUP(D3,图书编目表!$A$2:$B$9,2,FALSE)",按"Enter"键完成图书名称的自动填充。

3. 按订单编号排序

(1) 选中 A3:G678 列单元格,单击"开始"菜单下"编辑"组中的"排序和筛选"下拉按钮,在下拉列表中选择"自定义"排序,在打开的对话框中将"列"设置为订单编号,"排序依据"设置为数值,"次序"设置为升序,单击"确定"按钮。

(2) 选中 A3:A678 列单元格,单击"开始"菜单下"样式"组中的"条件格式"下拉按钮,选择"突出显示单元格规则"级联菜单中的"重复值"命令,弹出"重复值"对话框。单击"设置为"右侧的按钮,在下拉列表中选择"自定义格式"即可弹出"设置单元格格式"对话框,单击"颜色"下的按钮选择标准色中的"紫色",单击"确定"按钮。返回到"重复值"对话框中再次单击"确定"按钮。

(3) 选中 A3:G678 列单元格,单击"开始"菜单下"编辑"组中的"排序和筛选"下拉按钮,在下拉列表中选择"自定义排序",在打开的对话框中将"列"设置为"订单编号","排序依据"设置为"字体颜色","次序"设置为紫色、在顶端,单击"确定"按钮。

4. 填充图书销量

(1) 在"2013 年图书销售分析"工作表中,选择 B4 单元格,利用函数 SUMIFS 向导输入公式,如图 4.2 所示,输入完成后按"Enter"键确定。

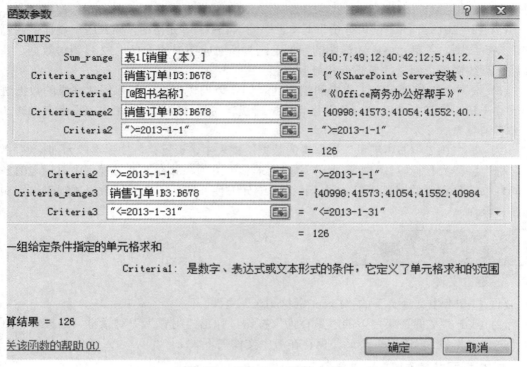

图 4.2　SUMIFS 函数向导

(2) 使用同样的方法在其他单元格中得出结果。

(3) 在 A12 单元格中输入"每月图书总销量"字样，然后选中"B12"单元格输入"=SUM(B4:B11)"，按"Enter"键确定。

(4) 将鼠标指针移动至 B12 单元格的右下角，按住鼠标并拖动至 M12 单元格中，完成填充运算。

5. 创建迷你折线图

(1) 根据题意要求选择"2013 年图书销售分析"工作表中的 N4:N11 单元格，单击"插入"菜单下"迷你图"组中的"折线图"按钮，在打开的对话框中的"数据范围"中输入为"B4:M11"，在"位置范围"文本框中输入"$N$4:$N$11"，单击"确定"按钮。

(2) 确定选中"迷你图工具"，勾选"设计"选项卡下"显示"组中的"高点""低点"复选框。

6. 创建数据透视表并按要求分组

(1) 根据题意要求切换至"销售订单"工作表中，单击"插入"菜单下"表格"组中的"数据透视表"下拉按钮，在弹出的下拉列表中选择"数据透视表"，在弹出的"创建数据透视表"对话框中将"表/区域"设置为表 1，选择"新工作表"，单击"确定"按钮。

(2) 在工作表名称上单击鼠标右键，在弹出的快捷菜单中选择"重命名"命令，将工作表重命名为"2012 年书店销量"。

(3) 根据题意要求，在"2012 年书店销量"工作表的"数据透视表字段列表"窗格中将"日期"字段拖动至"列标签"，将"书店名称"拖动至"行标签"，将"销量(本)"拖动至"Σ值"中。

(4) 选中 B4 单元格，右击选择"创建组"，弹出"分组"对话框，在下拉列表中"自动"选项中勾选"起始于/2012/1/2""终止于/2013/12/12"；在"步长"选项中选择"季度"，单击"确定"按钮。生成的图书销量透视表如表 4-2 所示，然后保存文件。

表 4-2　图书销量透视表

求和项：销量(本)	列标签					
行标签	第一季	第二季	第三季	第四季	>2012/12/31	总计
博达书店	439	761	711	685	2494	5090
鼎盛书店	1098	836	844	1038	3651	7467
隆华书店	571	772	889	626	2459	5317
总计	2108	2369	2444	2349	8604	17874

4.7　导入并汇总成绩

 题目要求

期末考试结束了，初三(14)班的班主任助理王老师需要对本班学生的各科考试成绩进行统计分析，按照下列要求完成该班的成绩统计工作。

(1) 在考生文件夹下，将"Excel 素材.xlsx"文件另存为"Excel.xlsx"（".xlsx"为扩展名）。

(2) 在工作簿"Excel.xlsx"最左侧插入一个空白工作表，重命名为"初三学生档案"，并将该工作表标签颜色设为"紫色(标准色)"。

(3) 将以制表符分隔的文本文件"学生档案.txt"自 A1 单元格开始导入到工作表"初三学生档案"中。注意：不得改变原始数据的排列顺序。将第 1 列数据从左到右依次分成"学号"和"姓名"两列显示。最后创建一个名为"档案"，包含数据区域 A1:G56，包含标题的表，同时删除外部链接。

(4) 在工作表"初三学生档案"中，利用公式及函数依次输入每个学生的性别"男"或"女"、出生日期"××××年××月××日"和年龄。其中：身份证号的倒数第 2 位用于判断性别，奇数为男性，偶数为女性；身份证号的第 7～14 位代表出生年月日；年龄需要按周岁计算，满 1 年才计 1 岁。最后适当调整工作表的行高、列宽、对齐方式等，以方便阅读。

(5) 参考工作表"初三学生档案"，在工作表"语文"中输入与学号对应的"姓名"；按照平时、期中、期末成绩各占 30%、30%、40%的比例计算每个学生的"学期成绩"并填入相应单元格中；按成绩由高到低的顺序统计每个学生的"学期成绩"排名并按"第 n名"的形式填入"班级名次"列中；按照下列条件填写"期末总评"：

语文、数学的学期成绩	其他科目的学期成绩	期末总评
≥102	≥90	优秀
≥84	≥75	良好
≥72	≥60	及格
<72	<60	不合格

(6) 将工作表"语文"的格式全部应用到其他科目工作表中，包括行高(各行行高均为22 默认单位)和列宽(各列列宽均为 14 默认单位)。并按上述(5)中的要求依次输入或统计其他科目的"姓名""学期成绩""班级名次"和"期末总评"。

(7) 分别将各科的"学期成绩"引入到工作表"期末总成绩"的相应列中，在工作表"期末总成绩"中依次引入姓名，计算各科的平均分、每个学生的总分，按成绩由高到低的顺序统计每个学生的总分排名，并以 1、2、3…的形式标识名次，最后将所有成绩的数字格式设为数值、保留两位小数。

(8) 在工作表"期末总成绩"中分别用红色(标准色)和加粗格式标出各科第一名成绩。同时将前 10 名的总分成绩用浅蓝色填充。

(9) 调整工作表"期末总成绩"的页面布局以便打印：纸张方向为横向，缩减打印输出使得所有列只占一个页面宽(但不得缩小列宽)，水平居中打印在纸上。

 操作步骤

1. 建立文件

(1) 打开考生文件夹下的"Excel 素材.xlsx"文件。

(2) 单击"文件"菜单下的"另存为"按钮，弹出"另存为"对话框，在该对话框中将"文件名"设为"Excel.xlsx"，保存在考生文件夹下。

(3) 单击"语文"工作表，右击"插入工作表"，然后双击工作表标签，将其重命名为"初三学生档案"。在该工作表标签上单击鼠标右键，在弹出的快捷菜单中选择"工作表标签颜色"，在弹出的级联菜单中选择标准色中的"紫色"。

2. 导入外部数据并分列

(1) 选中 A1 单元格，单击"数据"菜单下"获取外部数据"组中的"自文本"按钮，弹出"导入文本文件"对话框，在该对话框中选择考生文件夹下的"学生档案.txt"选项，然后单击"导入"按钮。

(2) 在弹出的对话框中选择"分隔符号"单选按钮，将"文件原始格式"设置为"54936：简体中文(GB18030)"。单击"下一步"按钮，只勾选"分隔符"列表中的"Tab 键"复选项。然后单击"下一步"按钮，选中"身份证号码"列，然后单击"文本"单选按钮，再单击"完成"按钮，在弹出的对话框中保持默认，单击"确定"按钮。

(3) 选中 B 列单元格，单击鼠标右键，在弹出的快捷菜单中选择"插入"选项。然后选中 A1 单元格，将光标置于"学号"和"名字"之间，按 3 次空格键，然后选中 A 列单

元格，单击"数据工具"组中的"分列"按钮，在弹出的对话框中选择"固定宽度"单选按钮，单击"下一步"按钮，然后建立分列线。单击"下一步"按钮，保持默认设置，单击"完成"按钮。

3. 套用表格格式

(1) 选中 A1:G56 单元格，单击"开始"菜单下"样式"组中的"套用表格格式"下拉按钮，在弹出的下拉列表中选择"表样式中等深浅 2"。

(2) 选中 A1:G56 单元格，单击"插入"菜单下的"表格"组，在弹出的对话框中勾选"表包含标题"复选框，单击"确定"按钮，然后再在弹出的对话框中选择"是"按钮。在"设计"选项卡下"属性"组中将"表名称"设置为档案。

4. "初三学生档案"工作表填充

(1) 选中 D2 单元格，在该单元格内输入 "=IF(MOD(MID(C2,17,1),2)=1,"男","女")"，按"Enter"键确认，利用自动填充功能对其他单元格进行填充。

(2) 选中 E2 单元格，在该单元格内输入公式 "=MID(C2,7,4)&"年"&MID(C2,11,2)&"月"&MID(C2,13,2)&"日""，按"Enter"键确认，利用自动填充功能对剩余的单元格进行填充。然后选择 E2：E56 单元格，单击鼠标右键，在弹出的快捷菜单中选择"设置单元格格式"选项。切换至"数字"选项卡，将"分类"设置为"日期"，然后单击"确定"按钮。

(3) 选中 F2 单元格，在该单元格内输入公式 "=INT((TODAY()-[@出生日期])/365)"，按"Enter"键确认，利用自动填充功能对其他单元格进行填充。

(4) 选中 A1: G56 区域，单击"开始"选项卡下"对齐方式"组中的"居中"按钮。适当调整表格的行高和列宽。

5. "语文"到"历史"工作表填充

(1) 选中"语文"到"历史"工作表，组成工作组。

(2) 在工作组选中状态下，单击"语文"工作表的 B2 单元格，输入公式 "=VLOOKUP(A2, 初三学生档案!$A$2:$B$56,2,0)"，按"Enter"键确认，利用自动填充功能对其他单元格进行填充。

(3) 在 F2 单元格中输入公式 "=SUM(C2*30%)+(D2*30%)+(E2*40%)"，按"Enter"键确认。

(4) 在 G2 单元格中输入公式 "="第"&RANK(F2,$F$2:$F$45)&"名""，按"Enter"键确认。利用自动填充功能对其他单元格进行填充。然后退出工作组状态。

(5) 重新选中"语文"和"数学"工作表组成工作组，在"语文"工作表的 H2 单元格中输入公式 "=IF(F2>=102,"优秀",IF(F2>=84,"良好",IF(F2>=72,"及格","不及格")))"，按"Enter"键确认，利用自动填充功能对其他单元格进行填充。

(6) 选中"英语"到"历史"工作表组成工作组，在"英语"工作表中的 H2 单元格中输入公式"=IF(F2>=90,"优秀",IF(F2>=75,"良好",IF(F2>=60,"及格","不及格")))"，按"Enter"键确认，然后利用自动填充功能对其他单元格进行填充。

6. 复制工作表格式并设置行高和列宽

(1) 选择"语文"工作表中的 A1:H45 单元格区域，按"Ctrl + C"键进行复制，选中

"数学"到"历史"工作表中的 A1:H45 区域,单击鼠标右键,在弹出的快捷菜单中选择"粘贴选项"下的"格式"按钮。

(2) 继续选择"数学"到"历史"工作表的 A1:H45 区域,单击"开始"菜单下"单元格"组中的"格式"下拉按钮,在弹出的下拉列表中选择"行高"选项,在弹出的对话框中将"行高"设置为 22,单击"确定"按钮。单击"格式"下拉按钮,在弹出的下拉列表中选择"列宽"选项,在弹出的对话框中将"列宽"设置为 14,单击"确定"按钮。

7. 期末总成绩填充

(1) 进入到"期末总成绩"工作表中,选择 B3 单元格,在该单元格内输入公式"=VLOOKUP(A3,初三学生档案!$A$2:$B$56,2,0)",按"Enter"键确认,然后利用自动填充功能将其填充至 B46 单元格中。

(2) 选择 C3 单元格,在该单元格内输入公式"=VLOOKUP(A3,语文!$A$2:$F$45,6,0)",按"Enter"键确认,然后利用自动填充功能将其填充至 C46 单元格中。

(3) 选择 D3 单元格,在该单元格内输入公式"=VLOOKUP(A3,数学!$A$2:$F$45,6,0)",按"Enter"键确认,然后利用自动填充功能将其填充至 D46 单元格中。

(4) 使用相同的方法为其他科目填充平均分。选择 J3 单元格,在该单元格内输入公式"=SUM(C3:I3)",利用自动填充功能将其填充至 J46 单元格中。

(5) 在 K3 单元格中输入公式"=RANK(J3,$J$3:$J$46,0)",按"Enter"键确认,利用自动填充功能将其填充至 K46 单元格中。

(6) 在 A47 单元格中输入平均分,在 C47 单元格中输入公式"=AVERAGE(C3:C46)",按"Enter"键确认,利用自动填充功能将其填充至 J47 单元格中。

(7) 选择 C3:J47 单元格,在选择的单元格内单击鼠标右键,在弹出的快捷菜单中选择"设置单元格格式"选项。在弹出的对话框中选择"数字"选项卡,将"分类"设置为数值,将"小数位数"设置为 2,单击"确定"按钮。

8. 条件格式设置

(1) 选择 C3:C46 单元格,单击"开始"菜单下"样式"组中的"条件格式"按钮,在弹出的下拉列表中选择"新建规则"选项,在弹出的对话框中将"选择规则类型"设置为"仅对排名靠前或靠后的数值设置格式",然后将"编辑规则说明"设置为"前""1"。

(2) 单击"格式"按钮,在弹出的对话框中将"字形"设置为加粗,将"颜色"设置为标准色中的"红色",单击两次"确定"按钮。按同样的操作方式为其他 6 科分别用红色和加粗标出各科第一名成绩。

(3) 选择 J3:J12 单元格,单击"开始"菜单下"样式"组中的"条件格式"按钮,在弹出的下拉列表中选择"项目选取规则"选项,在弹出的对话框中选择"前 10 项(T)",在级联选项中选择"自定义格式",在弹出的快捷菜单中选择"设置单元格格式"选项,切换至"填充"选项卡,然后单击"浅蓝"颜色块,单击"确定"按钮。

9. 页面设置

(1) 在"页面布局"菜单下"页面设置"组中单击对话框启动器按钮,在弹出的对话框中切换至"页边距"选项卡,勾选"居中方式"选项组中的"水平"复选框。

(2) 切换至"页面"选项卡,将"方向"设置为横向。选择"缩放"选项组下的"调整为"单选按钮，将其设置为 1 页宽，单击"确定"按钮，最后保存文件。

4.8　停车收费管理

 题目要求

某停车场计划调整收费标准，拟从原来的"不足 15 分钟按 15 分钟收费"调整为"不足 15 分钟部分不收费"。市场部抽取了历史停车收费记录，期望通过分析该记录来掌握该政策调整后对营业额的影响。根据考生文件夹下"Excel 素材.xlsx"文件中的数据信息，帮助市场分析员完成以下工作：

(1) 在考生文件夹下，将"Excel 素材.xlsx"文件另存为"Excel.xlsx"（".xlsx"为扩展名）。

(2) 在"停车收费记录"工作表中，将涉及金额的单元格均设置为带货币符号(¥)的会计专用类型格式，并保留 2 位小数。

(3) 参考"收费标准"工作表，利用公式将收费标准金额填入到"停车收费记录"工作表的"收费标准"列。

(4) 利用"停车收费记录"工作表中"出场日期""出场时间"与"进场日期""进场时间"列的关系，计算"停放时间"列，该列计算结果的显示方式为"××小时××分钟"。

(5) 依据停放时间和收费标准，计算当前收费金额并填入"收费金额"列；计算拟采用新收费政策后的预计收费金额并填入"拟收费金额"列；计算拟调整后的收费与当前收费之间的差值，并填入"收费差值"列。

(6) 将"停车收费记录"工作表数据套用"表样式中等深浅 12"表格格式，并添加汇总行，为"收费金额""拟收费金额"和"收费差值"列进行汇总求和。

(7) 在"收费金额"列中，将单次停车收费达到 100 元的单元格突出显示为黄底红字格式。

(8) 新建名为"数据透视分析"的工作表，在该工作表中创建 3 个数据透视表。位于 A3 单元格的数据透视表行标签为"车型"，列标签为"进场日期"，求和项为"收费金额"，以分析当前每天的收费情况；位于 A11 单元格的数据透视表行标签为"车型"，列标签为"进场日期"，求和项为"拟收费金额"，以分析调整收费标准后每天的收费情况；位于 A19 单元格的数据透视表行标签为"车型"，列标签为"进场日期"，求和项为"收费差值"，以分析调整收费标准后每天的收费变化情况。

 操作步骤

1．建立文件

(1) 打开考生文件夹下的"Excel 素材.xlsx"文件。

(2) 单击"文件"菜单下的"另存为"按钮，弹出"另存为"对话框，在该对话框中将"文件名"设为"Excel.xlsx"，保存在考生文件夹下。

2. 单元格格式设置

(1) 首先选中 E、K、L、M 列单元格数据，切换至"开始"菜单，在"数字"选项组中单击右侧的对话框启动器按钮，打开"设置单元格格式"对话框，在"数字"选项卡的"分类"中选择"数值"，在"小数点位数"的右侧输入"2"，单击"确定"按钮。

(2) 选择"停车收费记录"表中的 E2 单元格，输入"=VLOOKUP(C2,收费标准!A$3:B$5,2,0)"，然后按"Enter"键确认，然后向下拖动将数据进行填充。

(3) 首先选中 J 列单元格数据，然后切换至"开始"选项卡，单击"数字"选项组中的对话框启动器按钮，打开"设置单元格格式"对话框，在"分类"选项组中选择"时间"，将"时间"类型设置为"××时××分"，单击"确定"按钮。

(4) 计算停放时间，首先利用 DATEDIF 计算日期的差值，乘以 24；再加上进场时间和出场时间的差值。即在 J2 单元格中输入"=DATEDIF(F2,H2,"YD")*24+(I2-G2)"，并向下拖动将数据进行填充。或在 J2 单元格中输入"=TEXT((H2+I2)-(F2+G2),"[hh]小时 mm 分钟")"，再按"Enter"键确认，然后向下拖动将数据进行填充。

3. 收费金额计算

(1) 计算收费金额，在 K2 单元格中输入公式 "=E2*(TRUNC((HOUR(J2)*60 + MINUTE(J2))/15)+1)"，并向下自动填充单元格。或者输入"=ROUNDUP(((H2 + I2) − (F2 + G2))*24*60/15,0)*E2"，再按"Enter"键确认，然后向下拖动将数据进行填充。

(2) 计算拟收费金额，在 L2 单元格中输入公式 "=E2*TRUNC((HOUR(J2)*60 + MINUTE(J2))/15)"，并向下自动填充单元格。或者输入"=ROUNDDOWN(((H2 + I2) − (F2 + G2))*24*60/15,0)*E2"，再按"Enter"键确认，然后向下拖动将数据进行填充。

(3) 计算差值，在 M2 单元格中输入公式"=K2-L2"，再按"Enter"键确认，然后向下拖动将数据进行填充。

4. 套用表格格式

(1) 选择 A1:M550 单元格区域，单击"开始"菜单下"样式"选项组中的"套用表格格式"下拉按钮，在下拉样式选项中选择"表样式中等深浅 12"。

(2) 选择 K551 单元格，输入公式"=SUM(k2:k550)"或"=SUM([收费金额])"。按"Enter"键即可完成求和运算。或者输入"=SUBTOTAL(109,K2:K550)"，也可完成求和运算。

(3) 选择 K551 单元格，使用复制公式完成 L551、M551 单元格的求和运算。

5. 条件格式设置

(1) 首先选择"收费金额"列单元格，单击"开始"菜单下"样式"选项组中的"条件格式"下拉按钮，在弹出的下拉列表中选择"突出显示单元格规则"下的"大于"按钮。

(2) 在打开的"大于"对话框中，将"数值"设置为"100"，单击"设置为"右侧的下三角按钮，在弹出的下拉列表中选择"自定义格式"。

(3) 在弹出的"设置单元格格式"对话框中，切换至"字体"选项卡，将颜色设置为"红色"。

(4) 切换至"填充"选项卡，将"背景颜色"设置为"黄色"，单击"确定"按钮。返回到"大于"对话框，再次单击"确定"按钮。

6. 创建数据透视表

(1) 选择"停车收费记录"内 C2:M550 单元格区域的内容。

(2) 切换至"插入"菜单下，单击"表格"下的"数据透视表"按钮，弹出"创建数据透视表"对话框，单击"确定"按钮后，进入数据透视表设计窗口。

(3) 在"数据透视表字段列表"中拖动"车型"到"行"区域，拖动"进场日期"到"列"区域，拖动"收费金额"到"Σ值"区域。将透视表置于现工作表 A3 为起点的单元格区域内。

(4) 使用同样的方法得到第 2 和第 3 个数据透视表。第 2 个透视表的行为"车型"，列为"进场日期"，值为"拟收费金额"，可以提供调整收费政策后每天的收费情况；第 3 个透视表行为"车型"，列为"进场日期"，值为"差值"，可以提供收费政策调整后每天的收费变化情况。最后保存文件。

4.9　统考成绩汇总

 题目要求

滨海市对重点中学组织了一次物理统考，并生成了所有考生和每一个题目的得分。市教委要求小罗老师根据已有数据，统计分析各学校及班级的考试情况。具体要求如下：

(1) 在考生文件夹下，将"Excel 素材.xlsx"另存为"Excel.xlsx"文件。

(2) 利用"成绩单""小分统计"和"分值表"工作表中的数据，完成"按班级汇总"和"按学校汇总"工作表中相应空白列的数值计算。具体提示如下：

① "考试学生数"列必须利用公式计算，"平均分"列由"成绩单"工作表数据计算得出。

② "分值表"工作表中给出了本次考试各题的类型及分值。(备注：本次考试一共 50 道小题，其中"1"至"40"为客观题，"41"至"50"为主观题)。

③ "小分统计"工作表中包含了各班级每一道小题的平均得分，通过其可计算出各班级的"客观题平均分"和"主观题平均分"。(备注：由于系统生成每题平均得分时已经进行了四舍五入操作，因此通过其计算"客观题平均分"和"主观题平均分"之和时，可能与根据"成绩单"工作表的计算结果存在一定误差)。

④ 利用公式计算"按学校汇总"工作表中的"客观题平均分"和"主观题平均分"，计算方法为：每个学校的所有班级相应平均分乘以对应班级人数，相加后再除以该校的总考生数。

⑤ 计算"按学校汇总"工作表中的每题得分率，即每个学校所有学生在该题上的得分之和除以该校总考生数，再除以该题的分值。

⑥ 所有工作表中"考试学生数""最高分""最低分"显示为整数；各类平均分显示为数值格式，并保留 2 位小数；各题得分率显示为百分比数据格式，并保留 2 位小数。

(3) 新建"按学校汇总 2"工作表，将"按学校汇总"工作表中所有单元格数值转置复制到新工作表中。

(4) 将"按学校汇总 2"工作表中的内容套用表格样式"表样式中等深浅 12";将得分率低于 80% 的单元格标记为"浅红填充色深红色文本"格式,将介于 80% 和 90% 之间的单元格标记为"黄填充色深黄色文本"格式。

　操作步骤

1. 建立文件

(1) 打开考生文件夹下的"Excel 素材.xlsx"文件。

(2) 单击"文件"菜单下的"另存为"按钮,弹出"另存为"对话框,在该对话框中将"文件名"设为"Excel.xlsx",将其保存于考生文件夹下。

2. 填充"按班级汇总"工作表中的各列数据

(1) 切换到"按班级汇总"工作表中,在 C2 单元格里输入"=COUNTIFS(成绩单!$A$1:$A$950,A2,成绩单!$B$1:$B$950,B2)",按"Enter"键完成输入。

(2) 在 D2 单元格里输入"=MAX(IF((成绩单!$A$2:$A$950=A2)*(成绩单!$B$2:$B$950=B2),成绩单!$D$2:$D$950))",按"Ctrl + Shift + Enter"键完成输入,双击右下角的填充柄填充数据。

(3) 在 E2 单元格里输入"=MIN(IF((成绩单!$A$2:$A$950=按班级汇总!A2)*(成绩单!$B$2:$B$950=按班级汇总!B2),成绩单!$D$2:$D$950))",按"Ctrl + Shift + Enter"键完成输入。

(4) 在 F2 单元格里输入"=AVERAGEIFS(成绩单!$D$2:$D$950, 成绩单!$A$2:$A$950, A2, 成绩单!$B$2:$B$950, B2)",按"Enter"键完成输入。或者输入"=AVERAGE(IF((成绩单!$A$2:$A$950=A2)*(成绩单!$B$2:$B$950=B2), 成绩单!$D$2:$D$950))",按"Ctrl + Shift + Enter"键完成输入。

(5) 在 G2 单元格里输入"=SUM(小分统计!C2:AP2)",按"Enter"键完成输入,双击右下角的填充柄填充数据。

(6) 在 H2 单元格里输入"=SUM(小分统计!AQ2:AZ2)",按"Enter"键完成输入,双击右下角的填充柄填充数据。

(7) 选择 C、D、E 列,单击鼠标右键,在弹出的快捷菜单中选择"设置单元格格式"选项,在弹出的对话框中的选择"分类"列表中选择"数值"选项,将"小数位数"设置为"0",设置完成后,单击"确定"按钮。按同样的方式,将 F、G、H 列的"小数位数"设置为"2"。

3. 填充"按学校汇总"工作表中的各列数据

(1) 切换到"按学校汇总"工作表中,在 B2 单元格中输入"=COUNTIF(成绩单!$A$2:$A$950, 按学校汇总!A2)",按"Enter"键完成输入,双击右下角的填充柄填充数据。

(2) 在 C2 单元格中输入"=MAX(IF(成绩单!$A$2:$A$950=A2,成绩单!$D$2:$D$950))",按"Ctrl + Shift + Enter"键完成输入,双击右下角的填充柄填充数据。

(3) 在 D2 单元格中输入"=MIN(IF(成绩单!$A$2:$A$950=按学校汇总!A2,成绩单!$D$2:$D$950))",按"Ctrl + Shift + Enter"键输入,双击右下角的填充柄填充数据。

(4) 在 E2 单元格中输入"=AVERAGEIFS(成绩单!\$D\$2:\$D\$950,成绩单!\$A\$2:\$A\$950,A2)",按"Enter"键完成输入,双击右下角的填充柄填充数据。或者输入"=AVERAGE(IF(成绩单!\$A\$2:\$A\$950=A2,成绩单!\$D\$2:\$D\$950))",按"Ctrl + Shift + Enter"键完成输入,双击右下角的填充柄填充数据。

(5) 在 F2 单元格中输入"=SUM((按班级汇总!\$A\$2:\$A\$33=按学校汇总!A2)*(按班级汇总!\$C\$2:\$C\$33)*(按班级汇总!\$G\$2:\$G\$33))/按学校汇总!B2",按"Ctrl + Shift + Enter"键完成输入,双击右下角的填充柄填充数据。

(6) 在 G2 单元格中输入"=SUM((按班级汇总!\$A\$2:\$A\$33=按学校汇总!A2)*(按班级汇总!\$C\$2:\$C\$33)*(按班级汇总!\$H\$2:\$H\$33))/按学校汇总!B2",按"Ctrl + Shift + Enter"键完成输入,双击右下角的填充柄填充数据。

(7) 在 H2 单元格中输入"=SUM((小分统计!\$A\$2:\$A\$33=按学校汇总!\$A2)*小分统计!\$C\$2:\$C\$33*按班级汇总!\$C\$2:\$C\$33)/按学校汇总!\$B2/分值表!B\$3",按"Ctrl + Shift + Enter"键完成输入,拖动填充柄,横向填充到 BE2 单元格,紧接着从 BE2 单元格,拖动填充柄,纵向填充到 BE5 单元格。

(8) 选择 C、D、E 列,单击鼠标右键,在弹出的快捷菜单中选择"设置单元格格式"选项,在弹出的对话框中选择"分类"列表中的"数值"选项,将"小数位数"设置为"0",设置完成后,单击"确定"按钮。按同样的方式,将 E、F、G 列"小数位数"设置为"2"。

4．建立转置的工作表

(1) 选择"按学校汇总"中的所有数据,建立工作表副本,改名为"按学校汇总 2"。

(2) 选中"按学校汇总"工作表中的单元格 A1:BE5,单击"开始"菜单下"剪贴板"组中的"复制"按钮。切换到"按学校汇总 2"工作表中,选择 A1 单元格,单击"粘贴"按钮下的"选择性粘贴"命令,在弹出的"选择性粘贴"对话框中选择"粘贴"组中的"值和数字格式"选项,并勾选下方的"转置"复选框,单击"确定"按钮。

5．套用表格样式并设置条件格式

(1) 选择"按学校汇总 2"的所有数据 A1:E57,在"开始"菜单下"样式"选项组中单击"套用表格格式"按钮,在弹出的下拉列表中选择"表样式中等深浅 12"。

(2) 选择得分率数据 A8:E57,在"开始"菜单下"样式"选项组中单击"条件格式",选择"突出显示单元格规则"中的"小于",在数值处输入"80%",设置为题目要求格式"浅红色填充深红色文本";在"条件格式"下的"突出显示单元格规则"中选择"介于",在数值处输入"80%"和"90%",设置为题目要求格式"黄填充色深黄色文本"。最后保存文件。

4.10　销售业绩统计

 题目要求

销售部助理小王需要针对公司上半年产品销售情况进行统计分析,并对全年销售计划

执行情况进行评估。按照如下要求完成该项工作：

(1) 在考生文件夹下，打开"Excel 素材.xlsx"文件，将其另存为"Excel.xlsx"（".xlsx"为扩展名）。

(2) 在"销售业绩表"工作表的"个人销售总计"列中，通过公式计算每名销售人员 1 月～6 月的销售总和。

(3) 依据"个人销售总计"列的统计数据，在"销售业绩表"工作表的"销售排名"列中通过公式计算销售排行榜，个人销售总计排名第一的显示"第 1 名"，个人销售总计排名第二的显示"第 2 名"，以此类推。

(4) 在"按月统计"工作表中，利用公式计算 1 月～6 月的销售达标率，即销售额大于 60000 元的人数所占比例，并填写在"销售达标率"行中。要求以百分比格式显示计算数据，并保留 2 位小数。

(5) 在"按月统计"工作表中，分别通过公式计算各月排名第 1、第 2 和第 3 的销售业绩，并填写在"销售第一名业绩""销售第二名业绩"和"销售第三名业绩"所对应的单元格中。要求使用人民币会计专用数据格式，并保留 2 位小数。

(6) 依据"销售业绩表"中的数据明细，在"按部门统计"工作表中创建一个数据透视表，并将其放置于 A1 单元格中。要求可以统计出各部门的人员数量，以及各部门的销售额占销售总额的比例。数据透视表效果可参考"按部门统计"工作表中的样例。

(7) 在"销售评估"工作表中创建标题为"销售评估"的图表，借助此图表可以清晰反映每月"A 类产品销售额"和"B 类产品销售额"之和，与"计划销售额"的对比情况。图表效果可参考"销售评估"工作表中的样例。

1. 建立文件

(1) 打开考生文件夹下的"Excel 素材.xlsx"文件。

(2) 单击"文件"菜单下的"另存为"按钮，弹出"另存为"对话框，在该对话框中将"文件名"设为"Excel.xlsx"，保存在考生文件夹下。

2. 计算销售总和

(1) 选中"销售业绩表"中的 J3 单元格，输入"=SUM(D3:I3)"，按"Enter"键确认。

(2) 使用鼠标拖动 J3 单元格右下角的填充柄，向下填充到 J46 单元格。

3. 用函数计算销售排名

(1) 选中"销售业绩表"中的 K3 单元格，输入公式 "="第"& RANK([@个人销售总计],[个人销售总计],0)&"名" "，按"Enter"键确认。

(2) 使用鼠标拖动 K3 单元格右下角的填充柄，向下填充到 K46 单元格。

4. 销售达标率计算

(1) 选中"按月统计"工作表中的 B3:G3 单元格区域，单击鼠标右键，在弹出的快捷菜单中选择"设置单元格格式"命令，弹出"设置单元格格式"对话框，在"数字"选项卡中选择"分类"列表框中的"百分比"，将右侧的"小数位数"设置为"2"，单击"确定"

按钮。

(2) 选中 B3 单元格，输入公式 "=COUNTIF(表 1[一月份],">60000")/COUNT(表 1[一月份])"，按 "Enter" 键确认，拖动 B3 单元格的填充柄，向右填充到 G3 单元格。

5. 按月统计销售业绩

(1) 选中 "按月统计" 工作表中的 B4:G6 单元格区域，单击鼠标右键，在弹出的快捷菜单中选择 "设置单元格格式" 命令，弹出 "设置单元格格式" 对话框，在 "数字" 选项卡中选择 "分类" 列表框中的 "会计专用"，将右侧的 "小数位数" 设置为 "2"，"货币符号(国家/地区)" 设置为人民币符号 "￥"，单击 "确定" 按钮。

(2) 选中 B4 单元格，输入公式 " =LARGE(表 1[一月份],1) "，按 "Enter" 键确认，拖动 B4 单元格的填充柄，向右填充到 G4 单元格。

(3) 选中 B5 单元格，输入公式 "=LARGE(表 1[一月份],2) "，按 "Enter" 键确认，拖动 B5 单元格的填充柄，向右填充到 G5 单元格。

(4) 选中 B6 单元格，输入公式 "=LARGE(表 1[一月份],3)"，按 "Enter" 键确认，拖动 B6 单元格的填充柄，向右填充到 G6 单元格。

6. 创建数据透视表

(1) 选中 "按部门统计" 工作表中的 A1 单元格，单击 "插入" 菜单下 "表格" 组中的 "数据透视表" 按钮，弹出 "创建数据透视表" 对话框，单击 "表/区域" 文本框右侧的 "折叠对话框" 按钮，使用鼠标单击 "销售业绩表" 并选择数据区域 A2:K46，按 "Enter" 键展开 "创建数据透视表" 对话框，最后单击 "确定" 按钮。

(2) 在 "数据透视表字段列表" 中拖动 "销售团队" 字段到 "行" 区域中，拖动 "员工编号" 字段到 "Σ值" 区域并自动设置汇总方式为 "计数"，拖动 "个人销售总计" 字段到 "Σ值" 区域中。

(3) 选中 C2 单元格，右击选择 "值显示方式" 选项卡，在 "值显示方式" 下拉列表框中选择 "列总计的百分比"，单击 "确定" 按钮。

(4) 双击 A1 单元格，输入标题名称 "部门"；双击 B1 单元格，在弹出的 "值字段设置" 对话框中的 "自定义名称" 文本框中输入 "销售团队人数"，单击 "确定" 按钮；同理双击 C1 单元格，在弹出的 "值字段设置" 对话框中的 "自定义名称" 文本框中输入 "各部门所占销售比例"，单击 "确定" 按钮。

7. 创建图表

(1) 选中 "销售评估" 工作表中的 A2:G5 单元格区域，单击 "插入" 菜单下 "图表" 组中的 "插入柱形图或条形图" 中 "二维柱形图" 下的 "堆积柱形图"。

(2) 选中创建的图表，在 "图表工具" → "布局" 选项卡下，单击 "标签" 组中的 "图表标题" 下拉按钮，选择 "图表上方"。选中添加的图表标题文本框，将图表标题修改为 "销售评估"。

(3) 单击 "图表工具" 菜单下的 "设计" 选项卡下 "图表样式" 组中的 "样式 3"，将 "设置图例格式" 选择为 "图例位置" "靠下"。

(4) 单击选中图表区中的 "计划销售额" 图形，单击鼠标右键，在弹出的快捷菜单中选择 "设置数据系列格式" 命令，弹出 "设置数据系列格式" 对话框，在 "系列选项" 中选中"次坐标轴",同时将"分类间距"调整到 60%。

(5) 在"设置数据系列格式"对话框中单击"填充和线条"按钮,在"填充"选项组中选择"无填充",在"边框"选项组中选择"实线",将颜色设置为标准色的"红色",将"宽度"设置为 2 磅,单击"关闭"按钮。

(6) 单击选中图表右侧出现的"次坐标轴垂直(值)轴",按"Delete"键将其删除。

(7) 适当调整图表的大小及位置后的销售评估图表,如图 4.3 所示。保存文件。

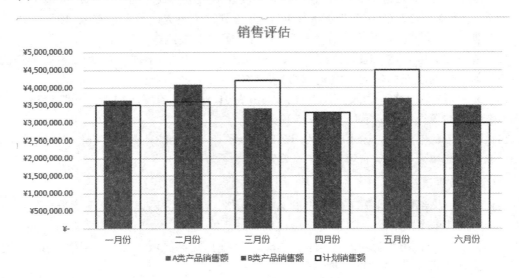

图 4.3　销售评估图表

4.11　图书订单统计

 题目要求

销售部助理小王需要针对 2012 年和 2013 年的公司产品销售情况进行统计分析,以便制订新的销售计划和工作任务。按照如下需求完成工作:

(1) 在考生文件夹下,打开"Excel 素材.xlsx"文件,将其另存为"Excel.xlsx"(".xlsx"为扩展名)。

(2) 在"订单明细"工作表中,删除订单编号重复的记录(保留第一次出现的那条记录),但须保持原订单明细的记录顺序。

(3) 在"订单明细"工作表的"单价"列中,利用 VLOOKUP 公式计算并填写相对应图书的单价金额。图书名称与图书单价的对应关系可参考工作表"图书定价"。

(4) 如果每订单的图书销量超过 40 本(含 40 本),则按照图书单价的 9.3 折进行销售;否则按照图书单价的原价进行销售。按照此规则,使用公式计算并填写"订单明细"工作表中每笔订单的"销售额小计",保留 2 位小数。要求该工作表中的金额以显示精度参与后续的统计计算。

(5) 根据"订单明细"工作表的"发货地址"列信息，并参考"城市对照"工作表中省市与销售区域的对应关系，计算并填写"订单明细"工作表中每笔订单的"所属区域"。

(6) 根据"订单明细"工作表中的销售记录，分别创建名为"北区""南区""西区"和"东区"的工作表，这 4 个工作表中分别统计本销售区域各类图书的累计销售金额，统计格式参考"统计样例"工作表。将这 4 个工作表中的金额设置为带千分位的、保留两位小数的数值格式。

(7) 在"统计报告"工作表中，分别根据"统计项目"列的描述，计算并填写所对应的"统计数据"单元格中的信息。

 **操作步骤**

1. 建立文件

(1) 打开考生文件夹下的"Excel 素材.xlsx"文件。

(2) 单击"文件"菜单下的"另存为"按钮，弹出"另存为"对话框，在该对话框中将"文件名"设为"Excel.xlsx"，将其保存于考生文件夹下。

2. 删除重复项

在"订单明细"工作表中选中 A2:I647 区域，单击"数据"菜单下"数据工具"组中的"删除重复项"按钮，在弹出的对话框中单击全选，单击"确定"按钮。

3. 计算单价和销售额

(1) 在"订单明细"工作表 E3 单元格中输入"=VLOOKUP([@图书名称],表 2,2,0)"，按"Enter"键确认并拖动填充柄向下完成自动填充。

(2) 在"订单明细"工作表 I3 单元格中输入"=IF([@销量(本)]>=40,[@单价]*[@销量(本)]*0.93,[@单价]*[@销量(本)])"，按"Enter"键确认并拖动填充柄向下完成自动填充。

(3) 设置销售额小计列数字格式，保留 2 位小数。单击"文件"菜单→"选项"→"高级"，在"公式"下勾选，将精度设为所显示的精度(P)。

4. 填充所属区域

在"订单明细"工作表的 H3 单元格中输入"=VLOOKUP(MID([@发货地址],1,3),表 3,2,0)"，按"Enter"键确认并拖动填充柄向下自动填充单元格。

5. 创建数据透视表

(1) 单击"订单明细"工作表，再单击"插入"菜单下"表格"选项组中的"数据透视表"下拉按钮，在弹出的"创建数据透视表"对话框中勾选"选择一个表或区域"单选按钮，在"表/区域"中输入"表 1"，位置为"新建工作表"，单击"确定"按钮。

(2) 在新建工作表中将"图书名称"拖动至"行"区域，将"所属区域"拖动至"筛选器"区域，将"销售额小计"拖动至"Σ值"区域。参照样张将数据透视表的 A3 单元格的内容改为"图书名称"，将 B3 的内容改为"销售额"。

(3) 选中数据区域 B 列数据，切换到"开始"选项卡，单击"数字"选项组的对话框启动器按钮，在弹出的"设置单元格格式"对话框中选择"分类"组中的"数值"，勾选"使用千分位分隔符"，"小数位数"设为"2"，单击"确定"按钮。

(4) 切换至"数据透视表工具"组中的"分析"选项卡,在"数据透视表"选项组中单击"选项"按钮,在弹出的下拉列表中选择"显示报表筛选页(P)",生成"北区""南区""东区""西区"4个新的数据透视表。

6. 多条件求和计算

(1) 在"统计报告"工作表 B3 单元格中输入"=SUMIFS(表 1[销售额小计],表 1[日期],">=2013-1-1",表 1[日期],"<=2013-12-31")"。然后选择 B4:B7 单元格,按"Delete"键删除。

(2) 在"统计报告"工作表 B4 单元格中输入"=SUMIFS(表 1[销售额小计],表 1[图书名称],订单明细!D7,表 1[日期],">=2012-1-1",表 1[日期],"<=2012-12-31")",按"Enter"键确认。

(3) 在"统计报告"工作表 B5 单元格中输入"=SUMIFS(表 1[销售额小计],表 1[书店名称],订单明细!C14,表 1[日期],">=2013-7-1",表 1[日期],"<=2013-9-30")",按"Enter"键确认。

(4) 在"统计报告"工作表 B6 单元格中输入"=SUMIFS(表 1[销售额小计],表 1[书店名称],订单明细!C14,表 1[日期],">=2012-1-1",表 1[日期],"<=2012-12-31")/12",按"Enter"键确认。

(5) 在"统计报告"工作表 B7 单元格中输入"=SUMIFS(表 1[销售额小计],表 1[书店名称],订单明细!C14,表 1[日期],">=2013-1-1",表 1[日期],"<=2013-12-31")/SUMIFS(表 1[销售额小计],表 1[日期],">=2013-1-1",表 1[日期],"<=2013-12-31")",按"Enter"键确认。设置数字格式为百分比,保留两位小数。

(6) 保存文件。

4.12 电器销售管理

 题目要求

李东阳是某家用电器企业的战略规划人员,正在参与制订本年度的生产与营销计划。为此,他需要对上一年度不同产品的销售情况进行汇总和分析,从中提炼出有价值的信息。根据下列要求,帮助李东阳运用已有的原始数据完成分析工作。

(1) 在考生文件夹下,将文档"Excel 素材.xlsx"另存为"Excel.xlsx"("xlsx"为扩展名)。

(2) 在工作表 Sheet1 中,从 B3 单元格开始,导入"数据源.txt"中的数据,并将工作表名称修改为"销售记录"。

(3) 在"销售记录"工作表的 A3 单元格中输入文字"序号",从 A4 单元格开始,为每笔销售记录插入"001、002、003…"格式的序号;将 B 列(日期)中数据的数字格式修改为只包含月和日的格式(3/14);在 E3 和 F3 单元格中,分别输入文字"价格"和"金额";对标题行区域 A3:F3 应用单元格的上框线和下框线,对数据区域的最后一行 A891:F891 应用单元格的下框线;其他单元格无边框线;不显示工作表的网格线。

(4) 在"销售记录"工作表的 A1 单元格中输入文字"2012 年销售数据",并使其显示在 A1:F1 单元格区域的正中间(注意:不要合并上述单元格区域);将"标题"单元格样式的字体修改为"微软雅黑"，并应用于 A1 单元格中的文字内容；隐藏第 2 行。

(5) 在"销售记录"工作表的 E4:E891 中，应用函数输入 C 列(类型)所对应的产品价格，价格信息可以在"价格表"工作表中进行查询；然后将填入的产品价格设为货币格式，并保留零位小数。

(6) 在"销售记录"工作表的 F4:F891 中，计算每笔订单记录的金额，并应用货币格式，保留零位小数，计算规则为：金额 = 价格 × 数量 × (1 − 折扣百分比)，折扣百分比由订单中的订货数量和产品类型决定，可以在"折扣表"工作表中进行查询，例如某个订单中产品 A 的订货量为 1510，则折扣百分比为 2%(提示：为便于计算，可对"折扣表"工作表中表格的结构进行调整)。

(7) 将"销售记录"工作表的单元格区域 A3:F891 中的所有记录居中对齐，并将发生在周六或周日的销售记录的单元格的填充颜色设为黄色。

(8) 在名为"销售量汇总"的新工作表中自 A3 单元格开始创建数据透视表，按照月份和季度对"销售记录"工作表中的 3 种产品的销售数量进行汇总；在数据透视表右侧创建数据透视图，图表类型为"带数据标记的折线图"，并为"产品 B"系列添加线性趋势线，显示"公式"和"R2 值"(数据透视表和数据透视图的样式可参考考生文件夹中的"数据透视表和数据透视图.png"示例文件)；将"销售量汇总"工作表移动到"销售记录"工作表的右侧。

(9) 在"销售量汇总"工作表右侧创建一个新的工作表，名称为"大额订单"；在这个工作表中使用高级筛选功能，筛选出"销售记录"工作表中产品 A 数量在 1550 以上，产品 B 数量在 1900 以上以及产品 C 数量在 1500 以上的记录(将条件区域放置在 1~4 行，将筛选结果放置在从 A6 单元格开始的区域)。

 操作步骤

1. 建立文件

(1) 打开考生文件夹下的"Excel 素材.xlsx"文件。

(2) 单击"文件"菜单下的"另存为"按钮，弹出"另存为"对话框，在该对话框中将"文件名"设为"Excel.xlsx"，保存在考生文件夹下。

2. 导入数据

(1) 选中 Sheet1 工作表中的 B3 单元格，单击"数据"菜单下"获取外部数据"工作组中的"自文本"按钮，弹出"导入文本文件"对话框，选择考生文件夹下的"数据源.txt"文件，单击"导入"按钮。

(2) 在弹出的"文本导入向导-第 1 步，共 3 步"对话框中，采用默认设置，单击"下一步"按钮，在弹出的"文本导入向导-第 2 步，共 3 步"对话框中，采用默认设置，继续单击"下一步"按钮。

(3) 进入"文本导入向导-第 3 步，共 3 步"对话框中，在"数据预览"选项卡组中选中"日期"列，在"列数据格式"选项组中，设置"日期"列格式为"YMD"，按同样的方法设置"类型"列数据格式为"文本"，设置"数量"列格式为"常规"，单击"完成"按钮。

（4）弹出"导入数据"对话框，采用默认设置，单击"确定"按钮。

（5）重命名 Sheet1 为"销售记录"。

3. 填充并设置格式

（1）选中"销售记录"工作表的 A3 单元格，输入文本"序号"。

（2）选中 A4 单元格，在单元格中输入"'001"，拖动 A4 单元格右下角的填充柄填充到 A891 单元格。

（3）选择 B3:B891 单元格区域，单击鼠标右键，在弹出的"设置单元格格式"对话框中选择"数字"选项卡，在"分类"列表框中选择"日期"，在右侧的"类型"列表框中选择"3/14"，单击"确定"按钮。

（4）选中 E3 单元格，输入文本"价格"；选中 F3 单元格，输入文本"金额"。

（5）选中标题 A3:F3 单元格区域，单击"开始"选项卡下"字体"组中的"框线"按钮，在下拉列表中选择"上下框线"。

（6）选中数据区域的最后一行 A891:F891，单击"开始"选项卡下"字体"组中的"框线"按钮，在下拉列表框中选择"下框线"。

4. 设置对齐方式并隐藏表行

（1）选中"销售记录"工作表中的 A1 单元格，输入文本"2012 销售数据"。

（2）选中"销售记录"工作表中的 A1:F1 单元格区域，单击鼠标右键，在弹出的快捷菜单中选择"设置单元格格式"命令，弹出"设置单元格格式"对话框，选择"对齐"选项卡，在"水平对齐"列表框中选择"跨列居中"，单击"确定"按钮。

（3）选中"销售记录"工作表的 A1:F1 单元格区域，单击"开始"菜单下"样式"组中的"标题"，右击"修改"选择字体"微软雅黑"。

（4）使用鼠标选中第 2 行，单击鼠标右键，在弹出的快捷菜单中选择"隐藏"命令。

5. 公式计算并设置格式

（1）选中"销售记录"工作表中的 E4 单元格，在单元格中输入公式"=VLOOKUP(C4,价格表!$B$2:$C$5,2,0)"，按"Enter"键确认。

（2）拖动 E4 单元格的填充柄，填充到 E891 单元格。

（3）选中 E4:E891 单元格区域，单击鼠标右键，在弹出的快捷菜单中选择"设置单元格格式"命令，弹出"设置单元格格式"对话框，选择"数字"选项卡，在"分类"列表框中选择"货币"，并将右侧的小数位数设置为"0"，单击"确定"按钮。

6. 工作表转置并填充

（1）选择"折扣表"工作表中的 B2:E6 数据区域，按"Ctrl + C"键复制该区域。

（2）选择 B8 单元格，单击鼠标右键，在弹出的快捷菜单中选择"选择性粘贴"命令，在右侧出现的级联菜单中选择"粘贴"组中的"转置"命令，将原表格行列进行转置。

（3）选中"销售记录"工作表的 F4 单元格，在单元格中输入公式" =D4*E4*IF(D4<1000,1,IF(D4<1500,IF(C4=" 产品 A",0.99,IF(C4=" 产品 B",0.98,0.97)),IF(D4<2000,IF(C4="产品 A",0.98,IF(C4="产品 B",0.97,0.96)),IF(C4="产品 A",0.97,IF(C4="产品 B",0.96,0.95)))))"，按"Enter"键确认。也可以输入公式"=D4*E4*(1-Vlookup(C4,折扣

表!\$B\$9:\$F\$11,IF(D4<1000,2,IF(D4<1500,3,IF(D4<2000,4,5)))))"。

(4) 拖动 F4 单元格的填充柄，填充到 F891 单元格。

(5) 选中"销售记录"工作表中的 F4:F891 单元格区域，单击鼠标右键，在弹出的快捷菜单中选择"设置单元格格式"命令，弹出"设置单元格格式"对话框，选择"数字"选项卡，在"分类"列表框中选择"货币"，并将右侧的小数位数设置为"0"，单击"确定"按钮。

7. 条件格式设置

(1) 选择"销售记录"工作表中的 A3:F891 数据区域，单击"开始"菜单下"对齐方式"组中的"居中"按钮。

(2) 选中表格中 A4:F891 数据区域，单击"开始"菜单下"样式"组中的"条件格式"按钮，在下拉列表框中选择"新建规则"，弹出"新建格式规则"对话框，在"选择规则类型"列表框中选择"使用公式确定要设置格式的单元格"，在下方的"为符合此公式的值设置格式"文本框中输入公式"=OR(WEEKDAY(\$B4,2)=6,WEEKDAY(\$B4,2)=7)"，按"Enter"键确认。

(3) 单击"格式"按钮，在弹出的"设置单元格格式"对话框中，切换到"填充"选项卡，选择填充颜色为"黄色"，单击"确定"按钮。

8. 创建数据透视表、透视图并进行相应的设置

(1) 单击"折扣"工作表后面的"插入工作表"按钮，添加一张新的工作表 Sheet1，命名为"销售量汇总"。

(2) 选中销售量汇总中的 A3 单元格，单击"插入"菜单下"表格"组中的"数据透视表"按钮，在下拉列表中选择"数据透视表"。弹出"创建数据透视表"对话框。在"表/区域"文本框中选择数据区域"销售记录!\$A\$3:\$F\$891"，其余采用默认设置，单击"确定"按钮。

(3) 在工作表的右侧出现"数据透视表字段列表"对话框，将"日期"列拖动到"行"区域中，将"类型"列拖动到"列"区域中，将"数量"列拖动到"Σ值"区域中。

(4) 选中"日期"列中的任一单元格，单击鼠标右键，在弹出的快捷菜单中选择"创建组"命令。弹出"分组"对话框，在"步长"选项组中选择"月"和"季度"，单击"确定"按钮。

(5) 鼠标选中"数据透视表"的任一单元格，单击"插入"选项卡下"图表"组中的"折线图"，在下拉列表中选择"带数据标记的折线图"。

(6) 保留图表的默认样式。

(7) 选中图表绘图区中"产品 B"的销售量曲线，单击"设计"选项卡下"图表布局"组中的"添加图表元素"按钮，从下拉列表中选择"趋势线""线性"，选中添加的趋势线，右击"设置趋势线格式"，在出现的界面中勾选"显示公式"和"显示 R 平方值"复选框。

(8) 选择折线图右侧的"坐标轴"，单击鼠标右键，弹出"设置坐标轴格式"对话，在"坐标轴选项"组中，设置"设置坐标轴选项"下方的"最小值"为"固定""2000"，"最大值"为"固定""5000"，"主要刻度单位"为"固定""10000"，单击"关闭"按钮。

(9) 参照"数据透视表和数据透视图.jpg"示例文件，适当调整公式的位置以及图表的大小，移动图表到数据透视表的右侧。

(10) 选中"销售汇总"工作表，按住鼠标左键不放，拖动到"销售记录"工作表右侧位置。

9. 高级筛选

(1) 单击"销售量汇总"工作表后的"插入工作表"按钮，新建"大额订单"工作表。

(2) 在"大额订单"工作表的 A1 单元格中输入"类型"，在 B1 单元格中输入"数量"，如表 4-3 所示。

表 4-3　高级筛选的条件

类　型	数　量
产品 A	>1550
产品 B	>1990
产品 C	>1500

(3) 单击"数据"选项卡"排序和筛选"组中的"高级筛选"对话框，选中"将筛选结果复制到其他位置"，单击"列表区域"后的"折叠对话框"按钮，选择列表区域"销售记录!$A$3:$F$891"，单击"条件区域"后的"折叠对话框"按钮，选择"条件区域""$A$1:$B$4"，单击"复制到"后的"折叠对话框"按钮，选择单元格 A6，按"Enter"键展开"高级筛选"对话框，最后单击"确定"按钮。保存文件。

4.13　保险公司工资发放

 题目要求

每年年终，太平洋公司都会给在职员工发放年终奖金，公司会计小任负责计算工资奖金的个人所得税并为每位员工制作工资条。按照下列要求完成工资奖金计算以及工资条的制作：

(1) 在考生文件夹下，将"Excel 素材.xlsx"文件另存为"Excel.xlsx"（".xlsx"为扩展名）。

(2) 在最左侧插入一个空白工作表，重命名为"员工基础档案"，并将该工作表标签颜色设为标准红色。

(3) 将以分隔符分隔的文本文件"员工档案.csv"自 A1 单元格开始导入到工作表"员工基础档案"中。将第 1 列数据从左到右依次分成"工号"和"姓名"两列显示；将工资列的数字格式设为不带货币符号的会计专用，适当调整行高和列宽；最后创建一个名为"档案"，并包含数据区域 A1:N102 且包含标题的表，同时删除外部链接。

(4) 在工作表"员工基础档案"中，利用公式及函数依次输入每个学生的性别"男"或"女"，出生日期"××××年××月××日"，每位员工截至 2015 年 9 月 30 日的年龄、工龄工资和基本月工资。其中：

① 身份证号的倒数第 2 位用于判断性别，奇数为男性，偶数为女性。

② 身份证号的第 7～14 位代表出生年月日。

③ 年龄需要按周岁计算，满 1 年才计 1 岁，每月按 30 天，一年按 360 天计算。

④ 工龄工资的计算方法：本公司工龄达到或超过 30 年的每满一年每月增加 50 元，不足 10 年的每满一年每月增加 20 元，工龄不满 1 年的没有工龄工资，其他为每满一年每月增加 30 元。

⑤ 基本月工资 = 签约月工资 + 月工龄工资。

(5) 参照工作表"员工基础档案"中的信息，在工作表"年终奖金"中输入与工号对应的员工姓名、部门和月基本工资；按照年基本工资总额的 15% 计算每个员工的年终应发奖金。

(6) 在工作表"年终奖金"中，根据工作表"个人所得税税率"中的对应关系计算每个员工年终奖金应交的个人所得税、实发奖金，并填入 G 列和 H 列。年终奖金目前的计税方法是：

① 年终奖金的月应税所得额 = 全部年终奖金 ÷ 12。

② 根据步骤①计算得出的月应税所得额在个人所得税税率表中找到对应的税率。

③ 年终奖金应交个税 = 全部年终奖金 × 月应税所得额的对应税率 − 对应速算扣除数。

④ 实发奖金 = 应发奖金 − 应交个税。

(7) 根据工作表"年终奖金"中的数据，在"12 月工资表"中依次输入每个员工的"应发年终奖金""奖金个税"，并计算员工的"实发工资奖金"总额(实发工资奖金 = 应发工资奖金合计 − 扣除社保 − 工资个税 − 奖金个税)。

(8) 基于工作表"12 月工资表"中的数据，从工作表"工资条"的 A2 单元格开始依次为每位员工生成样例所示的工资条，要求每张工资条占用两行、内外均加框线，第 1 行为工号、姓名、部门等列标题，第 2 行为相应工资奖金及个税金额，两张工资条之间空一行以便剪裁，该空行行高统一设为 40 默认单位，自动调整列宽到最合适的大小，字号不得小于 10 磅。

(9) 调整工作表"工资条"的页面布局以备打印：纸张方向为横向，缩减打印输出使得所有列只占一个页面宽(但不得改变页边距)，水平居中打印在纸上。

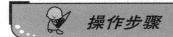 操作步骤

1. 建立文件

(1) 打开考生文件夹下的"Excel 素材.xlsx"文件。

(2) 单击"文件"菜单下的"另存为"按钮，弹出"另存为"对话框，在该对话框中将"文件名"设为"Excel.xlsx"，保存在考生文件夹下。

2. 插入工作表设置标签颜色

插入新的工作表并命名为"员工基础档案"，工作表标签设置为标准色/红色。

3. 导入数据并分列

(1) 选中"员工基础档案"工作表的 A1 单元格，单击"数据"菜单下"获取外部数据"

组中的"自文本"按钮,弹出"导入文本文件"对话框,选择考生文件夹下的"员工档案.csv"文件,单击"导入"按钮。

(2) 弹出"文本导入向导-第 1 步,共 3 步",在对话框中的"文件原始格式"对应的列表框中选择"20936:简体中文(GB2312-80)",单击"下一步"按钮。

(3) 弹出"文本导入向导-第 2 步,共 3 步"对话框,勾选"分隔符号"中的"逗号"复选框,单击"下一步"按钮,弹出"文本导入向导-第 3 步,共 3 步"对话框,在"数据预览"中单击"身份证号"列,再单击"列数据格式"中的"文本"按钮;按同样的方法,将"出生日期"列和"入职时间"列设置为"日期"类型;设置完成后单击"完成"按钮,弹出"导入数据"对话框。采用默认设置,单击"确定"按钮。

(4) 选中工作表的"部门"列,单击鼠标右键,在弹出的快捷菜单中选择"插入"命令,则在该列左侧插入一空白列。

(5) 光标置于工作表中的 A1 单元格中的"号"之后,在键盘上单击两次空格键,然后选中整个 A 列内容,单击"数据"→"数据工具"功能组中的"分列"按钮,弹出"文本分列向导-第 1 步,共 3 步"对话框。选中"原始数据类型"中的"固定宽度",单击"下一步"按钮,弹出"文本分列向导-第 2 步,共 3 步"对话框,在"数据预览"中,将黑色箭头移动到"姓名"列之前的位置。

(6) 单击"下一步"按钮,弹出"文本分列向导-第 3 步,共 3 步"对话框,单击选中"数据预览"中的"工号"列,在"列数据格式"中,将数据类型设置为"文本";最后单击"完成"按钮。

(7) 选中工作表的 L、M、N 3 列数据区域,单击鼠标右键,在弹出的快捷菜单中选择"设置单元格格式",弹出"设置单元格格式"对话框,在左侧的"分类"中选择"会计专用",将"货币符号"设置为"无",单击"确定"按钮。

(8) 选中工作表的所有行,单击"开始"菜单下"单元格"组中的"格式",在下拉列表中选择"行高",弹出"行高"设置对话框,输入行高值;按照同样的方法,选中工作表的所有列,设置列宽。

(9) 单击"插入"菜单下"表格"组中的"表格"按钮,弹出"创建表"对话框,将"表数据的来源"设置为"$A$1:$N$102",勾选"表包含标题",单击"确定"按钮,弹出"Microsoft Excel"对话框,单击"是"按钮。在"表格工具/设计"菜单下"属性"组中将"表名称"修改为"档案"。

4. 公式填充"员工基础档案"表中的数据

(1) 在 F2 单元格中输入公式"=IF (MOD (MID (E2,17,1),2)=1,"男","女")",按"Enter"键确认,拖动 F2 单元格的填充柄向下填充到其他单元格中。

(2) 在 G2 单元格中输入公式"=MID(E2,7,4)&" 年 "& MID(E2,11,2)&" 月 "&MID(E2,13,2)&"日"",按"Enter"键确认,拖动 G2 单元格的填充柄向下填充到其他单元格中。

(3) 在 H2 单元格中输入公式"=INT((DATE(2015,9,30)-G2)/360)",按"Enter"键确认,拖动 H2 单元格的填充柄向下填充到其他单元格中。

(4) 在 M2 单元格中输入公式"=IF(K2>=30,K2*50,IF(K2>=10,K2*30,K2*20))",按

"Enter"键确认，拖动 M2 单元格的填充柄向下填充到其他单元格中。

（5）在 N2 单元格中输入公式"=L2+M2"，按"Enter"键确认，拖动 N2 单元格的填充柄向下填充到其他单元格中。

5. 填充"年终奖金"工作表

（1）在"年终奖金"工作表 B4 单元格中输入公式"=VLOOKUP(A4,档案[#全部],2,FALSE)"，按"Enter"键确认，拖动 B4 单元格的填充柄向下填充到其他单元格中。

（2）在"年终奖金"工作表 C4 单元格中输入公式"=VLOOKUP(A4,档案[#全部],3,FALSE)"，按"Enter"键确认，拖动 C4 单元格的填充柄向下填充到其他单元格中。

（3）在"年终奖金"工作表 D4 单元格中输入公式"=VLOOKUP(A4,档案[#全部],14,FALSE)"，按"Enter"键确认，拖动 D4 单元格的填充柄向下填充到其他单元格中。

（4）在"年终奖金"工作表 E4 单元格中输入公式"=D4*12*0.15"，按"Enter"键确认，拖动 E4 单元格的填充柄向下填充到其他单元格中。

6. IF 函数填充

（1）在"年终奖金"工作表 F4 单元格中输入公式"=E4/12"，按"Enter"键确认，拖动 F4 单元格的填充柄向下填充到其他单元格中。

（2）在"年终奖金"工作表 G4 单元格中输入公式"=IF(F4< = 1500, E4*0.03, IF(F4< = 4500, E4*0.1-105, IF(F4< = 9000, E4*0.2-555,IF(F4<=35000, E4*0.25-1005,IF(F4< = 55000,E4*30% − 2775)))))"，按"Enter"键确认，拖动 G4 单元格的填充柄向下填充到其他单元格中。

（3）在"年终奖金"工作表 H4 单元格中输入公式"=E4-G4"，按"Enter"键确认，拖动 H4 单元格的填充柄向下填充到其他单元格中。

7. 公式填充"12 月工资表"中的数据

（1）向"12 月工资表"工作表中 E4 单元格中输入公式"=VLOOKUP(A4,年终奖金!$A$4:$H$71,5,FALSE) "，按"Enter"键确认，拖动 E4 单元格的填充柄向下填充到其他单元格中。

（2）向"12 月工资表"工作表中 L4 单元格中输入公式"=VLOOKUP(A4,年终奖金!$A$4:$H$71,7,FALSE) "，按"Enter"键确认，拖动 L4 单元格的填充柄向下填充到其他单元格中。

（3）向"12 月工资表"工作表中 M4 单元格中输入公式"=H4-I4-K4-L4"，按"Enter"键确认，拖动 M4 单元格的填充柄向下填充到其他单元格中。

8. 制作工资条

（1）在"工资条"工作表 A2 单元格中输入公式"=CHOOSE(MOD(ROW(),3) + 1,OFFSET ('12 月工资表'!A$3,ROW()/3,),"",'12 月工资表'!A$3)"，按"Enter"键确认，拖动 A2 单元格右下角的填充柄向右填充到 M2 单元格中。也可以采用复制的方法，复制 12 月工资表的字段，再做适当的调整。

（2）选中整个第 2 行数据内容，使用 M2 单元格的填充柄向下填充到第 4 行。

（3）单击"开始"菜单下"单元格"组中的"格式"按钮，从下拉列表中选择"自动调整列宽"；单击"开始"菜单下"字体"组中的"下划线"按钮，在下拉列表中选择"所有框线"。

(4) 选中 A2:M4 单元格区域，使用 M4 单元格的填充柄向下填充到 205 行。

(5) 选中 A1:M1 单元格区域，在下拉列表中选择"筛选"。此时第 1 行各单元格右侧均出现下拉箭头，单击 A1 单元格右侧的下拉箭头，在出现的列表框中取消"全选"复选框，勾选最下面的"(空白)"复选框，单击"确定"按钮，此时所有空白行全部筛选出来。

(6) 选中所有空白行(注意：只包含行号 1 到 205)，单击"开始"→"单元格"组中的"格式"按钮，从下拉列表中选择"行高"，弹出"行高"设置对话框，在单元格中输入"40"，单击"确定"按钮。

(7) 单击 A1 单元格中右侧的筛选下拉箭头，在出现的列表框中勾选"全选"复选框，单击"确定"按钮。

(8) 单击"开始"菜单下"编辑"组中的"排序和筛选"按钮，取消第 1 行的筛选按钮。

9. 设置打印区域

(1) 选中工作表 A1:M204 区域，单击"页面布局"菜单下"页面设置"组中的"打印区域"按钮，在下拉列表中选择"设置打印区域"；单击"纸张方向"按钮，在下拉列表中选择"横向"。单击"页边距"按钮，在下拉列表中选择"自定义边距"，弹出"页面设置"对话框，在"页边距"选项卡中勾选居中方式中的"水平"。

(2) 切换到"页面"选项卡，选择"缩放"下的"调整为"单选按钮，设置为"1 页宽页高"，使所有列显示在 1 页中，单击"确定"按钮。最后保存文件。

4.14　开支明细汇总统计

题目要求

小赵是一名参加工作不久的大学生。他习惯使用 Excel 表格来记录每月的个人开支情况。2013 年底小赵将每个月各类支出的明细数据录入了文件名为"Excel 素材.xlsx"的工作簿文档中。根据下列要求帮助小赵对明细表进行整理和分析：

(1) 在考生文件夹下，将"Excel 素材.xlsx"文件另存为"Excel.xlsx"（".xlsx"为扩展名），后续操作均基于此文件，否则不得分。

(2) 在工作表"小赵的美好生活"的第一行添加表名"小赵 2013 年开支明细表"，并通过合并单元格，放于整个表的上端、居中。

(3) 将工作表应用一种主题，并增大字号，适当加大行高和列宽，设置居中对齐方式，除表名"小赵 2013 年开支明细表"外，给工作表添加内外边框和底纹以使工作表更加美观。

(4) 将每月各类支出及总支出对应的单元格数据类型都设为"货币"类型、无小数、人民币货币符号。

(5) 通过函数计算每个月的总支出、各个类别月均支出及每月平均总支出；并按每个月总支出升序对工作表进行排序。

(6) 利用"条件格式"功能：将开支金额中大于 1000 元的数据所在单元格以不同的字体颜色与填充颜色突出显示；将月总支出额中大于月均总支出 110% 的数据所在单元格以另

一种颜色显示，所用颜色深浅以不遮挡数据为宜。

(7) 在月份右侧插入新列"季度"，数据根据月份由函数生成，样式为：1 至 3 月分别对应"1 季度"……

(8) 复制工作表"小赵的美好生活"到原表右侧，改变副本的表标签颜色并重新命名为"按季度汇总"。

(9) 通过分类汇总功能求出每个季度各分类的月均支出金额。

以分类汇总结果为基础，创建一个带数据标记的折线图，以季度为系列对各分类的季度平均支出进行比较，给每类的"最高季度月均支出值"添加数据标签，并将该图表放置在一个名为"图表"的新工作表中。

1. 建立文件

(1) 打开考生文件夹下的"Excel 素材.xlsx"文件。

(2) 单击"文件"菜单下的"另存为"按钮，弹出"另存为"对话框，在该对话框中将"文件名"设为"Excel.xlsx"，保存在考生文件夹下。

(3) 选择"小赵的美好生活"工作表，在工作表中选择 A1:M1 单元格，切换到"开始"菜单下，单击"对齐方式"组中的"合并后居中"按钮。输入"小赵 2013 年开支明细表"文字，按"Enter"键完成输入。

2. 单元格格式设置

(1) 选择工作表标签，单击鼠标右键，在弹出的快捷菜单中选择"工作表标签颜色"，为工作表标签添加"橙色"主题。

(2) 选择 A1:M1 单元格，将"字号"设置为"18"，将"行高"设置为"35"，将"列宽"设置为"16"。选择 A2:M15 单元格，将"字号"设置为"12"，将"行高"设置为"18"，"列宽"设置为"16"。

(3) 选择 A2:M15 单元格，在"开始"菜单下"对齐方式"组中单击对话框启动器按钮，弹出"设置单元格格式"对话框，切换到"对齐"选项卡，将"水平对齐"设置为"居中"。

(4) 切换到"边框"选项卡，选择默认线条样式，将颜色设置为"标准色"中的"深蓝"，在"预置"选项组中单击"外边框"和"内部"按钮。

(5) 切换到"填充"选项卡，选择一种背景颜色，单击"确定"按钮。

(6) 选择 B3:M15，在选定内容上单击鼠标右键，在弹出的快捷菜单中选择"设置单元格格式"，弹出"设置单元格格式"对话框，切换至"数字"选项卡，在"分类"下选择"货币"，将"小数位数"设置为 0，确定"货币符号"为人民币符号(默认就是)，单击"确定"按钮即可。

3. 排序

(1) 选择 M3 单元格，输入"=SUM(B3:L3)"后按"Enter"键确认，拖动 M3 单元格的填充柄填充至 M15 单元格；选择 B15 单元格，输入"=AVERAGE(B3:B14)"后按"Enter"键确认，拖动 B15 单元格的填充柄填充至 L15 单元格。

（2）选择"A2:M14"，在"数据"菜单下"排序和筛选"组中单击"排序"按钮，弹出"排序"对话框，在"主要关键字"中选择"总支出"，在"次序"中选择"升序"，单击"确定"按钮。

4. 条件格式设置

（1）选择"B3:L14"单元格，单击"开始"菜单下"样式"组中的"条件格式"下拉按钮，在弹出的下拉列表中选择"突出显示单元格规则"级联选项中的"大于"，在"为大于以下值的单元格设置格式"文本框中输入"1000"，使用默认设置"浅红填充色深红色文本"，单击"确定"按钮。

（2）选择"M3:M14"单元格，单击"开始"菜单下"样式"组中的"条件格式"下拉按钮，在弹出的下拉列表中选择"突出显示单元格规则"级联选项中的"大于"，在"为大于以下值的单元格设置格式"文本框中输入"=$M$15*110%"，设置颜色为"黄填充色深黄色文本"，单击"确定"按钮。

5. 公式填充"季度"

（1）选择 B 列，鼠标定位在列号上，单击右键，在弹出的快捷菜单中选择"插入"按钮，选择 B2 单元格，输入文本"季度"。

（2）选择 B3 单元格，输入"=INT(1+(MONTH(A3)-1)/3)&"季度""（或者输入"=ROUND((MONTH(A3)+1)/3,0)&"季度"），按"Enter"键确认。拖动 B3 单元格的填充柄将其填充至 B14 单元格。

6. 建立工作表副本并改名

（1）在"小赵的美好生活"工作表标签处单击鼠标右键，在弹出的快捷菜单中选择"移动或复制"，勾选"建立副本"，选择"(移至最后)"，单击"确定"按钮。

（2）在"小赵的美好生活(2)"标签处单击鼠标右键，在弹出的快捷菜单中选择工作表标签颜色，为工作表标签添加"红色"主题。

（3）在"小赵的美好生活(2)"标签处单击鼠标右键选择"重命名"，输入文本"按季度汇总"；选择"按季度汇总"工作表的第 15 行，鼠标定位在行号处，单击鼠标右键，在弹出的快捷菜单中选择"删除"按钮。

7. 对工作表进行分类汇总

选择"按季度汇总"工作表的"A2:N14"单元格，单击"数据"菜单下"分级显示"组中的"分类汇总"按钮，弹出"分类汇总"对话框，在"分类字段"中选择"季度"，在"汇总方式"中选择"平均值"，在"选定汇总项中"不勾选"年月""季度""总支出"，其余全选，单击"确定"按钮。

8. 对汇总结果建立图表

（1）选中 B2:M2，按"Ctrl"键，再选中 B6:M6、B10:M:10、B14:M14、B18:M18 区域，单击"插入"菜单下"图表"组中的"折线图"下拉按钮，在弹出的下拉列表中选择"带数据标记的折线图"。

（2）单击选中图表中每类"最高季度月均支出值"，勾选右侧"+"图表元素中的"数据标签"，添加数据标签。

(3) 在图表上单击鼠标右键，在弹出的快捷菜单中选择"移动图表"，弹出"移动图表"对话框，选中"新工作表"按钮，输入工作表名称"图表"，单击"确定"按钮。

(4) 选择"图表"工作表标签，单击鼠标右键，选择"移动或复制"按钮，在弹出的"移动或复制工作表"对话框中勾选"移至最后"复选框，单击"确定"按钮。最后保存文件。

4.15　考核成绩统计

 题目要求

晓雨任职人力资源部门，她需要对企业员工 Office 应用能力考核报告进行完善和分析。按照如下要求帮助晓雨完成数据处理工作：

(1) 在考生文件夹下，将"Excel 素材.xlsx"文件另存为"Excel.xlsx"（".xlsx"为扩展名）。

(2) 在"成绩单"工作表中，设置工作表标签颜色为标准红色；对数据区域套用"表样式浅色 16"表格格式，取消镶边行后将其转换为区域。

(3) 删除"姓名"列中的所有汉语拼音字母，只保留汉字。

(4) 设置"员工编号"列的数据格式为"001,002,…,334"；在 G3:K336 单元格区域中的所有空单元格中输入数值 0。

(5) 计算每个员工 5 个考核科目(Word、Excel、PowerPoint、Outlook 和 Visio)的平均成绩，并填写在"平均成绩"列。

(6) 在"等级"列中计算并填写每位员工的考核成绩等级，等级的计算规则见表 4-4。

表 4-4　等级计算规则

等级分类	计 算 规 则
不合格	5 个考核科目中任一科目成绩低于 60 分
及格	60 分≤平均成绩＜75 分
良	75 分≤平均成绩＜85 分
优	平均成绩≥85 分

(7) 适当调整"成绩单"工作表 B2:M336 单元格区域内各列列宽，并将该区域内数据设置为水平、垂直方向均居中对齐。

(8) 依据自定义序列"研发部→物流部→采购部→行政部→生产部→市场部"的顺序进行排序；如果部门名称相同，则按照平均成绩由高到低的顺序排序。

(9) 设置"分数段统计"工作表标签颜色为蓝色；参考考生文件夹中的"成绩分布及比例.png"示例，以该工作表 B2 单元格为起始位置创建数据透视表，计算"成绩单"工作表中平均成绩在各分数段的人数以及所占比例(数据透视表中的数据格式设置以参考示例为准，其中平均成绩各分数段下限包含临界值)；根据数据透视表，在单元格区域 E2:L17 内创建数据透视图(数据透视图图表类型、数据系列、坐标轴、图例等设置以参考例为准)。

(10) 根据"成绩单"工作表中的"年龄"和"平均成绩"两列数据,创建名为"成绩与年龄"的图表工作表(参考考生文件夹中的"成绩与年龄.png"示例,图表类型、样式、图表元素均以此示例为准)。设置图表工作表标签颜色为绿色,并将其放置在全部工作表的最右侧。

(11) 将"成绩单"工作表中的数据区域设置为打印区域,并设置标题行在打印时可以重复出现在每页顶端。

(12) 将所有工作表的纸张方向都设置为横向,并为所有工作表添加页眉和页脚,页眉中间位置显示"成绩报告"文本,页脚样式为"第 1 页,共? 页"。

 操作步骤

1. 建立文件

(1) 打开考生文件夹下的"Excel 素材.xlsx"文件。

(2) 单击"文件"菜单下的"另存为"按钮,弹出"另存为"对话框,在该对话框中将"文件名"设为"Excel.xlsx",保存在考生文件夹下。

2. 套用表格样式

(1) 在"成绩单"工作表的表名处单击鼠标右键,在弹出的快捷菜单中选择"工作表标签颜色",在出现的级联菜单中选择"标准色/红色"。

(2) 单击"开始"菜单下"样式"组中的"套用表格样式"下拉按钮,在下拉列表中选择"表样式浅色 16",弹出"套用表格式"对话框,勾选"表包含标题"复选框,单击"确定"按钮。

(3) 在"表格工具"中"设计"菜单下的"表格样式选项"组中,取消勾选"镶边行"复选框;在"工具"组中单击"转换为区域"按钮,弹出"是否将表转换为普通区域?"对话框,单击"是"按钮。

3. 删除姓名中的拼音仅保留汉字

(1) 在"成绩单"工作表的 N3 单元格中输入公式 "=LEFT(C3,LENB(C3)-LEN(C3)) ",按"Enter"键确认,拖动该单元格右下角的填充柄向下填充到 N336 单元格。

(2) 选中 N3:336 单元格区域,单击鼠标右键,在弹出的快捷菜单中选择"复制"命令;鼠标右击 C3 单元格,在弹出的快捷菜单中选择"粘贴选项"→"值",最后删除 N3:N336 单元格中的数据。

4. 设置编号格式填充空单元格中的 0 值

(1) 选中"成绩单"工作表中的 B3:B336 单元格区域,单击鼠标右键,在弹出的快捷菜单中选择"设置单元格格式",弹出"设置单元格格式"对话框,在"数字"选项卡中将数据类型设置为"文本",单击"确定"按钮。

(2) 在 B3 单元格中输入"001",拖动该单元格右下角的填充柄向下填充到 B336 单元格。

(3) 选中工作表中的 G3:K336 单元格区域,单击"开始"菜单下"编辑"组中的"查找和选择"下拉按钮,在下拉列表中选择"替换"命令,弹出"查找和替换"对话框,在"替换为"文本框中输入"0",单击"全部替换"按钮,最后关闭"查找和替换"对话框。

5. 填充平均成绩

选中"成绩单"工作表的 L3 单元格，输入公式 "=AVERAGE(G3:K3)"，按"Enter"键确认，拖动该单元格的填充柄向下填充到 L336 单元格。

6. 计算成绩等级

选中"成绩单"工作表的 M3 单元格，输入公式 "=IF(OR(G3<60,H3<60, I3<60, J3<60, K3<60),"不合格",IF(L3>=85,"优",IF(L3>=75,"良",IF(L3>=60,"及格"))))"，按"Enter"键确认，拖动填充柄向下填充到 M336 单元格。

7. 调整列宽对齐方式

(1) 选中"成绩单"工作表的 B2:M336 单元格区域，单击"开始"菜单下"单元格"组中的"格式"下拉按钮，在下拉列表中选择"自动调整列宽"命令。

(2) 单击"对齐方式"组右下角的对话框启动器按钮，弹出"设置单元格格式"对话框，切换到"对齐"选项卡，将"水平对齐"和"垂直对齐"均设置为"居中"，单击"确定"按钮。

8. 自定义排序

(1) 选中"成绩单"工作表的 B2:M336 单元格区域，单击"开始"菜单下"编辑"组中的"排序和筛选"下拉按钮，在下拉列表框中单击"自定义排序"按钮，弹出"排序"对话框，将"主要关键字"设置为"部门"，单击右侧的"次序"下拉箭头，在下拉列表中选择"自定义序列"，弹出"自定义序列"对话框，在中间的"输入序列"列表框中输入新的数据序列"研发部""物流部""采购部""行政部""生产部""市场部"，单击右侧的"添加"按钮。

(2) 输入完序列后，单击"确定"按钮，关闭"自定义序列"对话框。

(3) 在"排序"对话框中单击"添加条件"按钮，在"次要关键字"中选择"平均成绩"，在对应的"次序"中设置"降序"，单击"确定"按钮，关闭"排序"对话框。

9. 创建数据透视表和数据透视图

(1) 在"分数段统计"工作表表名中单击鼠标右键，在弹出的快捷菜单中选择"工作表标签颜色"，在级联菜单中选择"标准色/蓝色"。

(2) 选中"分数段统计"工作表的 B2 单元格，单击"插入"选项卡下"表格"组中的"数据透视表"下拉按钮，在下拉列表中选择"数据透视表"，弹出"创建数据透视表"对话框，在"表/区域"文本框中输入"成绩单!$B$2:$M$336"。

(3) 单击"确定"按钮，在工作表右侧出现"数据透视表字段列表"任务窗口，将"平均成绩"字段拖动到"行"区域；拖动两次"员工编号"字段到"Σ值"区域；选择当前工作表的 B3 单元格，单击"数据透视表工具"→"分析"选项卡下"分组"组中的"组选择"按钮，弹出"组合"对话框，将"起始于"设置为 60，"终止于"设置为 100，"步长"设置为 10。设置完成后，单击"确定"按钮。

(4) 双击 C2 单元格，弹出"值字段设置"对话框，在"自定义名称"文本框中输入字段名称"人数"，单击"确定"按钮。

(5) 双击 D2 单元格，弹出"值字段设置"对话框，在"自定义名称"文本框中输入字段名称"所占比例",单击"确定"按钮;选中 D2 单元格,单击鼠标右键,在弹出的快捷菜单中选择"值显示方式"→"总计的百分比"。

(6) 选中 D3:D8 单元格区域,单击鼠标右键,在弹出的快捷菜单中选择"设置单元格格式",弹出"设置单元格格式"对话框,在"数字"选项卡中将单元格格式设置为"百分比",并保留 1 位小数,单击"确定"按钮。

(7) 选中 B2:D7 单元格区域,单击"数据透视表工具"→"选项"选项卡下"工具"组中的"数据透视图"按钮,在弹出的"插入图表"对话框中选择"柱形图"→"簇状柱形图",单击"确定"按钮。

(8) 选中插入的柱形图的"所占比例"系列,单击"数据透视表工具"→"设计"选项卡下"类型"组中的"更改图表类型"按钮,弹出"更改图表类型"对话框,选择"折线图"→"带数据标记的折线图",单击"确定"按钮。

(9) 选中图表中的"所占比例"系列,单击鼠标右键,在弹出的快捷菜单中选择"设置数据系列格式",弹出"设置数据系列格式"对话框,在"系列选项"中选择"次坐标轴",单击"关闭"按钮。

(10) 单击"数据透视表工具"→"布局"选项卡下"标签"组中的"图例"下拉按钮,在下拉列表框中选择"在底部显示图例"。

(11) 选中次坐标轴,单击鼠标右键,在弹出的快捷菜单中选择"设置坐标轴格式",弹出"设置坐标轴格式"对话框,切换到左侧列表框中的"数字"选项卡,在右侧的设置项中,将"类别"设置为"百分比",将小数位数设置为"0",设置完成后单击"关闭"按钮。

(12) 适当调整图表大小及位置,使其位于工作表的 E2:L17 单元格区域,调整后的成绩分布及比例图表如图 4.4 所示。

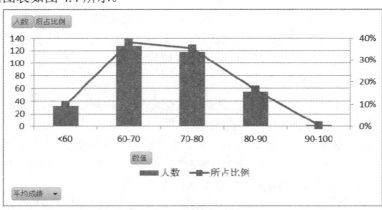

图 4.4　成绩分布及比例图表

10. 创建散点图图表

(1) 选中"成绩单"工作表的 E3:E336 单元格区域,按住"Ctrl"键再选中 L3:L336,单击"插入"菜单下"图表"组中的"散点图"下拉按钮,在下拉列表中选择"散点图"→"仅带数据标记的散点图",在工作表中插入一个图表对象。

(2) 选中该图表对象,单击"图表工具"→"布局"选项卡下"标签"组中的"图例"下拉按钮,在下拉列表中选择"无"。

（3）单击"布局"选项卡下"标签"组中的"坐标轴标题"下拉按钮，在下拉列表中选择"主要横坐标轴标题"→"坐标轴下方标题"，在图表下方出现横坐标标题设置文本框，输入横坐标标题"年龄"；单击"标签"组中的"坐标轴标题"下拉按钮，在下拉列表中选择"主要纵坐标轴标题"→"竖排标题"，在图表左侧出现竖排纵坐标标题设置文本框，输入纵坐标标题"平均成绩"。

（4）选中图表中的数据系列，单击鼠标右键，在弹出的快捷菜单中选择"设置数据系列格式"命令，弹出"设置数据系列格式"对话框，选择左侧列表框中的"数据标记选项"，在右侧的设置选项中将"数据标记类型"设置为"内置"，将"类型"选择为"圆点"，将"大小"修改为"3"，最后单击"关闭"按钮。

（5）选中图表中的"水平坐标轴"，单击鼠标右键，在弹出的快捷菜单中选择"设置坐标轴格式"命令，弹出"设置坐标轴格式"对话框，选择左侧列表框中的"坐标轴选项"，在右侧的设置选项中选择"最小值"为"固定"，并在右侧的文本框中输入最小值"20"；按照同样的方法，将最大值设置为"55"，"主要刻度单位"设置为"5"，最后单击"关闭"按钮。

（6）选中图表中的"垂直坐标轴"，单击鼠标右键，在弹出的快捷菜单中选择"设置坐标轴格式"命令，弹出"设置坐标轴格式"对话框，选择左侧列表框中的"坐标轴选项"，在右侧的设置选项中选择"最小值"为"固定"，并在右侧的文本框中输入最小值"40"；按照同样的方法，将最大值设置为"100"，最后单击"关闭"按钮。生成的成绩与年龄图表如图 4.5 所示。

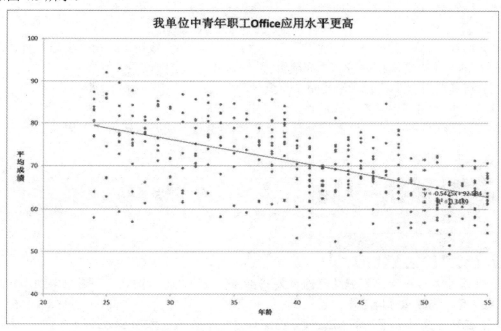

图 4.5　成绩与年龄图表

（7）选中图表对象，单击"图表工具"→"布局"选项卡下"分析"组中的"趋势线"下拉按钮，在下拉列表框中选择"其他趋势线选项"，弹出"设置趋势线格式"对话框，选择左侧列表框中的"趋势线选项"，在右侧的设置选项中勾选最下方的"显示公式""显示

R 平方值"复选框，设置完成后单击"关闭"按钮。

(8) 参考考生文件夹中的"成绩与年龄.png"示例文件，在图表对象中将"趋势线公式"文本框移动到左侧位置。

(9) 单击"图表工具"→"布局"选项卡下"标签"组中的"图表标题"下拉按钮，在下拉列表中选择"图表上方"，输入图表标题为"我单位中青年职工 Office 应用水平更高"。

(10) 选中该图表对象，单击"图表工具"菜单下"设计"选项卡下"位置"组中的"移动图表"按钮，弹出"移动图表"对话框，选择"新工作表"，在右侧的文本框中输入工作表名"成绩与年龄"，单击"确定"按钮。

(11) 选中新插入的"成绩与年龄"工作表，将其拖动到最右侧位置，在工作表名处单击鼠标右键，在弹出的快捷菜单中选择"工作表标签颜色"，在级联菜单中选择"标准色/绿色"，生成的成绩与年龄图表如图 4.5 所示。

11. 设置打印区域

(1) 选择"成绩单"工作表的 B2:M336 数据区域，单击"页面布局"菜单下"页面设置"组中的"打印区域"下拉按钮，在下拉列表中选择"设置打印区域"。

(2) 单击"页面设置"组右下角的对话框启动器按钮，弹出"页面设置"对话框，切换到"工作表"选项卡，设置"顶端标题行"为$2:$2，设置完成后单击"确定"按钮。

12. 设置页眉页脚

(1) 选择"成绩单"工作表，单击"页面布局"菜单下"页面设置"组中右下角的对话框启动器按钮，弹出"页面设置"对话框，在"页面"选项卡下将"方向"设置为"横向"。

(2) 切换到"页眉/页脚"选项卡，单击"自定义页面"按钮，弹出"页眉"对话框，在对话框的"中"文本框中输入"成绩报告"，单击"确定"按钮。

(3) 在"页眉/页脚"选项卡中单击"页脚"下拉按钮，在下拉列表框中选择"第 1 页，共 ? 页"的页脚格式，设置完成后单击"确定"按钮。

(4) 按照同样的方法，设置"分数统计"工作表和"成绩与年龄"工作表。最后保存文件。

4.16　减免税政策目录

题目要求

税务员小刘接到上级指派的整理有关减免税政策的任务，按照下列要求帮助小刘完成相关的整理、统计和分析工作：

(1) 在考生文件夹下，将"Excel 素材.xlsx"文件另存为"Excel.xlsx"（".xlsx"为扩展名)，后续操作均基于此文件，否则不得分。操作过程中，不可以随意改变工作表中数据的顺序。

(2) 将考生文件夹下"代码对应.xlsx"工作簿中的 Sheet1 工作表插入到"Excel.xlsx"

工作簿"政策目录"工作表的右侧,重命名工作表 Sheet1 为"代码",并将其标签颜色设为标准蓝色,不显示工作表网格线。

(3) 将工作表"代码"中第 2 行的标题格式应用到工作表"政策目录"单元格 A1 中的标题中,并令其在整个数据列表上方合并居中。为整个数据列表区域 A3:I641 套用一个表格格式,将其字号设为 9 磅,其中的 F:I 列设为自动换行,A:E 列数据垂直水平均居中对齐。

(4) 在"序号"列中输入顺序号 1、2、3…,并通过设置数字格式使其显示为数值型的001、002、003…。

(5) 参照工作表"代码"中的代码与分类的对应关系,获取相关分类信息并填入工作表"政策目录"的 C、D、E 3 列中。其中"减免性质代码"从左往右其位数与分类项目的对应关系如下:

减免性质代码	项目名称
第 1、2 位	收入种类
第 3、4 位	减免政策大类
第 5、6 位	减免政策小类

(6) 在 F 和 G 列之间插入一个空白列,列标题输入"年份"。F 列的"政策名称"中大都在括号"〔〕"内包含年份信息,如"财税〔2012〕75 号"中的"2012"即为年份。通过 F 列中的年份信息获取年份并将其填到新插入的"年份"列中,显示为"2012 年"形式,如果政策中没有年份,则显示为空。最后自动调整"年份"列至合适的列宽。

(7) 显示隐藏的工作表"说明",将其中的全部内容作为标题"减免税政策目录及代码"的批注,将批注字体颜色设为绿色,并隐藏该批注。设置窗口视图,保持第 1~3 行、第A:E 列总是可见。

(8) 如工作表"示例图 1"中所示,为每类"减免政策大类"生成结构相同的数据透视表,每张表的数据均自 A3 单元格开始,要求如下:

① 分别以减免政策大类的各个类名作为工作表的表名。

② 表中包含 2006—2015(含)10 年间每类"收入种类"下按"减免政策小类"细分的减免政策数量,将其中的"增值税"下细类折叠。

③ 按工作表"代码"中"对应的收入种类"所示顺序对透视表进行排序。

④ 如示例图 1 中所示,分别修改行列标签名称。

(9) 自 A3 单元格开始,单独生成一个名为"数据透视总表"的数据透视表,显示 2006—2015(含)10 年间按"收入种类"划分的减免政策数量,年份自左向右从高到低排序,政策数量按"总计"列自上而下由高到低排序,且只显示数量总计前 10 的收入种类。在此透视表基础上生成数据透视图,比较各类收入的政策数量,如"示例图 2"中所示。

 操作步骤

1. 建立文件

(1) 打开考生文件夹下的"Excel 素材.xlsx"文件。

(2) 单击"文件"菜单下的"另存为"按钮，弹出"另存为"对话框，在该对话框中将"文件名"设为"Excel.xlsx"，保存在考生文件夹下。

2. 建立"代码"工作表

(1) 打开考生文件夹下的"代码对应.xlsx"文件，选中 Sheet1 工作表标签，右击选择"移动或复制工作表"，弹出的对话框中工作簿选择"Excel.xlsx"，"下列选定工作表之前"选定"示例图1"，勾选"建立副本"，单击"确定"按钮。

(2) 将 Excel.xlsx 工作簿中的 Sheet1 工作表右击，"重命名"为"代码"，"工作表标签颜色"改为标准色"蓝色"，在"视图"工具栏"显示"中去掉勾选"网格线"。

3. 设置工作表格式

(1) 选中"代码"工作表的第 2 行，单击"开始"菜单下的"格式刷"，将格式应用于"政策目录"工作表的 A1 单元格，去掉 A1 单元格的"合并及居中"，重新选中 A1:I1，单元格区域"合并并居中"。

(2) 选中整个列表区域 A3:I641，"开始"菜单下"样式"组中"套用表格格式"选择"表样式浅色 16"，设置列表区域的字号为"9 磅"。选中 A:E 列，选择"开始"菜单下"对齐方式"组中的"水平居中""垂直居中"，选中 F:I 列，选择"开始"菜单下"对齐方式"组中的"自动换行"。

4. 设置单元格格式

选中 A4 单元格，单击"开始"菜单下"数字"组中的"自定义"按钮，在"通用格式"中输入"000"，单击"确定"按钮。在 A4 单元格中输入"1"，变成"001"样式，按"Ctrl"键的同时拖动填充柄到 A641 单元格。

5. 公式填充 C 列、D 列、E 列

(1) 选中 C4 单元格，输入公式"=VLOOKUP(MID([@减免性质代码],1,2),代码!$B$4:$C$22,2,0)"，按"Enter"键确认，双击 C4 右下角的填充柄，完成"收入种类"的填充。

(2) 选中 D4 单元格，输入公式"=VLOOKUP(MID([@减免性质代码],3,2),代码!$E$5:$F$15,2,0)"，按"Enter"键确认，双击 D4 右下角的填充柄，完成"减免政策大类"的填充。

(3) 选中 E4 单元格，输入公式"=VLOOKUP(MID([@减免性质代码],5,2),代码!$H$5:$I$49,2,0)"，按"Enter"键确认，双击 E4 右下角的填充柄，完成"减免政策小类"的填充。

6. 填充"年份"列

(1) 选中 G 列，"插入"→"列"，在左侧插入一列，列标题改为"年份"。

(2) 在 G4 单元格中输入公式"=IF(ISERROR(FIND("〔",[@政策名称])),"",MID([@政策名称],FIND("〔",[@政策名称])+1,4) &"年")"，按"Enter"键确认，双击 G4 右下角的填充柄，完成"年份"的填充，设置 G 列"自动调整列宽"。(公式中的"〔"提前复制到剪贴板上，采用粘贴的方式输入)。

7. 新建批注、冻结窗格

(1) 右击工作表标签，选择"取消隐藏"，显示隐藏的"说明"工作表。将"说明"工作表中的内容分行复制到剪贴板上。

(2) 选中"政策目录"工作表的 A1 单元格，单击"审阅"菜单下"批注"组中的"新建批注"，在单元格右侧出现"批注"文本框，将剪贴板中的内容按顺序依次粘贴到批注中。选中"批注"框，右击"设置批注格式"，设置批注字体为"绿色"，然后单击"审阅"选项卡"批注"选项组中的"隐藏批注"。

(3) 选中 F4 单元格，单击"视图"菜单下"窗口"组中"冻结窗格"下的"冻结拆分窗格"。

8. 建立数据透视表并排序

(1) 在"政策目录"工作表左侧插入空白工作表 Sheet2，单击 Sheet2 工作表的 A3 单元格，在"插入"选项卡"表格"选项组"数据透视表"中单击"数据透视表"，在表/区域中输入"表 1"，单击"确定"按钮。

(2) 拖动"收入种类"和"减免政策小类"字段到数据透视表的"行"区域，拖动"年份"字段到"列"区域，拖动"序号"字段到"Σ值"区域并对"序号"进行"值字段设置"，选择计算类型为"计数"，拖动"减免政策大类"字段到"筛选器"区域。

(3) 选中透视表的"列标签"，单击筛选按钮，只勾选"2006—2015"10 个选项。将"增值税"下细类折叠。

(4) 单击"文件"菜单下"选项"选项组"高级"按钮下的"常规"下的"编辑自定义列表"，弹出"自定义序列"对话框，单击"导入"按钮，选择"代码"表中的收入种类"C5:C22"单元格区域，单击"导入"按钮，然后单击"确定"按钮，再单击"确定"按钮。

(5) 单击"行标签"下的筛选标记，选择"其他排序选项"，弹出排序(收入种类)对话框，单击"其他选项"按钮，在弹出的对话框中勾选"每次更新报表时自动排序"，单击"确定"按钮。

(6) 将数据透视表的"计数项：序号"改为"政策数量"，"行标签"改为"分类"，"列标签"改为"年度"。

(7) 单击"数据透视工具"下"选项"卡下的"选项"按钮，选择"显示报表筛选页"，弹出"显示报表筛选项"，选择"选定要显示的报表筛选页字段"→"减免政策大类"，单击"确定"按钮，生成一系列的按"减免政策大类"筛选的透视表，然后删除 Sheet2 工作表。

9. 建立"数据透视总表"和"数据透视图"

(1) 插入新的工作表，重命名为"数据透视总表"，单击工作表的 A3 单元格，在"插入"选项卡"表格"选项组中的"数据透视表"下拉选项中单击"数据透视表"，表/区域中输入"表 1"，单击"确定"按钮。

(2) 数据透视表的"行标签"选择"收入种类"字段，"列标签"选择"年份"字段，

"数值"选择"序号"字段并对"序号"进行"值字段设置",选择计算类型为"计数"。

(3) 选中透视表的"列标签",单击筛选按钮,只勾选"2006—2015"10 个选项,单击"列标签"的筛选按钮,选择降序,对年份从左至右降序排序。

(4) 政策数量按"总计"列降序排序。单击"行标签"的筛选按钮,选中"值筛选"→"10 最大的值",单击"确定"按钮。

(5) 将数据透视表的"计数项:序号"改为"政策数量","行标签"改为"收入分类","列标签"改为"年度"。

(6) 选中 A4:K14 区域,在"插入"选项卡"图表"选项组的"柱形图"中选择"堆积柱形图",单击图表,选择"数据透视图工具"→"设计"→"图表样式"选择"样式 26",调整图表的大小和位置,最后保存文件。

4.17　笔试人员结构分析

 题目要求

人事部统计员小马负责本次公务员考试成绩数据的整理,按照下列要求帮助小马完成相关的整理、统计和分析工作:

(1) 将考生文件夹下的 "Excel 素材.xlsx" 另存为 "Excel.xlsx"(".xlsx"为文件扩展名)。操作过程中,不可以随意改变工作表中数据的顺序。

(2) 将考生文件夹下的工作簿"行政区划代码对照表.xlsx"中的工作表"Sheet1"复制到工作表"名单"的左侧,并重命名为"行政区划代码",且工作表标签颜色设为标准紫色;以考生文件夹下的图片"map.jpg"作为该工作表的背景,不显示网格线。

(3) 按照下列要求对工作表"名单"中的数据进行完善:

① 在"序号"列中输入格式为"00001、00002、00003…"的顺序号。

② 在"性别"列的空白单元格中输入"男"。

③ 在"性别"和"部门代码"之间插入一个空列,列标题为"地区"。自左向右准考证号的第 5、6 位为地区代码,依据工作表"行政区划代码"中的对应关系在"地区"列中输入地区名称。

④ 在"部门代码"列中填入相应的部门代码,其中准考证号的前 3 位为部门代码。

⑤ 准考证号的第 4 位代表考试类别,按照下列计分规则计算每个人的总成绩,总成绩的计算方法见表 4-5。

表 4-5　总成绩计算方法

准考证号的第 4 位	考 试 类 别	计 分 方 法
1	A 类	笔试面试各占 50%
2	B 类	笔试占 60%、面试占 40%

(4) 按照下列要求对工作表"名单"的格式进行设置：

① 修改单元格样式"标题 1"，令其格式变为"微软雅黑"、14 磅、不加粗、跨列居中，其他保持默认效果。为第 1 行中的标题文字应用更改后的单元格样式"标题 1"，令其在所有数据上方居中排列，并隐藏其中的批注内容。

② 将笔试分数、面试分数、总成绩 3 列数据设置为形如"123.320 分"，且能够正确参与运算的数值类数字格式。

③ 正确的准考证号为 12 位文本，面试分数的范围为 0～100 之间的整数(含本数)，试检测这两列数据的有效性，当输入错误时，给出提示信息"超出范围请重新输入!"，以标准红色文本标出存在的错误数据。

④ 为整个数据区域套用一个表格格式，取消筛选并转换为普通区域。

⑤ 适当加大行高，并自动调整各列列宽至合适的大小。

⑥ 锁定工作表的第 1～3 行，使之始终可见。

⑦ 分别以数据区域的首行作为各列的名称。

(5) 以工作表"名单"的原始数据为依据，在工作表"统计分析"中按下列要求对各部门数据进行统计：

① 获取部门代码及报考部门，并按部门代码的升序进行排列。

② 将各项统计数据填入相应单元格，其中统计男女人数时应使用函数并应用已定义的名称，最低笔试分数线按部门统计。

③ 对工作表"统计分析"设置条件格式，令其只有在单元格非空时才会自动以某一浅色填充偶数行，且自动添加上下边框线。

④ 令第 G 列数字格式显示为百分数，要求四舍五入精确到小数点后 3 位。

(6) 以工作表"统计分析"为数据源，生成如表中数据右侧示例所示的图表，要求如下：

① 图表标题与数据上方第 1 行中的标题内容一致并可同步变化。

② 适当改变图表样式和图表中数据系列的格式，调整图例的位置。

③ 坐标轴设置应与示例相同。

④ 将图表以独立方式嵌入到新工作表"分析图表"中，令其不可移动。

操作步骤

1. 建立文件

(1) 打开考生文件夹下的"Excel 素材.xlsx"文件。

(2) 单击"文件"菜单下的"另存为"按钮，弹出"另存为"对话框，在该对话框中将"文件名"设为"Excel.xlsx"，保存在考生文件夹下。

2. 建立工作表副本

(1) 在考生文件夹下打开"行政区划代码对照表.xlsx"文件，选中工作表名"Sheet1"，单击鼠标右键，在弹出的快捷菜单中选择"移动或复制"，弹出"移动或复制工作表"对话框，在"工作簿"对应的下拉列表中选择"Excel"，在"下列选定工作表之前"中选择"名单"，并勾选下方的"建立副本"复选框，单击"确定"按钮。

(2) 关闭打开的"行政区划代码对照表.xlsx"文档，在 Excel 工作簿中双击新插入的"Sheet1"工作表名，将名称修改为"行政区划代码"。

(3) 单击鼠标右键，在弹出的快捷菜单中选择"工作表标签颜色"，在级联菜单中选择"标准色/紫色"。

(4) 单击"页面布局"菜单下"页面设置"组中的"背景"按钮，弹出"工作表背景"对话框，浏览考生文件夹下的"map.jpg"文件，单击"插入"按钮。取消勾选"页面布局"菜单下"工作表选项"组中的"网格线/查看"复选框。

3. 填充工作表中的数据

(1) 在工作表"名单"中，选中 A4 单元格，输入"'00001"，双击该单元格右下角的填充柄，完成数据的填充。

(2) 选中 D4:D177 区域，单击"开始"菜单下"编辑"组中的"查找和选择"按钮，在下拉列表中选择"替换"命令，弹出"查找和替换"对话框，在"替换"选项卡中的"替换为"文本框中输入"男"，单击"全部替换"按钮，完成替换。

(3) 选中 E 列，单击鼠标右键，在弹出的快捷菜单中选择"插入"命令，在"性别"和"部门代码"之间插入一个空列，选中 E3 单元格，输入标题"地区"。

(4) 在 E4 单元格中输入公式" =VLOOKUP(INT(MID(B4,5,2)) ，行政区划代码!$B$4:$C$38,2,0) "，按"Enter"键确认，使用填充柄填充到 E1777 单元格。

(5) 在 F4 单元格中输入"=LEFT(B4,3) "，按"Enter"键确认，使用填充柄填充到 F1777 单元格。

(6) 在 L4 单元格中输入 "=IF(MID(B4,4,1)="1",J4*0.5+K4*0.5,J4*0.6+K4*0.4) "，按"Enter"键确认，使用填充柄填充到 L1777 单元格。

4. 设置各列格式和数据有效性

(1) 单击"开始"菜单下"样式"组中的"单元格样式"按钮，在下拉列表中使用鼠标指向"标题 1 样式"，单击鼠标右键，在弹出的快捷菜单中选择"修改"命令，弹出"样式"对话框，单击"格式"按钮，弹出"设置单元格格式"对话框，切换到"字体"选项卡，设置字体为"微软雅黑"，字号为"14 磅"，字形为"常规"，切换到"对齐"选项卡，设置"水平对齐"为"跨列居中"，设置完成后，单击"确定"按钮。

(2) 选中 A1:L1 单元格区域，单击"开始"菜单下"样式"组中的"单元格样式"按钮，在下拉列表中单击"标题 1"样式。

(3) 选中 A1 单元格，单击"审阅"菜单下"批注"组中的"显示/隐藏批注"按钮，将批注隐藏。

(4) 首先将 J 列数据转换为数字格式，先选中 J4:J1777 数据区域，鼠标指向 J4 单元格左上角的绿色三角标志，单击下拉按钮，选中"转换为数字"选项。

(5) 同时选中 J、K、L 3 列数据区域，单击鼠标右键，在弹出的快捷菜单中选择"设置单元格格式"，弹出"设置单元格格式"对话框，在"数字"选项卡下选中"自定义"选项，在右侧的"类型"列表框中选择"0.00"，在文本框中将其修改为"0.000"分""，单击"确定"按钮。

(6) 选中 B4:B1777 单元格区域，单击"数据"菜单下"数据工具"组中的"数据有效性"按钮，在下拉列表中选择"数据有效性"命令，弹出"数据有效性"对话框，在"设置"选项卡下按照图 4.6 所示进行设置；切换到"出错警告"选项卡，按照图 4.7 所示输入警告信息，完成后单击"确定"按钮。

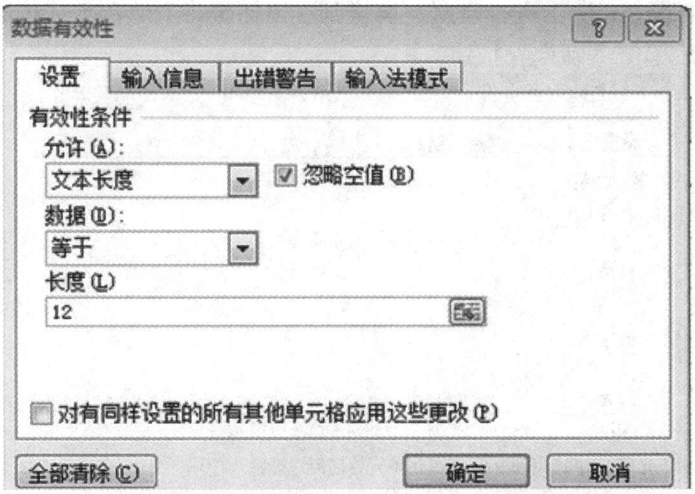

图 4.6　数据有效性设置 1

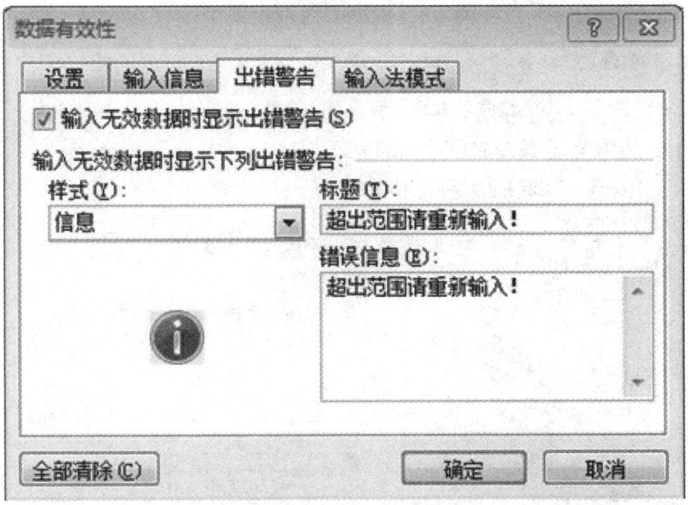

图 4.7　出错警告

(7) 单击"开始"菜单下"样式"组中的"条件格式"按钮，在下拉列表中选择"新建规则"命令，弹出"新建格式规则"对话框，在"选择规则类型"列表框中选择"使用公式确定要设置格式的单元格"，在下方的文本框中输入"=(len(b4)<>12)"，单击下方的"格式"按钮，弹出"设置单元格格式"对话框，切换到"字体"选项卡，将"颜色"设置为标准色的红色，设置完成后，单击"确定"按钮，返回到"新建格式规则"对话框，单击"确定"按钮。继续单击"样式"组中的"条件格式"按钮，在下拉列表中选择"管理规则"命令，弹出"条件格式规则管理器"对话框，在"应用于"文本框中设置数据区域"=$B$4:$B$1777"，单击"确定"按钮。

(8) 选中 K4:K1777 单元格区域，单击"数据"菜单下"数据工具"组中的"数据有效性"按钮，在下拉列表中选择"数据有效性"命令，弹出"数据有效性"对话框，在"设置"选项卡下按照图 4.8 所示进行设置；切换到"出错警告"选项卡，按照图 4.9 所示输入警告信息，完成后单击"确定"按钮。

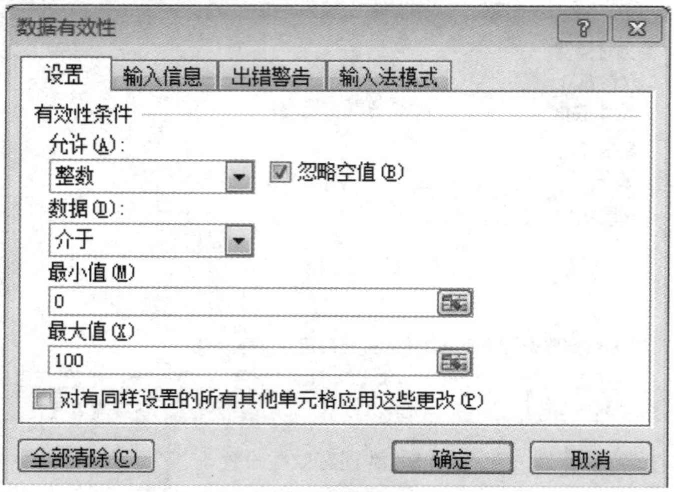

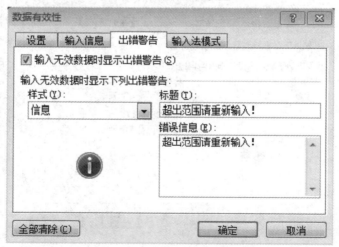

图 4.8 数据有效性设置 2

图 4.9 警告信息

(9) 单击"开始"菜单下"样式"组中的"条件格式"按钮，在下拉列表中选择"新建规则"命令，弹出"新建格式规则"对话框，在"选择规则类型"列表框中选择"只为包含以下内容的单元格设置格式"，按照图 4.10 所示设置单元格规则。

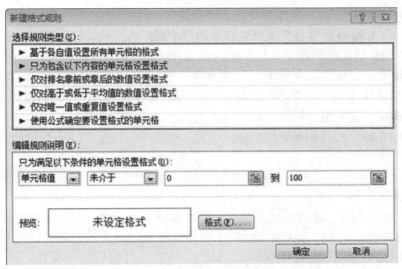

图 4.10　条件格式设置

(10) 单击"新建格式规则"对话框下方的"格式"按钮，弹出"设置单元格格式"对话框，切换到"字体"选项卡，将"颜色"设置为标准色的红色，设置完成后，单击"确定"按钮，返回到"新建格式规则"对话框，单击"确定"按钮。继续单击"样式"组中的"条件格式"按钮，在下拉列表中选择"管理规则"命令，弹出"条件格式规则管理器"对话框，在"应用于"文本框中设置数据区域"=$K$4:$K$1777"，单击"确定"按钮。

(11) 选中整个工作表的数据区域(从第 3 行开始)，单击"开始"菜单下"样式"组中的"套用表格格式"按钮，在下拉列表中选择一种表格样式，然后单击"表格工具/设计"菜单下"工具"组中的"转换为区域"按钮。

(12) 选中数据区域中的所有行，单击"开始"菜单下"单元格"组中的"格式"按钮，在下拉列表中选择"行高"命令，适当加大行高值，继续选中数据区域的所有列，单击"开始"菜单下"单元格"组中的"格式"按钮，在下拉列表中选择"自动调整列宽"命令。

(13) 使用鼠标指向第 4 行行标处，单击选中该行，单击"视图"菜单下"窗口"组中的"冻结窗格"按钮，在下拉列表中选择"冻结拆分窗格"命令。

(14) 选中 A4:A1777 单元格区域，单击"公式"菜单下"定义的名称"组中的"定义名称"按钮，弹出"新建名称"对话框，在"名称"中输入"序号"。按同样的操作方式，将其他首行定义为各列的名称。

5. 填充统计分析工作表中的数据

(1) 在"名单"工作表中，复制数据区域"F4:G1777"，在"统计分析"工作表中，选中 B5 单元格，单击鼠标右键，在弹出的快捷菜单中选择"选择性粘贴/粘贴数值"，然后单击"数据"菜单下"数据工具"组中的"删除重复项"按钮，弹出"删除重复项"对话框，单击"确定"按钮。

(2) 单击"开始"菜单下"编辑"组中的"排序和筛选"按钮，在下拉列表中选择"自定义排序"命令，弹出"排序"对话框，将"主要关键字"设置为"部门代码"，将"排序依据"设置为"数值",将"次序"设置为"升序",单击"确定"按钮,弹出"排序提醒"对话框,选择"分别将数字和文本形式存储的数字排序",单击"确定"按钮。

(3) 选中 D5 单元格,在单元格中输入公式"=COUNTIFS(部门代码,B5,性别,"女")",按"Enter"键确认,使用填充柄填充到 D24 单元格。

(4) 选中 E5 单元格,在单元格中输入公式"=COUNTIFS(部门代码,B5,性别,"男")",按"Enter"键确认,使用填充柄填充到 E24 单元格。

(5) 选中 F5 单元格,在单元格中输入公式"=D5+E5",按"Enter"键确认,使用填充柄填充到 F24 单元格。

(6) 选中 G5 单元格,在单元格中输入公式"=D5/E5",按"Enter"键确认,使用填充柄填充到 G24 单元格。

(7) 选中 H5 单元格,在单元格中输入公式"=MIN(IF(名单!$F$4:$F$1777=统计分析!B5,名单!$J$4:$J$1777))",输入完成后使用"Ctrl + Shift + Enter"进行填充,然后使用填充柄填充到 H24 单元格。

(8) 在"统计分析"工作表中,单击"开始"菜单下"样式"组中的"条件格式"按钮,在下拉列表中选择"新建规则",弹出"新建格式规则"对话框,在"选择规则类型"列表框中选择"只为包含以下内容的单元格设置格式",在下方的下拉列表框中选择"空值",单击"确定"按钮。

(9) 再次单击"条件格式"按钮,在下拉列表中选择"管理规则"按钮,弹出"条件格式规则管理器"对话框,单击"新建规则",弹出"新建格式规则"对话框,在"选择规则类型"列表框中选择"使用公式确定要设置格式的单元格",在下方的文本框中输入公式"=mod(row(),2)=0",如图 4.11 所示,单击下方的"格式"按钮,弹出"设置单元格格式"对话框,切换到"填充"选项卡,选择一种浅色填充颜色,再切换到"边框"选项卡,设置"上边框"和"下边框",单击"确定"按钮,返回"条件格式规则管理器"对话框。在"应用于"文本框中设置数据区域"=$B$3:$H$26",单击"确定"按钮。

图 4.11　条件格式设置

(10) 选中 G5:G24 数据区域，单击鼠标右键，在弹出的快捷菜单中选择"设置单元格格式"命令，弹出"设置单元格格式"对话框，在"分类"列表框中选择"百分比"，将小数位数调整为"3"，单击"确定"按钮。按同样的操作方式将"H5:H24"数据区域设置为"数值"，小数位数调整为"2"，单击"确定"按钮。

6. 创建复合图表

(1) 在"统计分析"工作表中选中"报考部门""女性人数""男性人数"和"其中：女性所占比例" 4 列数据，单击"插入"菜单下"图表"组中的"柱形图"按钮，在下拉列表中选择"二维柱形图/堆积柱形图"，则在工作表中插入一个"堆积柱形图"图表。

(2) 选中插入的图表，单击"图表工具/布局"菜单下"标签"组中的"图表标题"，在下拉列表中选择"图表上方"，则在图表上方出现一个包含"图表标题" 4 个字的标题文本框，选中该文本框，在上方的"编辑栏"中输入公式"=统计分析!$B$1"，按"Enter"键确认。

(3) 选中图表对象，单击"图表工具/设计"菜单下"图表样式"组中的"其他"按钮，在下拉列表中选择"样式 26"，切换到"图表工具/格式"选项卡，在"当前所选内容"组中单击上方的组合框，在下拉列表中选择"系列：其中女性所占比例"。然后切换到"图表工具/设计"菜单，在"类型"组中单击"更改图表类型"按钮，弹出"更改图表类型"对话框，选择"折线图/带数据标记的折线图"，单击"确定"按钮。

(4) 单击选中图表中的"其中：女性所占比例"，单击鼠标右键，在弹出的快捷菜单中选择"设置数据系列格式"，弹出"设置数据系列格式"对话框，在"系列选项"中选择"次坐标轴"；单击左侧的"数据标记选项"，将右侧的"数据标记类型"设置为"内置"，"类型"选择为圆点，将"大小"设置为"5"；单击左侧的"数据标记填充"，将右侧的"数据标记填充"选择为"纯色填充"，将"填充颜色"设置为"标准色/紫色"；单击左侧的"线条颜色"，将右侧的"线条颜色"设置为"实线"，将"颜色"设置为"标准色/绿色"；单击左侧的"线型"，将右侧的"宽度"设置为"2 磅"，设置完成后关闭"设置数据系列格式"对话框。单击"图表工具/布局"选项卡下"标签"组中的"图例"按钮，在下拉列表中选择"在顶部选择图例"。

(5) 在图表中，单击选中左侧坐标轴，单击鼠标右键，在弹出的快捷菜单中选择"设置坐标轴格式"，弹出"设置坐标轴格式"对话框，在右侧的坐标轴选项中，设置"最小值"为"固定"，输入数值为"0"，设置最大值为"固定"，输入数值为"350"，设置"主要刻度单位"为"固定"，输入数值为"30"，设置完成后单击"关闭"按钮。

(6) 单击选中右侧坐标轴，单击鼠标右键，在弹出的快捷菜单中选择"设置坐标轴格式"，弹出"设置坐标轴格式"对话框，在右侧的坐标轴选项中，设置"最小值"为"固定"，输入数值为"0"，设置最大值为"固定"，输入数值为"0.6"，设置"主要刻度单位"为"固定"，输入数值为"0.1"，设置完成后单击"关闭"按钮。

(7) 选中图表对象，单击"图表工具/设计"菜单下的"位置"组中的"移动图表"按钮，弹出"移动图表"对话框，选择"新工作表"，并在其后的文本框中输入工作表的名称"分析图表"，单击"确定"按钮，完成后的面试人员结构分析图表如图 4.12所示。

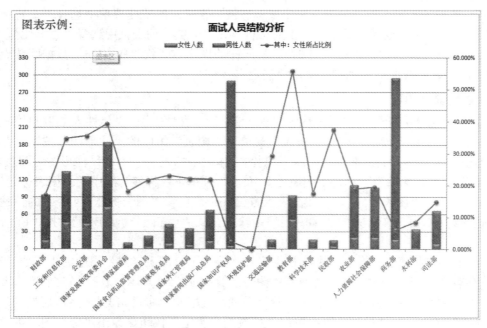

图 4.12   面试人员结构分析图表

(8) 保存文件。

4.18   采购成本分析

 题目要求

李晓玲是某企业的采购部门员工，现在需要使用 Excel 来分析采购成本并进行辅助决策。根据下列要求，帮助她运用已有的数据完成这项工作。

(1) 在考生文件夹下，将"Excel 素材.xlsx"文件另存为"Excel.xlsx"（".xlsx"为扩展名）。

(2) 在"成本分析"工作表的单元格区域 F3:F15 中，使用公式计算不同订货量下的年订货成本，公式为"年订货成本 = (年需求量/订货量) × 单次订货成本"，计算结果应用货币格式并保留整数。

(3) 在"成本分析"工作表的单元格区域 G3:G15 中，使用公式计算不同订货量下的年存储成本，公式为"年存储成本 = 单位年存储成本 × 订货量 × 0.5"，计算结果应用货币格式并保留整数。

(4) 在"成本分析"工作表的单元格区域 H3:H15 中，使用公式计算不同订货量下的年总成本，公式为"年总成本 = 年订货成本 + 年储存成本"，计算结果应用货币格式并保留整数。

(5) 为"成本分析"工作表的单元格区域 E2:H15 套用一种表格格式，并将表名称修改为"成本分析"；根据表"成本分析"中的数据，在单元格区域 J2:Q18 中创建图表，图表类型为"带平滑线的散点图"，并根据"图表参考效果.png"中的效果设置图表的标题内容、图例位置、网格线样式、垂直轴和水平轴的最大最小值及刻度单位和刻度线。

(6) 将工作表"经济订货批量分析"的 B2:B5 单元格区域的内容分为两行显示并居中对齐(保持字号不变),如文档"换行样式.png"所示,括号中的内容(含括号)显示于第 2 行,然后适当调整 B 列的列宽。

(7) 在工作表"经济订货批量分析"的 C5 单元格中计算经济订货批量的值,公式如下:

$$经济订货量 = \sqrt{\frac{2 \times 年需求量 \times 单次订货成本}{单位年储货成本}} \tag{4-1}$$

计算结果保留整数。

(8) 在工作表"经济订货批量分析"的单元格区域 B7:M27 中创建模拟运算表,模拟不同的年需求量和单位年储存成本所对应的不同经济订货批量;其中 C7:M7 为年需求量可能的变化值,B8:B27 为单位年储存成本可能的变化值,模拟运算的结果保留整数。

(9) 对工作表"经济订货批量分析"的单元格区域 C8:M27 应用条件格式,将所有小于等于 750 且大于等于 650 的值所在单元格的底纹设置为红色,字体颜色设置为"白色,背景 1"。

(10) 在工作表"经济订货批量分析"中,将单元格区域 C2:C4 作为可变单元格,按照方案表要求创建方案(最终显示的方案为"需求持平"),见表 4-6。

表 4-6　方　案　表

方案名称	单元格 C2	单元格 C3	单元格 C4
需求下降	10000	600	35
需求持平	15000	500	30
需求上升	20000	450	27

(11) 在工作表"经济订货批量分析"中,为单元格 C2:C5 按照名称表要求定义名称,见表 4-7。

表 4-7　名　称　表

单 元 格	名　称
C2	年需求量
C3	单次订货成本
C4	单位年储存成本
C5	经济订货批量

(12) 在工作表"经济订货批量分析"中,以 C5 单元格为结果单元格创建方案摘要,并将新生成的"方案摘要"工作表置于工作表"经济订货批量分析"右侧。

(13) 在"方案摘要"工作表中,将单元格区域 B2:G10 设置为打印区域,纸张方向设置为横向,缩放比例设置为正常尺寸的 200%,打印内容在页面中水平和垂直方向都居中对齐,在页眉正中央添加文字"不同方案比较分析",并将页眉到上边距的距离值设置为 3。

 *操作步骤*

1. 建立文件

(1) 打开考生文件夹下的"Excel 素材.xlsx"文件。

(2) 单击"文件"菜单下的"另存为"按钮,弹出"另存为"对话框,在该对话框中将"文件名"设为"Excel.xlsx",保存在考生文件夹下。

2. 填充年订货成本

(1) 单击选中"成本分析"工作表中的 F3 单元格,输入公式"=($C$2/E3)*$C$3",按"Enter"键确认,双击该单元格右下角的填充柄,填充到 F15 单元格。

(2) 选中 F3:F15 单元格区域,单击鼠标右键,在弹出的快捷菜单中选择"设置单元格格式",弹出"设置单元格格式"对话框,在"数字"选项卡下"分类"列表框中选择"货币",将小数位数设置为"0",单击"确定"按钮。

3. 填充年存储成本

(1) 单击选中"成本分析"工作表中的 G3 单元格,输入公式"=$C$4*E3*0.5",按"Enter"键确认,双击该单元格右下角的填充柄,填充到 G15 单元格。

(2) 选中 G3:G15 单元格区域,单击鼠标右键,在弹出的快捷菜单中选择"设置单元格格式",弹出"设置单元格格式"对话框,在"数字"选项卡下"分类"列表框中选择"货币",将小数位数设置为"0",单击"确定"按钮。

4. 填充年总成本

(1) 单击选中"成本分析"工作表中的 H3 单元格,输入公式"=F3+G3",按"Enter"键确认,双击该单元格右下角的填充柄,填充到 H15 单元格。

(2) 选中 H3:H15 单元格区域,单击鼠标右键,在弹出的快捷菜单中选择"设置单元格格式",弹出"设置单元格格式"对话框,在"数字"选项卡下"分类"列表框中选择"货币",将小数位数设置为"0",单击"确定"按钮。

5. 套用表格样式并创建图表

(1) 选中"成本分析"工作表的单元格区域 E2:H15,单击"开始"菜单下"样式"组中的"套用表格样式"按钮,在下拉列表中选择一种表格样式,弹出"套用表格样式"对话框,采用默认设置,单击"确定"按钮。

(2) 在"表格工具/设计"菜单下"属性"组中,将表名称修改为"成本分析"。

(3) 参考考生文件夹下的"图表参考效果.png",选中数据区域 E2:H15,单击"插入"菜单下"图表"组中的"散点图"按钮,在下拉列表中选择"带平滑线的散点图"。将图表对象移动到 J2:Q18 区域,适当调整图表对象的大小。

(4) 选中插入的图表对象,单击"图表工具/设计"菜单下"标签"组中的"图表标题"按钮,在下拉列表中选择"图表上方",在文本框中输入图表标题"采购成本分析"。

(5) 单击"标签"组中的"图例"按钮,在下拉列表中选择"在底部显示图例"。

(6) 单击"坐标轴"组中的"网格线"按钮,在下拉列表中选择"主要横网格线/其他主要横网格线选项",弹出"设置主要网格线格式"对话框,选择左侧的"线型",单击右侧的"短划线类型"下拉箭头，选择"短划线"，单击"关闭"按钮。

(7) 选中左侧的"垂直坐标轴"，单击鼠标右键，在弹出的快捷菜单中选择"设置坐标轴格式"，弹出"设置坐标轴格式"对话框，在"坐标轴选项"中将主要刻度单位修改为"固定，900"，将下方的"主要刻度线类型"设置为"无"，其他采用默认设置，单击"关闭"按钮。

(8) 选中底部的"水平坐标轴"，单击鼠标右键，在弹出的快捷菜单中选择"设置坐标轴格式"，弹出"设置坐标轴格式"对话框，在"坐标轴选项"中将最小值修改为"固定，200"，将最大值修改为"固定，1400"，将主要刻度单位修改为"固定，300"，将下方的"主要刻度线类型"设置为"无"，其他采用默认设置，单击"关闭"按钮。

6. 调整单元格中的文本设置对齐方式

(1) 参考"换行样式.png"，选中"经济订货批量分析"工作表中的 B2 单元格，将光标置于"(单位：个)"之前，按"Alt + Enter"组合键(手动换行)进行换行；按照同样的方法对 B3、B4、B5 单元格进行换行操作。

(2) 选中 B2:B5 数据区域，单击"开始"菜单下"对齐方式"组中的"居中"按钮，选中 B 列，单击"开始"菜单下"单元格"组中的"格式"按钮，在下拉列表中选择"自动调整列宽"。

7. 计算经济订货批量

选中 C5 单元格，输入公式"=SQRT(2*C2*C3/C4)"，按"Enter"键确认，单击鼠标右键，在弹出的快捷菜单中选择"设置单元格格式"，弹出"设置单元格格式"对话框，选择"数值"，保留"0"位小数，单击"确定"按钮。

8. 创建模拟运算表

(1) 在"经济订货批量分析"工作表中，单击选中 B7 单元格，输入公式"=SQRT(2*C2*C3/C4)"(或者输入"= C5")，按"Enter"键确认，将单元格格式设置为数值，保留 0 位小数。

(2) 选中数据区域 B7:M27，单击"数据"菜单下"预测"组中的"模拟分析"按钮，在下拉列表中选择"模拟运算表"，弹出"模拟运算表"对话框，按照图 4.13 所示进行设置，设置完后单击"确定"按钮。

图 4.13　模拟运算表

(3) 选中 C8:M27 数据区域，单击鼠标右键，在弹出的快捷菜单中选择"设置单元格格式"，弹出"设置单元格格式"对话框，将单元格格式设置为数值，保留 0 位小数，单击"确定"按钮。

9. 设置条件格式

(1) 选中"经济订货批量分析"工作表中的 C8:M27 数据区域，单击"开始"菜单下"样式"组中的"条件格式"按钮,在下拉列表中选择"突出显示单元格规则/介于"命令,弹出"介于"对话框,在下方的单元格中输入"650"和"750",如图 4.14 所示。

图 4.14 　条件格式设置

(2) 单击"设置为"右侧的下拉箭头,在下拉列表中选择"自定义格式",弹出"设置单元格格式"对话框,切换到"字体"选项卡,将字体颜色选择为"白色,背景 1",再切换到"填充"选项卡,将背景色设置为"标准色/红色",单击"确定"按钮,关闭所有对话框。

10. 创建方案

(1) 在"经济订货批量分析"工作表中,单击"数据"菜单下"预测"组中的"模拟分析"按钮,在下拉列表中选择"方案管理器",弹出"方案管理器"对话框,单击"添加"按钮,弹出"添加方案"对话框,输入第 1 个方案名称"需求下降",在"可变单元格"中输入"C2:C4",单击"确定"按钮,弹出"方案变量值"设置对话框,按照图 4.15 所示进行设置,设置完后单击"确定"按钮。

(2) 按(1)中的方法进行操作,单击"添加"按钮,弹出"添加方案"对话框,输入第 2 个方案名称"需求持平","可变单元格"采用默认的"C2:C4",单击"确定"按钮,继续弹出"方案变量值"设置对话框,仿照图 4.16 进行设置。

(3) 按(1)中的方法进行操作,单击"添加"按钮,弹出"添加方案"对话框,输入第 3 个方案名称"需求上升","可变单元格"采用默认的"C2:C4",单击"确定"按钮,继续弹出"方案变量值"设置对话框,仿照图 4.16 所示进行设置。

(4) 单击图 4.16 中的"确定"按钮,返回到"方案管理器"对话框,选中"方案"列表框中的"需求持平"方案,单击"显示"按钮,最后单击"关闭"按钮,关闭对话框窗口。

图 4.15 　方案管理器 1

图 4.16 　方案管理器 2

11. 按要求定义名称

(1) 在"经济订货批量分析"工作表中选中 C2 单元格,在左上角的"名称框"处输入"年需求量",按"Enter"键确认。

(2) 选中 C3 单元格,在左上角的"名称框"处输入"单次订货成本",按"Enter"键确认。

（3）选中 C4 单元格，在左上角的"名称框"处输入"单位年储存成本"，按"Enter"键确认。

（4）选中 C25 单元格，在"名称框"处输入"经济订货批量"，按"Enter"键确认。

12. 创建方案摘要

（1）在"经济订货批量分析"工作表中选中 C5 单元格，单击"数据"菜单下"预测"组中的"模拟分析"按钮，在下拉列表中选择"方案管理器"命令，弹出"方案管理器"对话框，单击"摘要"按钮，弹出"方案摘要"对话框，采用默认设置，单击"确定"按钮。

（2）将新生成的"方案摘要"工作表移动到"经济订货批量分析"工作表右侧。

13. 设置打印

（1）在"方案摘要"工作表中选中数据区域"B2:G10"，单击"页面布局"菜单下"页面设置"组中的"打印区域"，在下拉列表中选择"设置打印区域"。

（2）单击"页面设置"组中的"纸张方向"按钮，在下拉列表中选择"横向"。

（3）将"调整为合适大小"组中的"缩放比例"调整为"200%"。

（4）单击"页面设置"组右下角的对话框启动器按钮，弹出"页面设置"对话框，切换到"页边距"选项卡，勾选"居中方式"的"水平"和"垂直"复选框。

（5）切换到"页眉/页脚"选项卡，单击"自定义页眉"按钮，弹出"页眉"设置对话框，在中间文本框中输入"不同方案比较分析"。单击"确定"按钮，返回到"页眉/页脚"选项卡中。

（6）切换到"页边距"选项卡，在"页眉"文本框中输入"3"，单击"确定"按钮。

（7）保存文件。

4.19　电脑销售情况分析

 题目要求

文涵是大地公司的销售部助理，负责对全公司的销售情况进行统计分析，并将结果提交给销售部经理。年底，她根据各门店提交的销售报表进行以下统计分析工作：

（1）在考生文件夹下，将"Excel 素材.xlsx"文件另存为"Excel.xlsx"（".xlsx"为扩展名）。

（2）将"Sheet1"工作表命名为"销售情况"，将"Sheet2"命名为"平均单价"。

（3）在"店铺"列左侧插入一个空列，输入列标题为"序号"，并以 001、002、003…的方式向下填充该列到最后一个数据行。

（4）将工作表标题跨列合并后居中并适当调整其字体，加大字号，并改变字体颜色。适当加大数据表的行高和列宽，设置对齐方式及销售额数据列的数值格式(保留 2 位小数)，并为数据区域增加边框线。

(5) 将工作表"平均单价"中的区域 B3:C7 定义名称为"商品均价"，运用公式计算工作表"销售情况"中 F 列的销售额，要求在公式中通过 VLOOKUP 函数自动在工作表"平均单价"中查找相关商品的单价，并在公式中引用所定义的名称"商品均价"。

(6) 为工作表"销售情况"中的销售数据创建一个数据透视表，放置在一个名为"数据透视分析"的新工作表中，要求针对各类商品比较各门店每个季度的销售额。其中：商品名称为报表筛选字段，店铺为行标签，季度为列标签，并对销售额求和。最后对数据透视表进行格式设置，使其更加美观。

(7) 根据生成的数据透视表，在透视表下方创建一个簇状柱形图，图表中仅对各门店 4 个季度笔记本的销售额进行比较。

操作步骤

1．建立文件

(1) 打开考生文件夹下的"Excel 素材.xlsx"文件。

(2) 单击"文件"菜单下的"另存为"按钮，弹出"另存为"对话框，在该对话框中将"文件名"设为"Excel.xlsx"，保存在考生文件夹下。

(3) 双击"Sheet1"工作表名，待"Sheet1"呈选中状态后输入"销售情况"即可，按照同样的方式将"Sheet2"命名为"平均单价"。

2．填充文本型数据

(1) 选中"店铺"所在的列，单击鼠标右键，在弹出的列表中选择"插入"选项。工作表中随即出现新插入的一列。

(2) 双击 A3 单元格，输入"序号"二字。在 A4 单元格中输入"'001"，然后鼠标移至 A4 右下角的填充柄处，按住"Ctrl"键的同时拖动填充柄，拖动填充柄继续向下填充该列，直到最后一个数据行。

3．设置单元格格式

(1) 选中 A1:F1 单元格，单击鼠标右键，在弹出的下拉列表中选择"设置单元格格式"命令，弹出"设置单元格格式"对话框，在"对齐"选项卡下的"文本控制"组中勾选"合并单元格"，在"文本对齐方式"组的"水平对齐"选项下选择"居中"，单击"确定"按钮；按照同样的方式打开"设置单元格格式"对话框，切换至"字体"选项卡，在"字体"下拉列表中选择"黑体"，在"字号"下拉列表中选择"14"，在"颜色"下拉列表中选择"深蓝，文字 2，深色 50%"，单击"确定"按钮。

(2) 选中 A1:F83 单元格，在"开始"菜单下的"单元格"组中单击"格式"下拉列表，选择"行高"命令，在对话框中输入"20"，输入完毕后单击"确定"按钮；按照同样的方式选择"列宽"命令，输入"12"，单击"确定"按钮。

(3) 选中数据表，在"开始"菜单下"对齐方式"组中选择"居中"对齐方式。

(4) 选中数据区域，单击鼠标右键，在弹出的下拉列表中选择"设置单元格格式"命令，弹出"设置单元格格式"对话框，切换至"边框"选项卡，在"预置"组中选中"外边框"，在"线条"组的"样式"下选择一种线条样式，单击"确定"按钮。

(5) 选中"销售额"数据列，单击鼠标右键，在弹出的下拉列表中选择"设置单元格格式"命令，弹出"设置单元格格式"对话框，切换至"数字"选项卡，在"分类"下拉列表中选择"数值"，在右侧的"示例"中输入"2"，设置完毕后单击"确定"按钮。

4. 定义名称并填充数据

(1) 选中 B3:C7 区域，单击鼠标右键，在弹出的下拉列表中选择"定义名称"命令，打开"新建名称"对话框，在"名称"中输入"商品均价"后，单击"确定"按钮。

(2) 在"销售情况"工作表的 F4 单元格中输入"=VLOOKUP(D4,商品均价,2, FALSE)*E4"，然后按"Enter"键完成输入。

5. 创建数据透视表

(1) 选中"销售情况"工作表的数据区域，在"插入"菜单下的"表格"组中单击"数据透视表"按钮，打开"创建数据透视表"对话框，在"选择一个表或区域"项下的"表/区域"框显示当前已选择的数据源区域。

(2) 指定数据透视表存放的位置：选中"新工作表"，单击"确定"按钮，将工作表重命名为"数据透视分析"。

(3) 拖动"商品名称"到"筛选器"区域，拖动"店铺"到"行"区域，拖动"季度"到"列"区域，拖动"销售额"至"Σ值"区域。

(4) 对数据透视表进行适当的格式设置。单击"开始"选项卡下"样式"组中的"套用表格格式"按钮，在弹出的下拉列表中选择一种合适的样式——"中等深浅"下的"数据透视表样式中等深浅 2"。

6. 创建数据透视图

(1) 单击数据透视表区域中的任意单元格，单击"插入"选项卡下的"图表"组中的"数据透视图"按钮，打开"插入图表"对话框。

(2) 选择"簇状柱形图"，单击"确定"按钮后弹出簇状柱形图，在"数据透视图"中单击"商品名称"右侧的下拉列表，只选择"笔记本"，单击"确定"按钮后，即可只显示各门店 4 个季度笔记本的销售额情况。

(3) 保存文件。

4.20　工资表汇总

 题目要求

小李是东方公司的会计，利用自己所学的办公软件进行记账管理，为节省时间，同时又确保记账的准确性，她使用 Excel 编制了 2014 年 3 月员工工资表"Excel.xlsx"。

请你根据下列要求帮助小李对该工资表进行整理和分析(提示：本题中若出现排序问题，则采用升序方式排序)：

(1) 通过合并单元格，将表名"东方公司 2014 年 3 月员工工资表"放于整个表的上端、居中，并调整字体、字号。

(2) 在"序号"列中分别填入 1 到 15，将其数据格式设置为数值、保留 0 位小数、居中。

(3) 将"基础工资"(含)往右各列设置为会计专用格式、保留 2 位小数、无货币符号。

(4) 调整表格各列宽度、对齐方式，使得显示更加美观，并设置纸张大小为 A4、横向，整个工作表需调整在 1 个打印页内。

(5) 参考考生文件夹下的"工资薪金所得税率.xlsx"，利用 IF 函数计算 "应交个人所得税"列。 (提示：应交个人所得税 = 应纳税所得额 × 对应税率 − 对应速算扣除数)

(6) 利用公式计算"实发工资"列，公式为：实发工资 = 应付工资合计 − 扣除社保 − 应交个人所得税。

(7) 复制工作表"2014 年 3 月"，将副本放置到原表的右侧，并命名为"分类汇总"。

(8) 在"分类汇总"工作表中通过分类汇总功能求出各部门"应付工资合计""实发工资"的和，每组数据不分页。

 操作步骤

1. 建立文件

(1) 打开考生文件夹下的"Excel 素材.xlsx"文件。

(2) 单击"文件"菜单下的"另存为"按钮，弹出"另存为"对话框，在该对话框中将"文件名"设为"Excel.xlsx"，保存在考生文件夹下。

2. 设置单元格格式

(1) 在"2014 年 3 月"工作表中选中 A1:M1 单元格，单击"开始"菜单下"对齐方式"组中的"合并后居中"按钮。

(2) 选中 A1 单元格，切换至"开始"菜单下"字体"组，为表名"东方公司 2014 年 3 月员工工资表"选择合适的字体和字号，这里选择"楷体"和"18 号"。

(3) 在"2014 年 3 月"工作表 A3 单元格中输入"1"，在 A4 单元格中输入"2"。 按住"Ctrl"键向下填充至单元格 A17。

(4) 选中"序号"列，单击鼠标右键，在弹出的快捷菜单中选择"设置单元格格式"命令，弹出"设置单元格格式"对话框。切换至"数字"选项卡，在"分类"列表框中选择"数值"命令，在右侧的"示例"组的"小数位数"微调框中输入"0"。

(5) 在"设置单元格格式"对话框中切换至"对齐"选项卡，在"文本对齐方式"组中"水平对齐"下拉列表框中选择"居中"，单击"确定"按钮关闭对话框。

(6) 在"2014 年 3 月"工作表中选中 E:M 列，单击鼠标右键，在弹出的快捷菜单中选择"设置单元格格式"命令，弹出"设置单元格格式"对话框。切换至"数字"选项卡，在"分类"列表框中选择"会计专用"，在"小数位数"微调框中输入"2"， 在 "货币符号" 下拉列表框中选择"无"。

3. 页面设置

(1) 在"2014 年 3 月"工作表中单击"页面布局"菜单下"页面设置"组中的"纸张大小"按钮，在弹出的下拉列表中选择"A4"。

(2) 单击"页面布局"菜单下"页面设置"组中的"纸张方向"按钮，在弹出的下拉列表中选择"横向"。

(3) 适当调整表格各列宽度、对齐方式，使得显示更加美观，并且使得页面在 A4 虚线框的范围内。

4. 填充公式

(1) 在"2014 年 3 月"工作表 L3 单元格中输入应交个人所得税值"=ROUND (IF(K3<=1500, K3*3/100, IF(K3<=4500, K3*10/100-105, IF(K3<=9000, K3*20/100-555, IF (K3<=35000, K3*25%-1005, IF(K3<=5500, K3*30%-2755, IF(K3<=80000, K3*35%-5505, IF(K3>80000, K3*45%-13505)))))))),2)"，按"Enter"键后完成"应交个人所得税"的填充。然后向下填充公式到 L17 即可。或者输入"=IF (K3>80000, K3*0.45-13505, IF(K3>55000, K3*0.35-5505, IF(K3>35000, K3*0.3-2755, IF(K3>9000, K3*0.25-1005, IF(K3>4500, K3*0.2-555, IF(K3>1500, K3*0.1-105, K3*0.03))))))"，也可以完成"应交个人所得税"的填充。

(2) 在"2014 年 3 月"工作表 M3 单元格中输入"=I3-J3-L3"，按"Enter"键后完成"实发工资"的填充。然后向下填充公式到 M17 即可。

5. 建立副本并重命名

(1) 选中"2014 年 3 月"工作表，单击鼠标右键，在弹出的快捷菜单中选择"移动或复制"命令。

(2) 在弹出的"移动或复制工作表"对话框中的"下列选定工作表之前"列表框中选择"Sheet2"，勾选"建立副本"复选框。设置完成后单击"确定"按钮即可。

(3) 选中"2014 年 3 月(2)"工作表，单击鼠标右键，在弹出的快捷菜单中选择"重命名"命令，更改为"分类汇总"。

6. 按"部门"进行分类汇总

(1) 对"分类汇总"表进行分类汇总，先按"部门"升序排序，选择"数据"选项卡下"分级显示"组中的"分类汇总"，弹出"分类汇总"对话框，分类字段设为"部门"，汇总方式设为"求和"，汇总项设为"应付工资合计"，其他采用默认设置。

(2) 保存文件。

第 5 章

演示文稿 PowerPoint 2016 高级应用

PowerPoint 简称 PPT，其用途主要有以下 3 种：

(1) 阅读用：包含大量的文字，适合于一个人面对电脑看。

(2) 放映用：自动播放，适用于会场过渡等场合。

(3) 演示用：主要用于演讲、培训、讲课等场合。这种 PPT 是通过投影打在大屏幕上的，通常内容比较简单，关键是演讲者的"讲"。演讲者是中心，PPT 是辅助。

5.1　演示文稿启动与工作界面

5.1.1　PowerPoint 2016 的启动

Microsoft PowerPoint 2016 的启动常用的方法有以下两种：

(1) 单击"开始"→"程序"→"Microsoft Office"→"Microsoft PowerPoint 2016"，如图 5.1 所示。

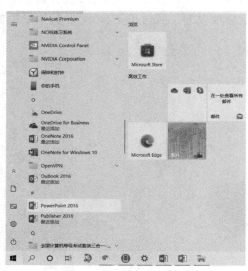

图 5.1　开始菜单中的 Powerpoint

(2) 双击桌面上的"Microsoft PowerPoint 2016"快捷方式图标。

▶想一想

(1) 仿照 Word 或 Excel，有哪些方法可退出 PowerPoint 2016？

(2) 有时，退出 PowerPoint 2016 之前会出现如图 5.2 所示的对话框，该对话框上的 3 个按钮分别是什么意思？

图 5.2　退出 PowerPoint2016 时的对话框

5.1.2　PowerPoint 2016 界面

PowerPoint 2016 提供了全新的工作界面，窗口界面如图 5.3 所示。

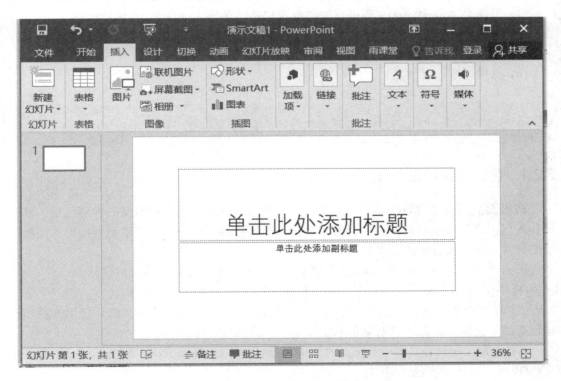

图 5.3　PowerPoint 2016 界面

设置一个合适的工作环境，不仅操作方便而且节省时间。一般通过"文件"→"选项"的巧妙设置，就可以达到理想的效果，如图 5.4 所示。

图 5.4   PowerPoint 2016 选项设置窗口

想一想

(1) 怎样对 PowerPoint 文稿进行加密设置和共享设置？
(2) 怎样设置演示文稿编辑过程中的自动保存时间？
(3) 怎样设置演示文稿所保存的位置？
(4) 怎样设置作者信息？

5.2 演示文稿的常规操作

5.2.1 演示文稿的建立与保存

演示文稿由一张或数张相互关联的幻灯片组成。创建演示文稿涉及的内容包括：基础设计入门，添加新幻灯片和内容，选取版式，通过更改配色方案或应用不同的设计模板修改幻灯片设计，设置动态效果，播放。

单击"文件"→"新建"，这里提供了一系列创建演示文稿的方法，包括：

(1) 空白演示文稿：从具备最少的设计且未应用颜色的幻灯片开始。

(2) 样本模板：在已经书写和设计过的演示文稿基础上创建演示文稿。使用此命令创建现有演示文稿的副本，以对新演示文稿进行设计或内容更改。

(3) 主题：在已经具备设计概念、字体和颜色方案的 PowerPoint 模板基础上创建演示文稿(模板还可使用自己创建的)。

(4) 网站上的模板：使用网站上的模板创建演示文稿。

(5) Office Online 模板：在 Microsoft Office 模板库中，从其他 PowerPoint 模板中选择。这些模板是根据演示类型排列的。

单击"文件"→"另存为"或"保存"命令来保存演示文稿文件。在"另存为"对话框中选择演示文稿文件要保存的磁盘、目录(文件夹)和文件名。文件系统默认演示文稿文件的扩展名为.PPT。

通常，可对幻灯片进行选择、插入、删除、复制、移动等操作。

单击某张幻灯片即可选中该张幻灯片；若要选择多张幻灯片，则在按住"Shift"键的同时单击要选择的幻灯片；单击"开始"→"编辑"→"全选"命令(快捷键"Ctrl + A")，可选中所有幻灯片。

在当前幻灯片后插入新幻灯片：在"普通视图"下，将鼠标定在界面左侧的窗格中回车；单击"插入"→"新幻灯片"命令(快捷键"Ctrl + M")。

选中幻灯片后按"Del"键，或者鼠标右击，在弹出的快捷菜单中选中"删除幻灯片"，都可删除幻灯片。

用鼠标拖动或利用"复制""粘贴"命令可进行幻灯片的移动。

▶想一想

(1) 将 PowerPoint 对幻灯片所做的选择、插入、删除、复制、移动等操作与 Word 和 Excel 中的操作进行比较。

(2) PowerPoint 中的另存为与 Word、Excel 中的另存为意义相同吗？

5.2.2　演示文稿的视图

Microsoft PowerPoint 2016 有 5 种主要视图：普通视图、大纲视图、幻灯片浏览视图、备注页视图和阅读视图。用户可以从这些主要视图中选择一种视图作为 PowerPoint 的默认视图，如图 5.5 所示。

(1) 普通视图：主要的编辑视图，提供了无所不能的各项操作，常用于撰写或设计演示文稿。该视图有 3 个工作区域：左侧是幻灯片文本大纲("大纲"选项卡)和幻灯片缩略图("幻灯片"选项卡)之间切换的选项卡；右侧为幻灯片窗格，以大视图显示当前幻灯片；底部为备注窗格。

(2) 大纲视图：包含大纲窗格、幻灯片缩图窗格和幻灯片备注页窗格。在大纲窗格中显示演示文稿的文本内容和组织结构，不显示图形、图像、图表等对象。

(3) 幻灯片浏览视图：以缩略图形式显示幻灯片的视图，常用于对演示文稿中各张幻灯片进行移动、复制、删除等各项操作。

(4) 备注页视图：主要用于为演示文稿中的幻灯片添加备注内容或对备注内容进行编辑修改，在该视图模式下无法对幻灯片的内容进行编辑。

(5) 阅读视图：占据整个计算机屏幕，进入演示文稿的真正放映状态，可供观众以阅读方式浏览整个演示文稿的播放。

工作窗口的右下角有这 5 种幻灯片视图的图标按钮，用户可单击切换之。

图 5.5　演示文稿的 5 种不同视图

5.2.3　新建演示文稿

创建演示文稿的方法有很多，在此介绍常见的"样本模板""主题""空演示文稿"3种创建方式。"样本模板""主题"这些模板带有预先设计好的标题、注释、文稿格式、背景颜色等。用户可以根据演示文稿的需要，选择合适的模板。

1. 通过"样本模板"新建演示文稿

样本模板演示文稿类型如图 5.6 所示，在该对话框中，系统提供了多种标准演示文稿类型："画廊""包裹""木材纹理""柏林""天体"等。

图 5.6　"样本模板"类型

单击选定某标题模板按钮，即完成了演示文稿的创建工作。新创建的演示文稿窗口如图 5.7 所示。

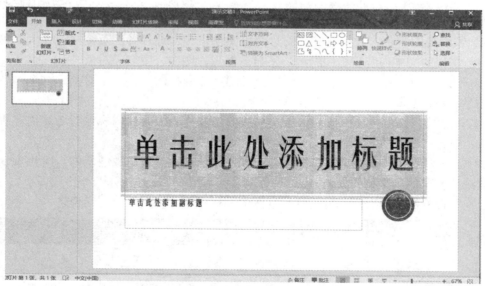

图 5.7　新建木材纹理标题模板的演示文稿

2. 通过"主题"新建演示文稿

"主题"模板侧重于外观风格设计。如图 5.8 所示，系统提供了"教育""书籍""重返校园"等多类主题，对幻灯片的背景样式、颜色、文字效果进行了各种搭配设置，"建筑设计"主题应用如图 5.9 所示。

图 5.8　演示文稿的"主题"模板

图 5.9　"建筑设计"风格主题模板

3. 新建空白演示文稿

在工作窗口单击"空演示文稿"选项，将出现如图 5.10 所示的对话框，但创建的是一个系统默认固定格式和没有任何图文的空白演示文稿。空白幻灯片上有一些虚线框，称为对象的占位符。例如，双击右边占位符，可以添加图像；单击左边占位符，可以添加文字等。

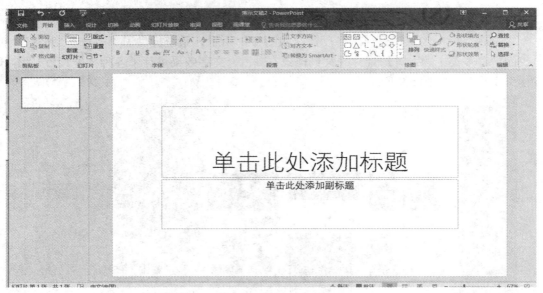

图 5.10　空演示文稿

　　用户可以选用版式来调整幻灯片中内容的排列方式，也可使用模板简便快捷地统一整个演示文稿的风格。下面介绍幻灯片选用版式的方法。

　　版式是幻灯片内容在幻灯片上的排列方式，不同的版式中占位符的位置与排列的方式也不同。用户可以选择需要的版式并运用到相应的幻灯片中，具体操作步骤为：选择幻灯片版式，打开一个文件，在"开始"选项卡下单击"版式"按钮，在展开的库中显示了多种版式，选择"两栏内容"选项，如图 5.11 所示。

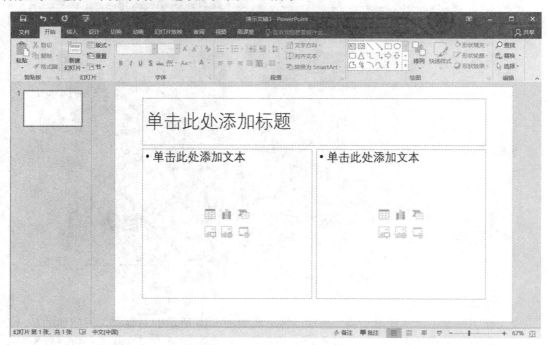

图 5.11　幻灯片版式

5.2.4　打开已有的演示文稿

PowerPoint 可在菜单栏中选择"文件"→"打开"命令，也可使用"Ctrl + O"快捷键，无论采用这两种方式中的哪种，都会弹出一个"打开"对话框。在"查找范围"中选择要打开的文件存放的位置，窗口中会显示该位置上存放的所有文件的文件名，选择要打开的文件名，单击"打开"即可。

5.2.5　关闭和保存演示文稿

1. 关闭演示文稿

PowerPoint 允许用户同时打开并操作多个演示文稿，所以关闭文稿可分为：关闭当前演示文稿和同时关闭所有演示文稿。

关闭当前演示文稿：单击菜单栏上的关闭按钮 × 或选择"文件"→"关闭"选项。

关闭所有演示文稿并退出 PowerPoint：单击标题栏上的关闭按钮 × 或选择"文件"→"退出"选项。

2. 保存演示文稿

刚刚创建好的演示文稿要把它保存起来，以后才能重复利用。PowerPoint 有以下两种方式用于保存演示文稿：

(1) 选择"文件"→"保存"命令。如果文稿是第一次存盘，则会出现"另存为"对话框。这与 Word 一致。在对话框中选择文稿的保存位置，然后输入文件名，单击"确定"按钮即可保存演示文稿。

(2) 直接按"Ctrl + S"快捷键也可保存演示文稿。

5.2.6　演示文稿的播放

制作好演示文稿后，下一步就是要播放给观众看，放映是设计效果的展示。在幻灯片放映前可以根据使用者的不同，通过设置放映方式来满足各自的需要。

1. 设置放映方式

选择"幻灯片放映"→"设置放映方式"命令，调出"设置放映方式"对话框，如图 5.12 所示。

1) 放映方式

在对话框的"放映类型"框中，上部的 3 个单选按钮决定了放映的 3 种方式：

(1) 演讲者放映：以全屏幕形式显示。演讲者可以通过 PgDn、PgUp 键显示上一张或下一张幻灯片，也可右击幻灯片，从快捷菜单中选择幻灯片放映或用绘图笔进行勾画，好像拿笔在纸上写画一样直观。

(2) 观众自行浏览：以窗口形式显示。可以利用滚动条或"浏览"菜单显示所需的幻灯片；还可以通过"文件"→"打印"命令打印幻灯片。

(3) 在展台浏览：以全屏幕形式在展台上做演示用。在放映过程中，除了保留鼠标指针用于选择屏幕对象外，其余功能全部失效(连中止也要按"Esc"键)。

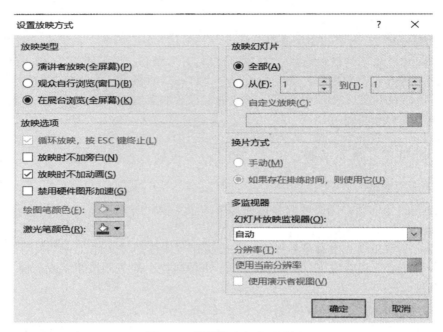

图 5.12 设置放映方式对话框

2) 放映范围

"放映幻灯片"框提供了 3 种幻灯片放映的范围：全部、部分和自定义放映。其中"自定义放映"是通过"幻灯片放映"→"自定义幻灯片放映"命令，逻辑地将演示文稿中的某些幻灯片以某种顺序排列，并以一个自定义放映名称命名，然后在"幻灯片"框中选择自定义放映的名称，就仅放映该组幻灯片。

3) 换片方式

"换片方式"框供用户选择换片方式是手动还是自动换片。PowerPoint 2016 提供了 3 种放映方式供用户选择：

(1) 循环放映，按"ESC"键终止：当最后一张幻灯片放映结束时，自动转到第 1 张幻灯片进行再次放映。

(2) 放映时不加旁白：在播放幻灯片的进程中不加任何旁白，如果要录制旁白，则可以利用"幻灯片放映"→"录制旁白"选项来实现。

(3) 放映时不加动画：若该项选中，则放映幻灯片时，原来设定的动画效果将不起作用。如果取消选择"放映时不加动画"，则动画效果又将起作用。

　　幻灯片内对象的放映速度和幻灯片间的切换速度通过"自定义动画"和"幻灯片切换"命令设置，也可以通过"排练计时"命令设置。

2. 执行幻灯片演示

按功能键 F5 从第一张幻灯片开始放映(同"幻灯片放映"→"观看放映")，按"Shift + F5"

键从当前幻灯片开始放映。在演示过程中，还可单击屏幕左下角的图标按钮，用快捷菜单或用光标移动键(→，↓，←，↑)均可实现幻灯片的选择放映。

5.3　幻灯片对象与母板

幻灯片中只有包含了艺术字、图片、图形、按钮、视频、超级链接等元素，才会美观漂亮，异彩纷呈！这些对象均需要插入，并对它们进行进一步的编辑和格式设置。

5.3.1　幻灯片中对象的插入

1. 文本输入与编辑

PowerPoint 2016 中的文本有标题文本、项目列表和纯文本 3 种类型。其中，项目列表常用于列出纲要、要点等，每项内容前可以有一个可选的符号作为标记。文本内容通常在"大纲"或"幻灯片"模式下输入。

1) 在大纲模式下输入文本

大纲模式下默认第一张幻灯片为"标题幻灯片"，其余的为"标题与项目列表"版式。

(1) 输入标题：将插入点移至幻灯片序号及图标之后的适当位置输入标题，按回车键后即进入下一张标题的输入。

(2) 各级标题的切换：选择大纲模式左列工具栏中的左、右箭头即可以使当前标题进入上、下一级标题。

2) 在幻灯片模式下输入文本

用鼠标单击幻灯片的文本框区域，框的各边角上有 8 个小方块(尺寸控点)，此时即可在该文本框中输入文本内容。

2. 对象及操作

对象是幻灯片中的基本成分，是设置动态效果的基本元素。幻灯片中的对象被分为文本对象(标题、项目列表、文字批注等)、可视化对象(图片、剪贴画、图表、艺术字等)和多媒体对象(视频、声音、Flash 动画等) 3 类，各种对象的操作一般都是在幻灯片视图下进行的，操作方法也基本相同。

1) 对象的选择与取消

单击对象实现对象单选，按"Shift"键的同时单击对象实现对象连选，对象被选中后四周形成一个方框，方框上有 8 个控点，以对对象进行缩放。被选择的对象在进行操作时被看作是一个整体。取消选择只需要在被选择对象外单击鼠标即可。

2) 对象插入

要使幻灯片的内容丰富多彩，须在幻灯片上添加一个或多个对象。这些对象可以是文本框、图形、图片、艺术字、组织结构图、Word 表格、Excel 图表、声音、影片等。这些对象除了声音和影片外都有其共性，如缩放、移动、加框、置色、版式等，这些对象均从"插入"菜单中插入，如图 5.13、图 5.14 所示，它们的操作方法与 Word 相似。

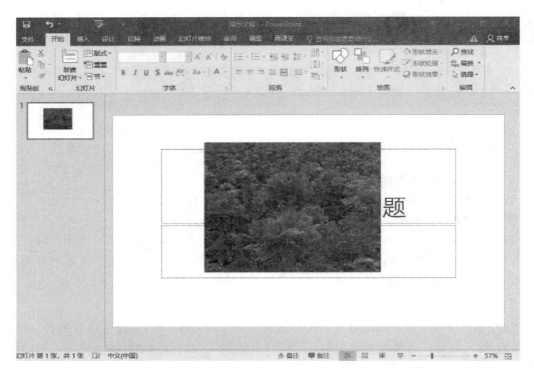

图 5.13　插入图片示例

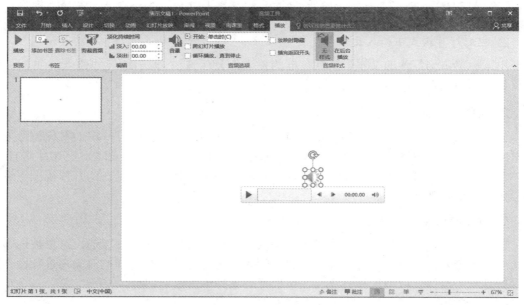

图 5.14　播放声音对话框

3) 插入图表

除 Excel 图表外,对于一些较小的统计图表,可以直接在 PowerPoint 2016 中设计。使用"插入"→"图表"命令,屏幕上出现数据表后,修改数据表中横行和竖行上的数据,单击幻灯片上的空白处就可以建立数据表所对应的统计表，如图 5.15 所示。

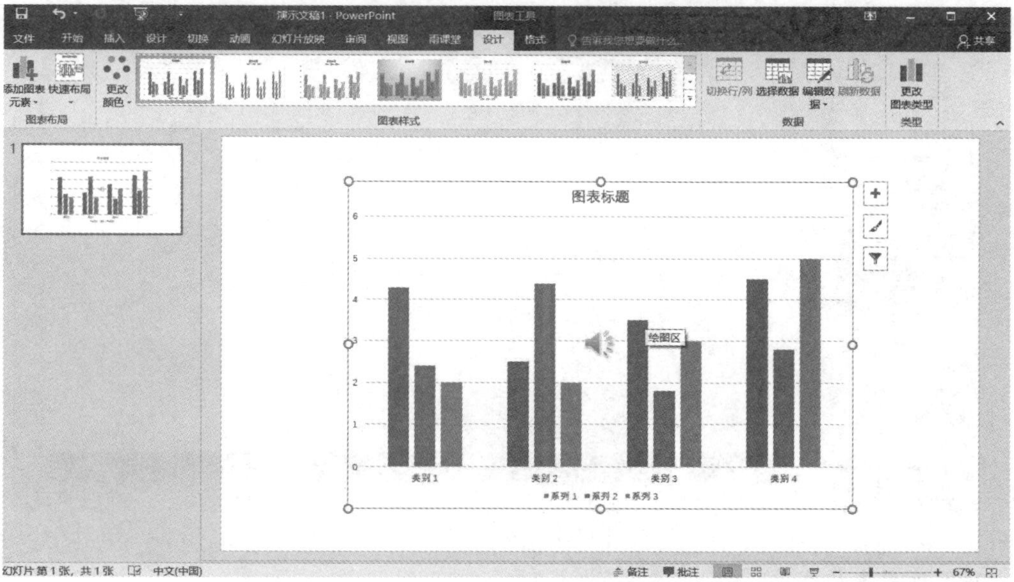

图 5.15　插入图表示例

4) 录制声音

如果对现有的影音文件都不满意，则还可以自行录制声音插入到演示文稿当中。录制声音的步骤如下：

(1) 选定要添加声音的幻灯片。

(2) 选择"插入"→"音频"→"录制声音"命令项，出现"录音"对话框。

(3) 单击"录音"按钮开始录音，单击"停止"按钮停止录音。单击"播放"按钮可以听到录制的效果，不满意就重新录制。

(4) 录制完毕后在"名称"栏内输入声音文件的名称，单击"确定"按钮就可以把声音文件插入到幻灯片中。

当然，如果想录音，则必须要配备有话筒。

5.3.2　幻灯片外观设计

PowerPoint 2016 由于采用了模板，因此使用母版可以使同一演示文稿的所有的幻灯片具有一致的外观。

1. 使用母版

母版用于设置演示文稿中每张幻灯片的最初格式，这些格式包括每张幻灯片标题及正文文字的位置、字体、字号、颜色，项目符号的样式、背景图案等。

根据幻灯片文字的性质，PowerPoint 2016 母版可以分成幻灯片母版、讲义母版和备注母版 3 类。其中最常用的是幻灯片母版，因为幻灯片母版控制的是除标题幻灯片以外的所有幻灯片的格式。

单击"视图"，选择"母版视图"分组中的"幻灯片母版"，如图 5.16 所示。

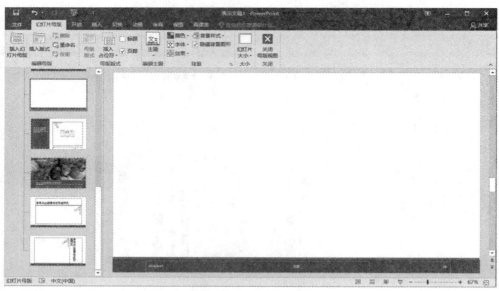

图 5.16　幻灯片母版

1) 更改文本格式

在幻灯片母版中选择对应的占位符，如标题或文本样式等，更改其文本及其格式。修改母版中某一对象格式，可以同时修改除标题幻灯片外的所有幻灯片对应对象的格式。

2) 设置页眉、页脚和幻灯片编号

在幻灯片母版状态下选择"插入"菜单中"文本"分组中的"页眉和页脚"命令，调出"页眉和页脚"对话框，选择"幻灯片"页面，如图 5.17 所示，设置页眉、页脚和幻灯片编号。

图 5.17　页眉和页脚对话框

3) 向母版插入对象

当需要为每张幻灯片都添加同一对象时，只需要向母版中添加该对象即可。例如，给母版插入图片，则除标题幻灯片外每张幻灯片都会自动在固定位置显示该图片，如图 5.18 所示。通过幻灯片母版插入的对象，不能在幻灯片状态下编辑。

图 5.18　利用幻灯片母版添加图片

2. 重新配色

利用"幻灯片母版"→"颜色""字体""效果"命令可以对幻灯片的文本、背景、强调文字等各个部分进行重新配色。可以在"颜色"→"自定义颜色"中对幻灯片的各个细节定义自己喜欢的颜色。

5.4　动画与超级链接

PowerPoint 2016 提供了动画和超链接技术，使幻灯片的制作更为简单灵活，演示锦上添花，有网页之效果。

为幻灯片上的文本和各对象设置动画效果，可以突出重点，控制信息的流程，提高演示的效果。在设计动画时，有两种动画设计：一种是幻灯片内各对象或文字的动画效果；另一种是幻灯片切换时的动画效果。

1. 幻灯片内动画设计

幻灯片内动画设计指在演示一张幻灯片时，依次以各种不同的方式显示片内各对象。

设置片内动画效果一般在"动画"菜单中进行。下面以设置对象"百叶窗"动画为例，简介具体设置过程：

(1) 选中需要设置动画的对象，单击"动画"→"添加动画"命令。

(2) 在随后弹出的下拉列表中，找到"更多进入效果"对话框，如图 5.19 所示。

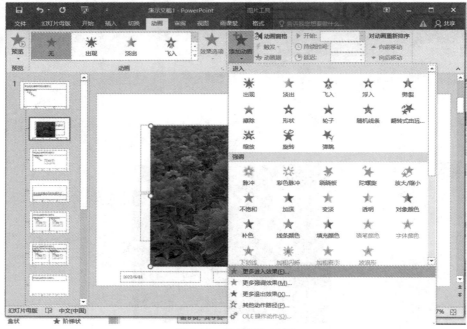

图 5.19　设置添加动画

(3) 单击"添加进入效果"打开对话框，选中"百叶窗"动画选项，单击"确定"按钮，如图 5.20 所示。

图 5.20　添加进入效果

　　如果一张幻灯片中的多个对象都设置了动画，则需要确定其播放方式(是"自动播放"还是"手动播放")。下面，以第二个动画设置在上一个动画之后自动播放进行说明：

　　展开"计时"任务窗格，单击第二个动画方案，单击"开始"右侧的下拉按钮，在随后弹出的快捷菜单中选择"上一动画之后"选项即可，如图 5.21 所示。

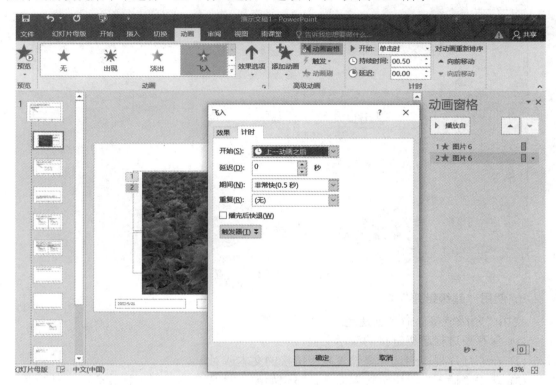

图 5.21　动画窗格

　　如果想取消某个对象的动画效果，则直接在幻灯片编辑窗口中选中该动画效果标号，然后按"Delete"键即可。

2. 幻灯片切换动画设计

　　为了增强 PowerPoint 幻灯片的放映效果，可以为每张幻灯片设置切换方式，幻灯片间的切换效果是指两张连续的幻灯片在播放之间如何变换。例如，水平百叶窗、溶解、盒状展开、随机、向上推出等。

　　设置幻灯片切换效果一般在"幻灯片浏览"窗口进行，方法如下：

　　(1) 选中需要设置切换方式的幻灯片。

　　(2) 执行"切换"→"切换到此幻灯片"命令。

　　(3) 选择一种切换方式(如"淡出")，并根据需要设置好"持续时间""声音""换片方式"等选项，完成设置，如图 5.22 所示。

　　创建超级链接起点，可以是任何文本或对象，激活超级链接最好用单击鼠标的方法。设置了超级链接，代表超级链接起点的文本会添加下划线，并且显示成系统配色方案指定的颜色。创建超级链接有使用"超级链接"命令和"动作"按钮两种方法。

图 5.22　幻灯片切换设置

3. 使用"超级链接"命令

使用"超级链接"命令创建超级链接的步骤如下：

(1) 保存要进行超级链接的演示文稿。

(2) 在幻灯片视图中选择要设置超级链接的文本或对象。

(3) 单击"插入"→"链接"命令，显示如图 5.23 所示的"插入超级链接"对话框。

(4) 在"插入超级链接"对话框中，通过巧妙设置，可以实现各种链接。

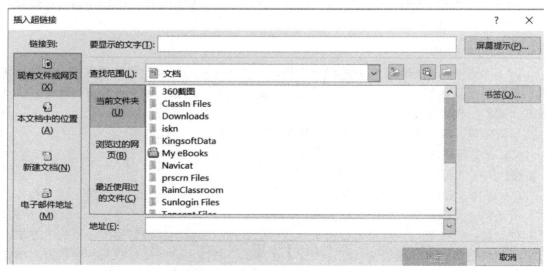

图 5.23　插入超级链接对话框

4．使用"动作"按钮

利用"插入"→"动作"，也可以创建同样效果的超级链接。在超级链接激活后，跳转到幻灯片，若希望返回到原超级链接的起点，则方法如下：

选择"插入"→"动作"命令，系统显示如图 5.24 所示的"动作设置"对话框，在对话框中选择：

(1)　"单击鼠标"选择卡：单击鼠标启动跳转；

(2)　"鼠标悬停"选择卡：移过鼠标启动跳转；

(3)　"超链接到"选项：在列表框中选择跳转的位置。

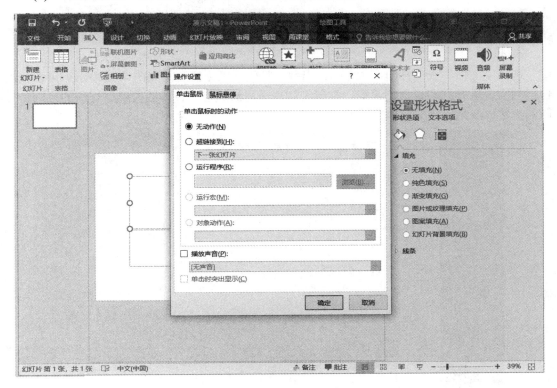

图 5.24　动作设置对话框

5.5　打印演示文稿

幻灯片除了可以放映给观众观看外，还可以打印出来进行分发，这样观众以后还可以用来参考。所以打印幻灯片还是很有必要的。

打印演示文稿有以下两个步骤。

1．页面设置

页面设置主要设置了幻灯片打印的大小和方向。选择"设计"→"幻灯片大小"命令项，出现"幻灯片大小"对话框，如图 5.25 所示。在对话框内设置打印的幻灯片大小、方向以及幻灯片编号起始值。设置完成后，单击"确定"按钮。

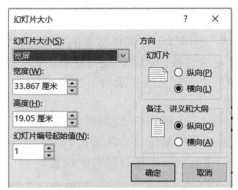

图 5.25　幻灯片大小对话框

2. 打印

选择"文件"→"打印"命令项，出现"打印"工作窗口，如图 5.26 所示。可以根据自己的需要进行打印设置。比如，打印幻灯片采用的颜色、打印的内容、打印的范围、打印的份数以及是否需要打印成特殊格式等。

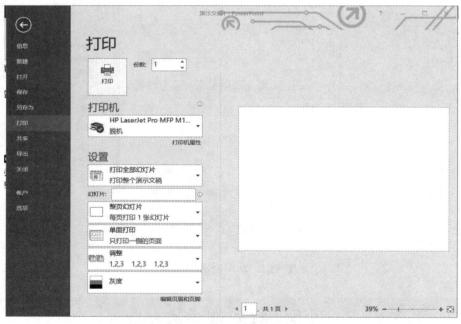

图 5.26　打印对话框

在"打印"对话框中的打印机"名称"栏内可以选择打印机的名称。单击旁边的"打印机属性"按钮，可以弹出对话框，设置打印机属性、纸张来源、大小等。

对话框底端的复选框内还可以对打印采用的颜色进行设置。做完上述设置后，就可以打印了。

第 6 章

PowerPoint 2016 精选案例

6.1　图书策划方案

题目要求

为了更好地控制教材编写的内容、质量和流程，小李负责起草了图书策划方案(参考"图书策划方案.docx"文件)。他需要将图书策划方案 Word 文档中的内容制作为可以向教材编委会进行展示的 PowerPoint 演示文稿。现在，根据图书策划方案(参考"图书策划方案.docx"文件)中的内容，按照如下要求完成演示文稿的制作：

(1) 创建一个新演示文稿，内容需要包含"图书策划方案.docx"文件中所有讲解的要点，包括：

① 演示文稿中的内容编排，需要严格遵循 Word 文档中的内容顺序，并仅需要包含 Word 文档中应用了"标题 1""标题 2""标题 3"样式的文字内容。

② Word 文档中应用了"标题 1"样式的文字，需要成为演示文稿中每页幻灯片的标题文字。

③ Word 文档中应用了"标题 2"样式的文字，需要成为演示文稿中每页幻灯片的第一级文本内容。

④ Word 文档中应用了"标题 3"样式的文字，需要成为演示文稿中每页幻灯片的第二级文本内容。

(2) 将演示文稿中的第 1 页幻灯片调整为"标题幻灯片"版式。

(3) 为演示文稿应用一个美观的主题样式。

(4) 在标题为"2012 年同类图书销量统计"的幻灯片页中，插入一个 6 行、5 列的表格，列标题分别为"图书名称""出版社""作者""定价""销量"。

(5) 在标题为"新版图书创作流程示意"的幻灯片页中，将文本框中包含的流程文字利用 SmartArt 图形展现。

(6) 在该演示文稿中创建一个演示方案，该演示方案包含第 1、2、4、7 页幻灯片，并将该演示方案命名为"放映方案 1"。

(7) 在该演示文稿中创建一个演示方案，该演示方案包含第 1、2、3、5、6 页幻灯片，并将该演示方案命名为"放映方案 2"。

(8) 将制作完成的演示文稿以"PPT.pptx"为文件名保存在考生文件夹下（".pptx"为扩展名），否则不得分。

1. 打开文件

(1) 打开 Microsoft PowerPoint 2016，新建一个空白演示文稿。

(2) 打开新文件→单击"文件"→"打开"→"图书策划方案.docx"文件。说明："标题 1"样式的文字自动转化为演示文稿中每页幻灯片的标题文字；"标题 2"样式的文字自动转化为演示文稿中每页幻灯片的第一级文本内容；"标题 3"样式的文字自动转化为演示文稿中每页幻灯片的第二级文本内容。

2. 设置版式

单击"开始"选项卡→"幻灯片"组→"版式"→"标题幻灯片"，将第 1 张幻灯片调整为"标题幻灯片"版式。

3. 设置主题

单击"设计"选项卡→"主题"组，选择一种合适的主题，并应用于所有的幻灯片。

4. 插入表格

(1) 选中第 6 张幻灯片，单击"插入"选项卡→"表格"组→"表格"→"插入表格"，弹出"插入表格"对话框。

(2) 在"列数"微调框中输入"5"，在"行数"微调框中输入"6"，然后单击"确定"按钮。

(3) 在表格中依次输入列标题"图书名称""出版社""作者""定价""销量"。

5. 插入 SmartArt 图形

(1) 选中第 7 张幻灯片，单击"插入"选项卡→"插图"组→"SmartArt"按钮，弹出"选择 SmartArt 图形"对话框。

(2) 选择一种与文本内容的格式相对应的图形，此处选择"组织结构图"，然后单击"确定"按钮。

(3) 插入 SmartArt 图形后进行格式调整。选中矩形，按"Backspace"键将其删除。

(4) 选中矩形，单击"SmartArt 工具"→"设计"选项卡→"创建图形"→"添加形状"→"在后面添加形状"。用同样的操作再次在矩形后面添加形状。

(5) 选中此矩形，单击"创建图形"组→"添加形状"→"在下方添加形状"，此时得到与幻灯片文本区域相匹配的框架图。

(6) 根据样例，把幻灯片内容区域中的文字分别剪贴到对应的矩形框中。

6. 创建一个演示方案 1

(1) 首先创建一个包含第 1、2、4、7 页幻灯片的演示方案。单击"幻灯片放映"选项卡→"开始放映幻灯片"组→"自定义幻灯片放映"→"自定义放映"命令，弹出"自定义放映"对话框。

(2) 单击"新建"按钮，弹出"定义自定义放映"对话框，在"在演示文稿中的幻灯片"列表框中选择第 1 张幻灯片，然后单击"添加"按钮。

(3) 按照同样的方式分别添加幻灯片 2、4、7。

(4) 单击"确定"按钮后返回"自定义放映"对话框。单击"编辑"按钮，在弹出的"幻灯片放映名称"文本框中输入"放映方案 1"，单击"确定"按钮。

7. 创建一个演示方案 2

按照 6 的方法，为第 1、2、3、5、6 页幻灯片创建名为"放映方案 2"的演示方案。

8. 保存文件

单击"文件"选项卡→"另存为"，将演示文稿以"PPT.pptx"文件名进行保存。

6.2　入 职 培 训

文君是新世界数码技术有限公司的人事专员，十一过后，公司招聘了一批新员工，需要对他们进行入职培训。人事助理已经制作了一份演示文稿的素材"PPT 素材.pptx"，根据该素材制作培训课件，要求如下：

(1) 在考生文件夹下，将"PPT 素材.pptx"文件另存为"PPT.pptx"（".pptx"为扩展名），后续操作均基于此文件，否则不得分。

(2) 将第 2 张幻灯片版式设为"标题和竖排文字"，将第 4 张幻灯片的版式设为"比较"；为整个演示文稿指定一个恰当的设计主题。

(3) 通过幻灯片母版为每张幻灯片增加利用艺术字制作的水印效果，水印文字中应包含"新世界数码"字样，并旋转一定的角度。

(4) 根据第 5 张幻灯片右侧的文字内容创建一个组织结构图，其中总经理助理为助理级别，结果应类似 Word 样例文件"组织结构图样例.docx"中所示，并为该组织结构图添加任一动画效果。

(5) 为第 6 张幻灯片左侧的文字"员工守则"加入超链接，链接到 Word 素材文件"员工守则.docx"，并为该张幻灯片添加适当的动画效果。

(6) 为演示文稿设置不少于 3 种的幻灯片切换方式。

1. 设置主题

(1) 选中第 2 张幻灯片，单击"开始"选项卡下"幻灯片"组中的"版式"按钮，在弹出的下拉列表中选择"标题和竖排文字"。

(2) 采用同样的方式将第 4 张幻灯片设为"比较"。

(3) 在"设计"选项卡中选择一种合适的主题,此处选择"主题"组中的"暗香扑面",则"暗香扑面"主题将应用于所有幻灯片。

2. 设置幻灯片母版

(1) 在"视图"选项卡下的"母版视图"组中,单击"幻灯片母版"按钮,即可将所有幻灯片应用于母版。

(2) 单击母版幻灯片中的任一处,而后单击"插入"选项卡下"文本"组中的"艺术字"按钮,在弹出的下拉列表中选择一种样式,此处选择"填充-深黄,强调文字颜色 1,塑料棱台,映像",然后输入"新世界数码" 5 个字。输入完毕后选中艺术字,在"绘图工具"下的"格式"选项卡中单击"艺术字样式"组中的"文本效果"下拉按钮。在弹出的下拉列表中选中"三维旋转"选项,在"平行"组中选择一种合适的旋转效果,此处选择"等轴左下"效果。

(3) 将艺术字存放至剪贴板中。

(4) 重新切换至"幻灯片母版"选项卡下,在"背景"组中单击"背景样式"下的"设置背景格式"按钮,打开"设置背景格式"对话框。在"填充"组中选择"图片或纹理填充"单选按钮,在"插入自"中单击"剪贴板"按钮,此时存放于剪贴板中的艺术字就被填充到背景中。

(5) 若是艺术字颜色较深,则可以在"图片颜色"选项下的"重新着色"中设置"预设"的样式,此处选择"冲蚀"样式,设置完毕后单击"关闭"按钮。

(6) 单击"幻灯片母版"选项卡"关闭"组中的"关闭母版视图"命令,即可看到,在所有的幻灯片中都应用了艺术字制作的"新世界数码"水印效果。

3. 创建组织结构图

(1) 选中第 5 张幻灯片,单击内容区,在"插入"选项卡"插图"组中单击"SmartArt"按钮,弹出"选择 SmartArt 图形"对话框。选择一种较为接近素材中"组织结构图样例.docx"的样例文件,此处选择"层次结构"组中的"组织结构图"。

(2) 单击"确定"按钮后即可在选中的幻灯片内容区域中出现所选的"组织结构图"。选中矩形,然后选择"SmartArt 工具"下的"设计"选项卡,在"创建图形"组中单击"添加形状"按钮,在弹出的下拉列表中选择"在下方添加形状"。采取同样的方式再进行两次"在下方添加形状"操作。

(3) 选中矩形,在"创建图形"组中单击"添加形状"按钮,在弹出的下拉列表中选择"在前面添加形状"选项,即可得到与幻灯片右侧区域中的文字相匹配的框架图。

(4) 按照样例中文字的填充方式把幻灯片右侧内容区域中的文字分别剪贴到对应的矩形框中。

(5) 选中设置好的 SmartArt 图形,在"动画"选项卡下"动画"组中选择一种合适的动画效果,此处选择"飞入"。

4. 创建超链接

(1) 选中第 6 张幻灯片左侧的文字"员工守则",在"插入"选项卡下"链接"组中单击"超链接"按钮,弹出"插入超链接"对话框。选择"现有文件或网页"选项,在右侧的"查找范围"中查找到"员工守则.docx"文件。

（2）单击"确定"按钮后即可为"员工守则"插入超链接。

（3）选中第 6 张幻灯片中的某一内容区域，此处选择左侧内容区域。在"动画"选项卡下"动画"组中选择一种合适的动画效果，此处选择"浮入"。

5. 设置幻灯片切换方式

（1）根据题意为演示文稿设置不少于 3 种的幻灯片切换方式。此处选择第 1 张幻灯片，在"切换"选项卡下"切换到此幻灯片"组中选择一种切换效果。此处选择"淡出"。

（2）再选取两张幻灯片，按照同样的方式为其设置切换效果。这里设置第 3 张幻灯片的切换效果为"分割"。再设置第 4 张幻灯片的切换效果为"百叶窗"。

（3）保存幻灯片为"新员工入职培训.pptx"文件。

6.3　物理课件制作

题目要求

学生小曾与小张共同制作一份物理课件，他们制作完成的内容分别保存在"第 3-5 节.pptx"和"第 1-2 节.pptx"文件中。现在，小张需要按下列要求完成课件的整合制作：

（1）分别为演示文稿"第 1-2 节.pptx"和"第 3-5 节.pptx"设置不同的设计主题。

（2）按照顺序，将演示文稿"第 1-2 节.pptx"和"第 3-5 节.pptx"中的所有幻灯片合并到"PPT.pptx"文件中（".pptx"为扩展名），要求所有幻灯片保留原格式。之后所有操作均基于保存在考生文件夹下的"PPT.pptx"文件，否则不得分。

（3）在第 3 张幻灯片后插入一张版式为"仅标题"的幻灯片，输入标题文字"物质的状态"，在标题下方插入一个射线列表式关系图，所需图片在考生文件夹中，关系图中的文字可参考"关系图素材及样例.docx"样例文件。为该关系图添加适当的动画效果，要求同一级别的内容同时出现，不同级别的内容先后出现。

（4）在第 6 张幻灯片后插入一张版式为"标题和内容"的幻灯片，输入标题文字"蒸发和沸腾的异同点"，在该张幻灯片中插入与"蒸发和沸腾的异同点.docx"样例文件中所示相同的表格，并为该表格添加适当的动画效果。

（5）将第 4 张、第 7 张幻灯片分别链接到第 3 张、第 6 张幻灯片的相关文字上。

（6）除标题幻灯片外，为其他幻灯片添加编号及页脚，页脚内容为"第一章物态及其变化"。

（7）为幻灯片设置适当的切换方式，以丰富放映效果。

操作步骤

1. 设置主题

（1）在考生文件夹下打开演示文稿"第 1-2 节.pptx"，在"设计"选项卡下"主题"组中选择"暗香扑面"选项。然后单击"保存"按钮。

（2）在考生文件夹下打开演示文稿"第 3-5 节.pptx"，按照同样的方式，在"设计"选项卡下"主题"组中选择"跋涉"选项。然后单击"保存"按钮。

2. 合并幻灯片

新建一个演示文稿并命名为"ppt.pptx"，在"开始"选项卡下"幻灯片"组中单击"新建幻灯片"下拉按钮，从弹出的下拉列表中选择"重用幻灯片"，打开"重用幻灯片"任务窗格，单击"浏览"按钮，选择"浏览文件"，弹出"浏览"对话框，从考生文件夹下选择"第 1-2 节.pptx"，单击"打开"按钮，勾选"重用幻灯片"任务窗格中的"保留源格式"复选框，分别单击这 4 张幻灯片。将光标定位到第 4 张幻灯片之后，单击"浏览"按钮，选择"浏览文件"，弹出"浏览"对话框，从考生文件夹下选择"第 3-5 节.pptx"，单击"打开"按钮，勾选"重用幻灯片"任务窗格中的"保留源格式"复选框，分别单击每张幻灯片。关闭"重用幻灯片"任务窗格。

3. 设置 SmartArt 图形

(1) 在普通视图下选中第 3 张幻灯片，在"开始"选项卡下"幻灯片"组中单击"新建幻灯片"下拉按钮，从弹出的下拉列表中选择"仅标题"，输入标题文字"物质的状态"。

(2) 在"插入"选项卡下"插图"组中单击"SmartArt"按钮，弹出"选择 SmartArt 图形"对话框，选择"关系"中的"射线列表"，单击"确定"按钮。

(3) 参考"关系图素材及样例.docx"，在对应的位置插入图片并输入文本。

(4) 为 SmartArt 图形设置一种动画效果。选中 SmartArt 图形，此处在"动画"选项卡下"动画"组中单击"浮入"，而后单击"效果选项"按钮，从弹出的下拉列表中选择"逐个级别"。

4. 设置动画

(1) 在普通视图下选中第 6 张幻灯片，在"开始"选项卡下"幻灯片"组中单击"新建幻灯片"下拉按钮，从弹出的下拉列表中选择"标题和内容"，输入标题"蒸发和沸腾的异同点"。

(2) 参考素材"蒸发和沸腾的异同点.docx"在第 7 张幻灯片中插入表格，并在相应的单元格输入文本。

(3) 为该表格添加适当的动画效果。选中表格，此处在"动画"选项卡下"动画"组中单击"形状"按钮，而后单击"效果选项"按钮，弹出下拉列表，设置形状"方向"为"放大"，"形状"为"方框"。

5. 设置超链接

选中第 3 张幻灯片中的文字"物质的状态"，单击"插入"选项卡下"链接"组中的"超链接"按钮，弹出"插入超链接"对话框，在"链接到："下单击"本文档中的位置"，在"请选择文档中的位置"中选择第 4 张幻灯片，然后单击"确定"按钮。按照同样的方法将第 7 张幻灯片链接到第 6 张幻灯片的相关文字上。

6. 设置页眉页脚

在"插入"选项卡下"文本"组中单击"页眉和页脚"按钮，弹出"页眉和页脚"对话框，勾选"幻灯片编号""页脚"和"标题幻灯片中不显示"复选框，在"页脚"下的文本框中输入"第一章物态及其变化"，单击"全部应用"按钮。

7. 设置幻灯片切换方式

(1) 为幻灯片设置切换方式。在"切换"选项卡的"切换到此幻灯片"组中选择一种切换方式，此处可选择"推进"，单击"效果选项"下拉按钮，从弹出的下拉列表中选择"自右侧"，再单击"计时"组中的"全部应用"按钮。

(2) 保存演示文稿。

6.4　优秀摄影作品展示

 **题目要求**

校摄影社团在今年的摄影比赛结束后，希望可以借助 PowerPoint 将优秀作品在社团活动中进行展示。这些优秀的摄影作品保存在考试文件夹中，并以 Photo(1).jpg～Photo(12).jpg 命名。现在，按照如下需求在 PowerPoint 中完成制作工作：

(1) 利用 PowerPoint 应用程序创建一个相册，并包含 Photo(1).jpg～Photo(12).jpg 共 12 幅摄影作品。在每张幻灯片中包含 4 张图片，并将每幅图片设置为"居中矩形阴影"相框形状。

(2) 设置相册主题为考生文件夹中的"相册主题.pptx"样式。

(3) 为相册中的每张幻灯片设置不同的切换效果。

(4) 在标题幻灯片后插入一张新的幻灯片，将该幻灯片设置为"标题和内容"版式。在该幻灯片的标题位置输入"摄影社团优秀作品赏析"，并在该幻灯片的内容文本框中输入 3 行文字，分别为"湖光春色""冰消雪融"和"田园风光"。

(5) 将"湖光春色""冰消雪融"和"田园风光"3 行文字转换成样式为"蛇形图片题注列表"的 SmartArt 对象，并将 Photo(1).jpg、Photo(6).jpg 和 Photo(9).jpg 定义为该 SmartArt 对象的显示图片。

(6) 为 SmartArt 对象添加自左至右的"擦除"进入动画效果，并要求在幻灯片放映时该 SmartArt 对象元素可以逐个显示。

(7) 在 SmartArt 对象元素中添加幻灯片跳转链接，使得单击"湖光春色"标注形状可跳转至第 3 张幻灯片，单击"冰消雪融"标注形状可跳转至第 4 张幻灯片，单击"田园风光"标注形状可跳转至第 5 张幻灯片。

(8) 将考生文件夹中的"ELPHRG01.wav"声音文件作为该相册的背景音乐，并在幻灯片放映时即开始播放。

(9) 将该相册以文件名"PPT.pptx"（".pptx"为扩展名)保存在考生文件夹下，否则不得分。

 **操作步骤**

1. 创建相册

(1) 打开 Microsoft PowerPoint 2016 应用程序。

(2) 单击"插入"选项卡下"图像"组中的"相册"按钮，弹出"相册"对话框。

(3) 单击"文件/磁盘"按钮，弹出"插入新图片"对话框，选中要求的 12 张图片，单击"插入"按钮。

(4) 回到"相册"对话框，在"相册板式"下拉列表中选择"4 张图片"，单击"创建"按钮。

(5) 依次选中每张图片，单击鼠标右键，在弹出的快捷菜单中选择"设置图片格式"命令，即可弹出"设置图片格式"对话框。切换至"阴影"选项卡，在"预设"下拉列表框中选择"内部居中"命令后单击"确定"按钮即可完成设置。

2. 设置主题

(1) 单击"设计"选项卡下"主题"组中的"其他"按钮，在弹出的下拉列表中选择"浏览主题"。

(2) 在弹出的"选择主题或主题文档"对话框中选中"相册主题.pptx"文档。设置完成后单击"应用"按钮即可。

3. 设置切换效果

(1) 选中第 1 张幻灯片，在"切换"选项卡下"切换到此幻灯片"组中选择合适的切换效果，这里选择"淡出"。

(2) 选中第 2 张幻灯片，在"切换"选项卡下"切换到此幻灯片"组中选择合适的切换效果，这里选择"推进"。

(3) 选中第 3 张幻灯片，在"切换"选项卡下"切换到此幻灯片"组中选择合适的切换效果，这里选择"擦除"。

(4) 选中第 4 张幻灯片，在"切换"选项卡下"切换到此幻灯片"组中选择合适的切换效果，这里选择"分割"。

4. 插入新幻灯片

(1) 选中第 1 张主题幻灯片，单击"开始"选项卡下"幻灯片"组中的"新建幻灯片"按钮，在弹出的下拉列表中选择"标题和内容"。

(2) 在新建的幻灯片的标题文本框中输入"摄影社团优秀作品赏析"，并在该幻灯片的内容文本框中输入 3 行文字，分别为"湖光春色""冰消雪融"和"田园风光"。

5. 插入 SmartArt 图

(1) 选中"湖光春色""冰消雪融"和"田园风光"3 行文字，单击"开始"选项卡下"段落"组中的"转化为 SmartArt"按钮，在弹出的下拉列表中选择"蛇形图片重点列表"。

(2) 在弹出的"在此处键入文字"对话框中，双击"湖光春色"所对应的图片按钮。在弹出的"插入图片"对话框中选择"Photo(1).jpg"图片。

(3) 类似于步骤(2)，在"冰消雪融"和"田园风光"行中依次选中 Photo(6).jpg 和 Photo(9).jpg 图片。

6. 设置动画效果

(1) 选中 SmartArt 对象元素，单击"动画"选项卡下"动画"组中的"擦除"按钮。

(2) 单击"动画"选项卡下"动画"组中的"效果选项"按钮。在弹出的下拉列表中，依次选中"自左侧"和"逐个"命令。

7. 设置超链接

(1) 选中 SmartArt 中的"湖光春色",单击鼠标右键,在弹出的快捷菜单中选择"超链接"命令,即可弹出"插入超链接"对话框。在"链接到"组中选择"本文档中的位置"命令后选择"幻灯片 3",单击"确定"按钮。

(2) 选中 SmartArt 中的"冰消雪融",单击鼠标右键,在弹出的快捷菜单中选择"超链接"命令,即可弹出"插入超链接"对话框。在"链接到"组中选择"本文档中的位置"命令后选择"幻灯片 4",单击"确定"按钮。

(3) 选中 SmartArt 中的"田园风光",单击鼠标右键,在弹出的快捷菜单中选择"超链接"命令,即可弹出"插入超链接"对话框。在"链接到"组中选择"本文档中的位置"命令后选择"幻灯片 5",单击"确定"按钮。

8. 插入音频

(1) 选中第 1 张主题幻灯片,单击"插入"选项卡下"媒体"组中的"音频"按钮。

(2) 在弹出的"插入音频"对话框中选中"ELPHRG01.wav"音频文件,单击"确定"按钮。

(3) 选中音频的小喇叭图标,在"音频工具"→"播放"选项卡的"音频选项"组中勾选"循环播放,直到停止"和"播放返回开头"复选框,在"开始"下拉列表框中选择"自动"。

9. 保存文件

(1) 单击"文件"选项卡下的"保存"按钮。

(2) 在弹出的"另存为"对话框中的"文件名"下拉列表框中输入"PPT.pptx",单击"保存"按钮。

6.5　北京主要景点简介

 题目要求

为进一步提升北京旅游行业整体队伍素质,打造高水平、懂业务的旅游景区建设与管理队伍,北京旅游局将为工作人员进行一次业务培训,主要围绕"北京主要景点"进行介绍,包括文字、图片、音频等内容。根据考生文件夹下的素材文档"北京主要景点介绍-文字.docx",帮助主管人员完成制作任务,具体要求如下:

(1) 在考生文件夹下,新建一份演示文稿,文件名为"PPT.pptx"(".pptx"为扩展名),后续操作均基于此文件,否则不得分。

(2) 第 1 张标题幻灯片中的标题设置为"北京主要旅游景点介绍",副标题设置为"历史与现代的完美融合"。

(3) 在第 1 张幻灯片中插入歌曲"北京欢迎你.mp3",要求在幻灯片放映期间,音乐一直播放,并设置声音图标在放映时隐藏。

(4) 第 2 张幻灯片的版式为"标题和内容",标题为"北京主要景点"。在文本区域中以项目符号列表方式依次添加内容:天安门、故宫博物院、八达岭长城、颐和园和鸟巢。

(5) 自第 3 张幻灯片开始按照天安门、故宫博物院、八达岭长城、颐和园和鸟巢的顺序依次介绍北京各主要景点,相应的文字素材"北京主要景点介绍-文字.docx"以及图片文件均存放于考生文件夹下,要求每个景点介绍占用一张幻灯片。

(6) 最后一张幻灯片的版式设置为"空白",并插入艺术字"谢谢"。

(7) 将第 2 张幻灯片列表中的内容分别超链接到后面对应的幻灯片,并添加返回到第 2 张幻灯片的动作按钮。

(8) 为演示文稿选择一种设计主题,要求字体和整体布局合理、色调统一,为每张幻灯片设置不同的幻灯片切换效果以及文字和图片的动画效果。

(9) 除标题幻灯片外,其他幻灯片的页脚均包含幻灯片编号、日期和时间。

(10) 设置演示文稿放映方式为"循环放映,按 Esc 键终止",换片方式为"手动"。

操作步骤

1. 新建文件

在考生文件夹下,新建一份演示文稿,并命名为"PPT.pptx"。

2. 设置标题

打开演示文稿,在第 1 张幻灯片的"单击此处添加标题"处单击鼠标,输入文字"北京主要旅游景点介绍",副标题设置为"历史与现代的完美融合"。

3. 插入音乐

(1) 单击"插入"选项卡下"媒体"组中的"音频"下拉按钮,在弹出的下拉列表中选择"文件中的音频"选项。弹出"插入音频"对话框,在该对话框中选择考生文件夹下的"北京欢迎您.mp3"素材文件,单击"插入"按钮,即可将音乐素材添加至幻灯片中。

(2) 单击"音频工具"下的"播放"选项卡,将"音频选项"组中的"开始"设置为自动,并勾选"放映时隐藏"复选框。

4. 插入第 2 张幻灯片

(1) 单击"开始"选项卡下"幻灯片"中的"新建幻灯片"下拉按钮,在弹出的下拉列表中选择"标题和内容"选项。

(2) 在标题处输入文字"北京主要景点",然后在正文文本框内输入题目要求中的文字,此处使用文本区域中默认的项目符号。

5. 插入景点幻灯片

(1) 光标定位在第 2 张幻灯片下方,按"Enter"键新建版式为"标题和内容"的幻灯片,选中标题文本框并删除。选中余下的文本框,单击"开始"选项卡下"段落"组中"项目符号"右侧的下三角按钮,在弹出的下拉列表中选择"无"选项。

(2) 选择第 3 张幻灯片,对其进行复制并粘贴 4 次。打开考生文件夹下的"北京主要景点介绍-文字.docx"素材文件,选择第 1 段文字,将其进行复制并粘贴到第 3 张幻灯片的文本框内。

(3) 单击"插入"选项卡下"图像"组中的"图片"按钮，弹出"插入图片"对话框，选中考生文件下的素材文件"天安门.jpg"，单击"打开"按钮，即可插入图片，并适当调整图片的大小和位置。

(4) 使用同样的方法将介绍故宫、八达岭长城、颐和园和鸟巢的文字粘贴到不同的幻灯片中，并插入相应的图片。

6. 插入艺术字

(1) 选择第 7 张幻灯片，单击"开始"选项卡下"幻灯片"选项组中的"新建幻灯片"下拉按钮，在弹出的下拉列表中选择"空白"选项。

(2) 单击"插入"选项卡下"文本"组中的"艺术字"下拉按钮，在弹出的下拉列表中选择一种艺术字，此处选择"渐变填充-紫色，强调文字颜色 4，映像"。

(3) 将艺术字文本框内的文字删除，输入文字"谢谢"，适当调整艺术文字的位置。

7. 设置链接

(1) 选择第 2 张幻灯片，选择该幻灯片中的"天安门"字样，单击"插入"选项卡下"链接"组中的"超链接"按钮。弹出"插入超链接"对话框，在该对话框中将"链接到"设置为"本文档中的位置"，在"请选择文档中的位置"列表框中选择"幻灯片 3"选项，单击"确定"按钮。

(2) 切换至第 3 张幻灯片，单击"插入"选项卡下"插图"选项组中的"形状"下拉按钮，在弹出的下拉列表中选择"动作按钮"中的"动作按钮：后退或前一项"形状。

(3) 在第 3 张幻灯片的空白位置绘制动作按钮，绘制完成后弹出"动作设置"对话框，在该对话框中单击"超链接到"中的下拉按钮，在弹出的下拉列表中选择"幻灯片"选项。弹出"超链接到幻灯片"对话框，在该对话框中选择"2.北京主要景点"，单击"确定"按钮。

(4) 再次单击"确定"按钮，退出对话框，适当调整动作按钮的大小和位置。

(5) 使用同样的方法，将第 2 张幻灯片列表中余下内容分别超链接到对应的幻灯片上，并复制新建的动作按钮粘贴到相应的幻灯片中。

8. 设置主题和切换效果

(1) 单击"设计"选项卡中"主题"组中的"其他"下三角按钮，在弹出的下拉列表中选择"流畅"主题。

(2) 为幻灯片设置完主题后，适当调整图片和文字的位置。选择第 1 张幻灯片，进入"切换"选项卡中，在"切换到此幻灯片"选项组中单击"其他"按钮，在弹出的下拉列表中选择"溶解"选项。

(3) 选中第 1 张幻灯片，单击"切换"选项卡下"切换到此幻灯片"组中的"分割"命令，并按同样的方法，为其他幻灯片设置不同的切换效果。

(4) 选中第 1 张幻灯片的标题文本框，切换至"动画"选项卡，单击"动画"组中的"其他"下三角按钮，在弹出的下拉列表中选择"浮入"选项。选中该幻灯片中的副标题，设置动画效果为"淡出"。按照同样的方法为余下的幻灯片中的文字和图片设置不同的动画效果。

9. 设置页眉页脚

单击"插入"选项卡下"文字"组中的"页眉和页脚"按钮,在弹出的"页眉和页脚"对话框中勾选"日期和时间"复选框、"幻灯片编号"复选框和"标题幻灯片中不显示"复选框,单击"全部应用"按钮。

10. 设置幻灯片放映方式

单击"幻灯片放映"选项卡下"设置"组中的"设置幻灯片放映"按钮,弹出"设置放映方式"对话框,在"放映选项"组中勾选"循环放映,按 Esc 键终止"复选框,将"换片方式"设置为手动,单击"确定"按钮。

6.6　创新产品会议的日程和主题

 题目要求

公司计划在"创新产品展示及说明会"会议茶歇期间,在大屏幕投影上向来宾自动播放会议的日程和主题,要求市场部助理小王完成相关演示文件的制作。具体要求如下:

(1) 在考生文件夹下,将"PPT 素材.pptx"文件另存为"PPT.pptx"(".pptx"为扩展名),后续操作均基于此文件,否则不得分。

(2) 由于文字内容较多,因此将第 7 张幻灯片中的内容区域文字自动拆分为两张幻灯片进行展示。

(3) 为了布局美观,将第 6 张幻灯片中的内容区域文字转换为"水平项目符号列表"SmartArt 布局,并设置该 SmartArt 样式为"中等效果"。

(4) 在第 5 张幻灯片中插入一个标准折线图,并按照如表 6-1 所示的数据信息调整PowerPoint 中的图表内容。

表 6-1　数 据 信 息

年　份	笔记本电脑	平板电脑	智能手机
2010 年	7.6	1.4	1.0
2011 年	6.1	1.7	2.2
2012 年	5.3	2.1	2.6
2013 年	4.5	2.5	3
2014 年	2.9	3.2	3.9

(5) 为该折线图设置"擦除"进入动画效果,效果选项为"自左侧",按照"系列"逐次单击显示"笔记本电脑""平板电脑"和"智能手机"的使用趋势。最终,仅在该幻灯片中保留这 3 个系列的动画效果。

(6) 为演示文档中的所有幻灯片设置不同的切换效果。

(7) 为演示文档创建 3 个节,其中"议程"节中包含第 1 张和第 2 张幻灯片,"结束"节中包含最后 1 张幻灯片,其余幻灯片包含在"内容"节中。

(8) 为了实现幻灯片的自动放映,设置每张幻灯片的自动放映时间不少于 2 秒钟。

(9) 删除演示文档中每张幻灯片的备注文字信息。

 操作步骤

1. 拆分幻灯片

(1) 打开考生文件下的"PPT 素材.pptx"演示文稿，另存为"PPT.pptx"

(2) 在幻灯片视图中，选中编号为 7 的幻灯片，单击"大纲"按钮，切换至大纲视图中。

(3) 将光标定位到大纲视图中"多角度、多维度分析业务发展趋势"文字的后面，按"Enter"键，单击"开始"选项卡下"段落"组中的"降低列表级别"按钮，即可在"大纲"视图中出现新的幻灯片。

(4) 将第 7 张幻灯片中的标题复制到新拆分出的幻灯片的文本框中。

2. 文字转换为 SmartArt 图形

(1) 切换至幻灯片视图中，选中编号为 6 的幻灯片，并选中该幻灯片中正文的文本框，单击"开始"选项卡下"段落"组中的"转换为 SmartArt 图形"下拉按钮。

(2) 在弹出的下拉列表中选择"水平项目符号列表"并在"SmartArt 样式"组中选择"中等效果"。

3. 插入图表

在幻灯片视图中，选中编号为 5 的幻灯片，在该幻灯片中单击文本框中的"插入图表"按钮，在打开的"插入图表"对话框中选择"折线图"图标，单击"确定"按钮，将会在该幻灯片中插入一个折线图，并打开 Excel 应用程序，根据题意要求向表格中填入相应内容。关闭 Excel 应用程序。

4. 设置动画效果

(1) 选中折线图，单击"动画"选项卡下"动画"组中的"其他"下三角按钮，在下拉列表中选择"擦除"效果。

(2) 单击"动画"选项卡下"动画"组中的"显示其他效果选项"按钮，在打开的对话框中，单击"效果选项"下拉按钮，将"方向"设置为"自左侧"，将"序列"设置为"按系列"。

5. 设置切换效果

根据题意要求，分别选中不同的幻灯片，在"切换"选项卡下的"切换到此幻灯片"组中设置不同的切换效果。

6. 添加节

(1) 在幻灯片视图中，选中编号为 1 的幻灯片，单击"开始"选项卡下"幻灯片"组中的"节"下拉按钮，在下拉列表中选择"新增节"命令。然后再次单击"节"下拉按钮，在下拉列表中选择"重命名节"命令。在打开的对话框中输入"节名称"为"议程"，单击"重命名"按钮。

(2) 选中第 3 至第 8 张幻灯片，单击"开始"选项卡下"幻灯片"组中的"节"下拉按钮，在下拉列表中选择"新增节"命令，然后再次单击"节"下拉按钮，在下拉列表中选择"重命名节"命令，在打开的对话框中输入"节名称"为"内容"，单击"重命名"按钮。

(3) 选中第 9 张幻灯片，单击"开始"选项卡下"幻灯片"组中的"节"下拉按钮，在下拉列表中选择"新增节"命令，然后再次单击"节"下拉按钮，在下拉列表中选择"重命名节"命令，在打开的对话框中输入"节名称"为"结束"，单击"重命名"按钮。

7. 设置切换计时

在幻灯片视图中选中全部幻灯片，在"切换"选项卡下"计时"组中取消勾选"单击鼠标时"复选框，勾选"设置自动换片时间"复选框，并在文本框中输入"00:02.00"。

8. 删除备注文字

(1) 单击"文件"选项卡"信息"中的"检查问题"下拉按钮，在弹出的下拉列表中选择"检查文档"，弹出"文档检查器"对话框，确认勾选"演示文稿备注"复选框，单击"检查"按钮。

(2) 在"审阅检查结果"中单击"演示文稿备注"对应的"全部删除"按钮，即可删除全部备注文字信息。

6.7 "小企业会计准则"的培训课件

 题目要求

某会计网校的刘老师正在准备有关"小企业会计准则"的培训课件，她的助手已搜集并整理了一份该准则的相关资料存放在 Word 文档"'小企业会计准则'培训素材.docx"中。按下列要求帮助刘老师完成 PPT 课件的整合制作：

(1) 在考生文件夹下，创建一个名为"PPT.pptx"（".pptx"为扩展名)的新演示文稿，后续操作均基于此文件，否则不得分。该演示文稿需要包含 Word 文档《小企业会计准则》培训素材.docx"中的所有内容，每 1 张幻灯片对应 Word 文档中的 1 页，其中 Word 文档中应用了"标题 1""标题 2""标题 3"样式的文本内容分别对应演示文稿中的每页幻灯片的标题文字、第一级文本内容、第二级文本内容。

(2) 将第 1 张幻灯片的版式设为"标题幻灯片"，在该幻灯片的右下角插入任意一幅剪贴画，依次为标题、副标题和新插入的图片设置不同的动画效果，并且指定动画出现的顺序为图片、标题、副标题。

(3) 取消第 2 张幻灯片中文本内容前的项目符号，并将最后两行落款和日期右对齐。将第 3 张幻灯片中用绿色标出的文本内容转换为"垂直框列表"类的 SmartArt 图形，并分别将每个列表框链接到对应的幻灯片。将第 9 张幻灯片的版式设为"两栏内容"，并在右侧的内容框中插入对应素材文档第 9 页中的图形。将第 14 张幻灯片最后一段文字向右缩进两个级别，并链接到文件"小企业准则适用行业范围.docx"。

(4) 将第 15 张幻灯片自"(二)定性标准"开始拆分为标题同为"二、统一中小企业划分范畴"的两张幻灯片，并参考原素材文档中的第 15 页内容将前 1 张幻灯片中的红色文字

转换为一个表格。

(5) 将素材文档第 16 页中的图片插入到对应幻灯片中，并适当调整图片大小。将最后一张幻灯片的版式设为"标题和内容"，将图片 pic1.gif 插入内容框中并适当调整其大小。将倒数第 2 张幻灯片的版式设为"内容与标题"，参考素材文档第 18 页中的样例，在幻灯片右侧的内容框中插入 SmartArt 不定向循环图，并为其设置一个逐项出现的动画效果。

(6) 将演示文稿按下列要求分为 5 节，并为每节应用不同的设计主题和幻灯片切换方式。

节　名	包含的幻灯片
小企业准则简介	1～3
准则的颁布意义	4～8
准则的制定过程	9
准则的主要内容	10～18
准则的贯彻实施	19～20

 操作步骤

1. 打开文件

(1) 启动 PowerPoint 演示文稿，单击"文件"选项卡下的"打开"按钮，弹出"打开"对话框，将文件类型选为"所有文件"，找到考生文件下的素材文件"'小企业会计准则'培训素材.docx"，单击"打开"按钮，即可将 Word 文件导入到 PPT 中。

(2) 单击演示文稿的"保存"按钮，弹出"另存为"对话框，输入文件名"PPT.pptx"，并单击"保存"按钮。

2. 设置版式和动画

(1) 选择第 1 张幻灯片，单击"开始"选项卡下"幻灯片"组中的"版式"下拉按钮，在弹出的下拉列表中选择"标题幻灯片"选项。

(2) 单击"插入"选项卡"图像"组中的"剪贴画"按钮，弹出"剪贴画"窗格，然后在"搜索文字"下的文本框中输入文字"人物"，接着选择剪贴画，并适当调整剪贴画的位置和大小。

(3) 选择标题文本框，在"动画"选项卡中的"动画"组中选择"淡出"动画。选择副标题文本框，为其选择"浮入"动画。选择图片，为其选择"随机线条"动画。单击"高级动画"组中的"动画窗格"按钮，打开"动画窗格"，在该窗格中选择"Picture6"，将其拖动至窗格的顶层，标题为第 2 层，副标题为第 3 层。

3. 编辑幻灯片

(1) 选中第 2 张幻灯片中的文本内容，单击"开始"选项下"段落"组中的"项目符号"右侧的下三角按钮，在弹出的下拉列表中选择"无"选项。选择最后的两行文字和日期，单击"段落"组中的"文本右对齐"按钮。

(2) 选中第 3 张幻灯片中的文本内容，单击鼠标右键，在弹出的快捷菜单中选择"转换为 SmartArt"级联菜单中的"其他 SmartArt 图形"选项，在弹出的对话框中选择"列表"

选项。然后在右侧的列表框中选择"垂直框列表"选项，单击"确定"按钮。

(3) 选中"小企业会计准则颁布的意义"文字，单击鼠标右键，在弹出的快捷菜单中选择"超链接"选项，弹出"插入超链接"对话框，在该对话框中单击"本文档中的位置"按钮，在右侧的列表框中选择"4.小企业会计准则颁布的意义"幻灯片，单击"确定"按钮。使用同样的方法将余下的文字链接到对应的幻灯片中。

(4) 选择第 9 张幻灯片，单击"开始"选项卡下"幻灯片"组中的"版式"下拉按钮，在弹出的下拉列表中选择"两栏内容"选项。将文稿中第 9 页中的图形复制粘贴到幻灯片中，并将右侧的文本框删除，适当调整图片的位置。

(5) 选中第 14 张幻灯片中的最后一行文字，单击"段落"组中的"提高列表级别"按钮两次，然后单击鼠标右键，在弹出的快捷菜单中选择"超链接"选项，弹出"插入超链接"对话框，在该对话框中单击"现有文件或网页"按钮，在右侧的列表框中选择考生文件夹下的"小企业准则适用行业范围.docx"，单击"确定"按钮。

4. 幻灯片拆分和表格转换

(1) 选择第 15 张幻灯片，切换至"大纲"视图，在"大纲"视图中将光标移至"100人及以下"的右侧，按"Enter"键，然后单击"段落"组中的"降低列表级别"按钮，即可将第 15 张幻灯片进行拆分，然后将原有幻灯片的标题复制到拆分后的幻灯片中。

(2) 删除幻灯片中的红色文字，选择素材文稿中第 15 页标红的表格和文字，将其粘贴到第 15 张幻灯片上。然后选中粘贴的对象，在"表格工具"选项卡下的"设计"组中，将"表格样式"设置为"主体样式 1-强调 6"，并对表格内的文字的格式进行适当的调整。

5. 插入图片

(1) 选中素材文件第 16 页中的图片，复制粘贴到第 17 张幻灯片中，并适当调整图片的大小和位置。

(2) 选择最后一张幻灯片，单击"开始"选项卡下"幻灯片"组中的"版式"下拉按钮，在弹出的下拉列表中选择"标题和内容"选项。然后在内容框内单击"插入来自文件的图片"按钮，弹出"插入图片"对话框，在该对话框中选择考生文件夹下的"pic1.gif"素材图片，然后单击"插入"按钮，适当调整图片的大小和位置。

(3) 选择倒数第 2 张幻灯片，单击"开始"选项卡下"幻灯片"组中的"版式"下拉按钮，在弹出的下拉列表中选择"内容与标题"选项。然后将右侧内容框中的文字剪切到左侧的内容框内。单击右侧内容框内的"插入 SmartArt 图形"按钮，在弹出的对话框中选择"循环"选项，在右侧的列表框中选择"不定向循环"选项。

(4) 单击"确定"按钮，然后选择最左侧的形状，单击"设计"选项卡下"创建图形"组中的"添加形状"按钮，在弹出的下拉列表中选择"在前面添加形状"选项。然后在形状中输入文字。

(5) 选中插入的 SmartArt 图形，选择"动画"选项卡"动画"组中的"缩放"选项。然后单击"效果选项"下拉按钮，在弹出的下拉列表中选择"逐个"选项。

6. 幻灯片分节

(1) 将光标置于第 1 张幻灯片的上部，单击鼠标右键，在弹出的快捷菜单中选择"新增节"选项。然后选中"无标题节"文字，单击鼠标右键，在弹出的快捷菜单中选择"重命名节"选项,在弹出的对话框中将"节名称"设置为"小企业准则简介",单击"重命名"按钮。

(2) 将光标置于第 3 张与第 4 张幻灯片之间,使用前面介绍的方法新建节,并将节的名称设置为"准则的颁布意义"。使用同样的方法将余下的幻灯片进行分节。

(3) 选中"小企业准则简介"节,然后选择"设计"选项卡下"主题"组中的"凤舞九天"主题。使用同样的方法为不同的节设置不同的主题,并对幻灯片内容的位置及大小进行适当的调整。

(4) 选中"小企业准则简介"节,然后选择"切换"选项卡下"切换到此幻灯片"组中的"涟漪"选项。使用同样的方法为不同的节设置不同的切换方式。

6.8　天河二号"超级计算机"简介

 题目要求

李老师希望制作一个关于"天河二号"超级计算机的演示文档,用于拓展学生的课堂知识。根据考生文件夹下的"PPT 素材.docx"及相关图片文件素材,帮助李老师完成此项工作,具体要求如下:

(1) 在考生文件夹下,创建一个名为"PPT.pptx"的演示文稿(".pptx"为扩展名),并应用一个色彩合理、美观大方的设计主题,后续操作均基于此文件,否则不得分。

(2) 第 1 张幻灯片为标题幻灯片,标题为"天河二号超级计算机",副标题为"——2014年再登世界超算榜首"。

(3) 第 2 张幻灯片应用"两栏内容"版式,左边一栏为文字,右边一栏为图片,图片为素材文件"Image1.jpg"。

(4) 第 3~7 张幻灯片均为"标题和内容"版式,"PPT 素材.docx"文件中的黄底文字即为相应幻灯片的标题文字。将第 4 张幻灯片的内容设为"垂直块列表"SmartArt 图形对象,"PPT 素材.docx"文件中红色文字为 SmartArt 图形对象一级内容,蓝色文字为 SmartArt 图形对象二级内容。为该 SmartArt 图形设置组合图形"逐个"播放动画效果,并将动画的开始时间设置为"上一动画之后"。

(5) 利用相册功能为考生文件夹下的"Image2.jpg"~"Image9.jpg"8 张图片创建相册幻灯片,要求每张幻灯片 4 张图片,相框的形状为"居中矩形阴影",相册标题为"六、图片欣赏"。将该相册中的所有幻灯片复制到"天河二号超级计算机.pptx"文档的第 8~10 张。

(6) 将演示文稿分为 4 节,节名依次为"标题"(该节包含第 1 张幻灯片)、"概况"(该节包含第 2、3 张幻灯片)、"特点、参数等"(该节包含第 4~7 张幻灯片)、"图片欣赏"(该节包含第 8~10 张幻灯片)。每节内的幻灯片均为同一种切换方式,节与节的幻灯片切换方式不同。

(7) 除标题幻灯片外,其他幻灯片均包含页脚且显示幻灯片编号。所有幻灯片中除了标题和副标题,其他文字字体均设置为"微软雅黑"。

(8) 设置该演示文档为循环放映方式,若不单击鼠标,则每页幻灯片放映 10 秒后自动切换至下一张。

 *操作步骤*

1. 新建文件

(1) 启动 Microsoft PowerPoint 2016 软件，打开考生文件夹下的"天河二号素材.docx"素材文件。

(2) 选择第 1 张幻灯片，切换至"设计"选项卡，在"主题"选项组中，应用"都市"主题，按"Ctrl + M"键添加幻灯片，使片数共为 7，将演示文稿保存为"PPT.pptx"。

2. 设置第 1 张幻灯片

(1) 选择第 1 张幻灯片，切换至"开始"选项卡，在"幻灯片"选项组中将"版式"设置为"标题幻灯片"。

(2) 将幻灯片标题设置为"天河二号超级计算机"，副标题设置为"——2014 年再登世界超算榜首"。

3. 设置第 2 张幻灯片

(1) 选择第 2 张幻灯片，切换至"开始"选项卡，在"幻灯片"选项组中将"版式"设置为"两栏内容"的版式。

(2) 复制"天河二号素材.docx"文件内容到幻灯片中，左边一栏为文字，"字体"设置为微软雅黑，字号为 20，"字体颜色"设为黑色。

(3) 右边一栏为图片，单击"插入"选项卡下"图像"组中的"图片"按钮，在弹出的"插入图片"对话框中选择考生文件夹下的"Image1.jpg"素材图片。

4. 设置第 3~7 张幻灯片

切换至"开始"选项卡，将第 3、4、5、6、7 张幻灯片的版式均设为"标题和内容"。根据天河二号素材中的黄底文字，输入相应页幻灯片的标题文字和正文文字，并分别对第 3、5、6、7 张幻灯片添加内容进行相应的格式设置，使其美观。

5. 设置 SmartArt 图形

(1) 将光标置于第 4 张幻灯片正文文本框中，切换到"插入"选项卡，在"插图"选项组中单击"SmartArt"，弹出"选择 SmartArt 图形"对话框，选择"列表"下的"垂直块列表"。

(2) 选择第 3 个文本框，在"SmartArt 工具"下"设计"选项卡中的"创建图形"选项组中单击"添加形状"→"在后面添加形状"选项，在后面添加两个形状，并在相应的文本框中输入文字，设置相应的格式。

(3) 选择插入的 SmartArt 图形，切换到"动画"选项卡，添加"进入"动画下的"飞入"，在"效果选项"→"序列"中选择"逐个"，在"计时"选项组中将"开始"设为"上一动画之后"。

6. 创建相册

(1) 切换至"插入"选项卡下的"图像"选项组中，单击"相册"下拉按钮，在其下拉菜单中选择"新建相册"命令，弹出"相册"对话框，单击"文件/磁盘"按钮，选择"Image2.jpg"～"Image9.jpg"素材文件，单击"插入"按钮，将"图片版式"设为"4张图片"，"相框形状"设为"居中矩形阴影"，单击"创建"按钮。

(2) 将标题"相册"更改为"六、图片欣赏"，将二级文本框删除。将相册中的所有幻灯片复制到"天河二号超级计算机.pptx"中。

7. 分节

(1) 在幻灯片窗格中，选择第 1 张幻灯片，单击鼠标右键，在弹出的快捷菜单中选择"新增节"命令，选择第2、3张幻灯片，单击鼠标右键，在弹出的快捷菜单中选择"新增节"命令，使用同样的方法，将第4～7张幻灯片分为一节，第8～10张幻灯片分为一节。

(2) 选择节名，单击鼠标右键，在弹出的快捷菜单中选择"重命名节"按钮，弹出"重命名节"对话框，输入相应节名，单击"重命名"按钮。

(3) 将每一节中的幻灯片设为同一种切换方式，节与节之间的幻灯片设为不同的切换方式，考生可以适当调整进行设置。此处设置第一节切换方式为"标题"，第二节切换方式为"淡出"，第三节切换方式为"推进"，第四节切换方式为"擦除"。

8. 编辑页脚

切换到"插入"选项卡，在"文本"选项组中单击"页眉和页脚"按钮，弹出"页眉和页脚"对话框，在"幻灯片"选项卡中勾选"幻灯片编号"和"标题幻灯片中不显示"复选框，并勾选"全部应用"按钮。

9. 设置放映方式

选择第 1～10 张幻灯片，切换到"切换"选项卡，在"计时"选项组中勾选"设置自动换片时间"复选框，并将其持续时间设为 10 s，单击"全部应用"按钮。

10. 保存文件

将文件保存到考生文件夹下，文件名为 PPT.pptx。

6.9　政府工作报告图解

 题目要求

第十二届全国人民代表大会第三次会议政府工作报告中看点众多，精彩纷呈。为了更好地宣传大会精神，新闻编辑小王需要制作一个演示文稿，素材放于考生文件夹下的"PPT素材.docx"及相关图片文件中，具体要求如下：

(1) 演示文稿共包含 8 张幻灯片，分为 5 节，节名分别为"标题""第一节""第二节""第三节""致谢"，各节所包含的幻灯片页数分别为1、2、3、1、1 张；每一节中的幻灯片设为同一种切换方式，节与节之间的幻灯片切换方式均设为不同；设置幻灯片主题为"角度"。在考生文件夹下，将演示文稿保存为"PPT.pptx"（".pptx"为扩展名），后续操作均基于此文件，否则不得分。

(2) 第 1 张幻灯片为标题幻灯片，标题为"图解今年施政要点"，字号不小于 40；副标题为"2015 年两会特别策划"，字号为 20。

(3) "第一节"下的两张幻灯片的标题为"一、经济"，展示考生文件夹下 Eco1.jpg～Eco6.jpg 的图片内容，每张幻灯片包含 3 幅图片，图片在锁定纵横比的情况下高度不低于125px；设置第 1 张幻灯片中 3 幅图片的样式为"剪裁对角线，白色"，第 2 张中 3 幅图片的样式为"棱台矩形"；设置每幅图片的进入动画效果为"上一动画之后"。

(4) "第二节"下的 3 张幻灯片的标题为"二、民生"，其中第 1 张幻灯片内容为考生文件夹下 Ms1.jpg～Ms6.jpg 的图片，图片大小设置为 100 px(高) × 150 px(宽)，样式为"居中矩形阴影"，每幅图片的进入动画效果为"上一动画之后"；在第 2、3 张幻灯片中，利用"垂直图片列表"SmartArt 图形展示"PPT 素材.docx"中的"养老金"到"环境保护"7个要点，图片对应 Icon1.jpg～Icon7.jpg，每个要点的文字内容有两级，对应关系与素材保持一致。要求第 2 张幻灯片展示 3 个要点，第 3 张展示 4 个要点；设置 SmartArt 图形的进入动画效果为"逐个""与上一动画同时"。

(5) "第三节"下的幻灯片，标题为"三、政府工作需要把握的要点"，内容为"垂直框列表"SmartArt 图形，对应文字参考考生文件夹下的"PPT 素材.docx"。设置 SmartArt 图形的进入动画效果为"逐个""与上一动画同时"。

(6) "致谢"节下的幻灯片，标题为"谢谢!"，内容为考生文件夹下的"End.jpg"图片，图片样式为"映像圆角矩形"。

(7) 除标题幻灯片外，在其他幻灯片的页脚处显示页码。

(8) 设置幻灯片为循环放映方式，每张幻灯片的自动切换时间为 10 秒。

1. 新建文件

(1) 在考生文件夹下新建 PPT，命名为"PPT.pptx"。

(2) 新建 8 张幻灯片，光标定位于第 1 张幻灯片前面，右击"新增节"，在节标题上面右击"重命名"，把节名改为"标题"。用同样的方法，在第 2、4、7、8 张幻灯片前面添加节，节名分别设置为"第一节""第二节""第三节""致谢"。

(3) 单击节名字"标题"选中节内所有幻灯片，为选中的幻灯片设置切换方式。用同样的方法为其他节设置不同的切换方式。幻灯片主题设置为"角度"。

2. 设置第 1 张幻灯片

在第 1 张幻灯片标题框内输入"图解今年年施政要点"，字号设置为 44，在副标题框中输入"2015 年两会特别策划"，字号设置为 20。

3. 设置第 1 节幻灯片格式

(1) 在第 2、3 张幻灯片标题框内输入"一、经济"，选中第 2 张幻灯片，在"插入"选项卡插入图片，定位到考生文件夹，选中 Eco1.jpg、Eco2.jpg、Eco3.jpg 3 张图片插入，在"格式"选项卡内打开"大小和位置"对话框，选中"锁定纵横比"，在"高度"框内输入"130 像素"。用同样的方法，插入 Eco4.jpg、Eco5.jpg、Eco6.jpg 到第 3 张幻灯片中。

(2) 在"格式"选项卡中设置第 2 张幻灯片中的 3 张图片样式为"剪裁对角线，白色"，第 3 张幻灯片中的 3 张图片样式为"棱台矩形"。

(3) 切换到"动画"选项卡,为第 2、3 张幻灯片的图片设置动画,在"计时"选项组里的"开始"下拉框中选择"上一动画之后"。

4. 设置第 2 节幻灯片格式

(1) 在第 4、5、6 张幻灯片标题框内输入"一、民生"。

(2) 为第 4 张幻灯片插入考生文件夹下的"Ms1.jpg"~"Ms6.jpg",在"格式"选项卡内打开"大小和位置"对话框,取消选中"锁定纵横比",在"高度"框内输入"100 像素",在"宽度"框内输入"150 像素",图片样式设置为"居中矩形阴影"。切换到"动画"选项卡,为图片设置动画为"飞入",在"计时"选项组里的"开始"下拉框中选择"上一动画之后"。

(3) 在考生文件夹下的"文本素材.docx"中复制"养老金""对外开放""稳增长"3 个要点文字到第 5 张幻灯片,选中这些文字,右击选择"转化为 SmartArt",选择"垂直图片列表",选择图片分别为"Icon1.jpg""Icon2.jpg""Icon3.jpg"。切换到"动画"选项卡,设置 SmartArt 动画,在"动画效果"里选择"逐个",在"计时"选项组里的"开始"下拉框中选择"上一动画同时"。用同样的方法设置第 6 张幻灯片为相应的内容。

5. 设置第 3 节幻灯片格式

在第 7 张幻灯片标题框内输入"三、政府工作需要把握的要点",插入"垂直框列表"SmartArt 图像,在 SmartArt 里输入考生文件夹下"文本素材.docx"里相应的文字。切换到"动画"选项卡,设置 SmartArt 动画,在"动画效果"里选择"逐个",在"计时"选项组里的"开始"下拉框中选择"上一动画同时"。

6. 设置第 8 张幻灯片

选中第 8 张幻灯片,在标题框里输入"谢谢!",切换到"插入"选项卡,插入考生文件夹下的"End.jpg"图片,图片样式设置为"映像圆角矩形"。

7. 设置页脚

切换到"插入"选项卡,单击"页眉和页脚",选中"幻灯片编号"和"标题幻灯片中不显示"选项。

8. 设置放映方式

(1) 选中所有幻灯片,切换到"切换"选项卡,在"计时"选项组里设置自动换片时间为"10 秒"。

(2) 切换到"幻灯片放映"选项卡,单击"设置幻灯片放映",选中"循环放映,按 Esc 键终止"。

6.10 会议所传递的办公理念

 题目要求

在会议开始前,市场部助理小王希望在大屏幕投影上向与会者自动播放本次会议所传递的办公理念,按照如下要求完成该演示文稿的制作:

(1) 在考生文件夹下，打开"PPT 素材.pptx"文件，将其另存为"PPT.pptx"（".pptx"为扩展名），之后所有的操作均基于此文件，否则不得分。

(2) 将演示文稿中第 1 页幻灯片的背景图片应用到第 2 页幻灯片。

(3) 将第 2 页幻灯片中的"信息工作者""沟通""交付""报告""发现"5 段文字内容转换为"射线循环"SmartArt 布局，更改 SmartArt 的颜色，并设置该 SmartArt 样式为"强烈效果"。调整其大小，并将其放置在幻灯片页的右侧位置。

(4) 为上述 SmartArt 智能图示设置由幻灯片中心进行"缩放"的进入动画效果，并要求上一动画开始之后自动、逐个展示 SmartArt 中的文字。

(5) 在第 5 页幻灯片中插入"饼图"图形，用以展示如表 6-2 所示的沟通方式所占的比例。为饼图添加系列名称和数据标签，调整大小并放于幻灯片适当位置。设置该图表的动画效果为"按类别逐个扇区上浮进入"效果。

表 6-2　沟通方式所占的比例

沟　通　方　式	比　　例
消息沟通	24%
会议沟通	36%
语音沟通	25%
企业社交	15%

(6) 将文档中的所有中文文字字体由"宋体"替换为"微软雅黑"。

(7) 为演示文档中的所有幻灯片设置不同的切换效果。

(8) 将考生文件夹中的"BackMusic.mid"声音文件作为该演示文档的背景音乐，并要求在幻灯片放映时即开始播放，至演示结束后停止。

(9) 为了使幻灯片可以在展台自动放映，设置每张幻灯片的自动放映时间为 10 秒。

 操作步骤

1. 新建文件

(1) 打开考生文件夹下的"PPT 素材.pptx"文件。

(2) 单击"文件"选项卡下的"另存为"按钮，弹出"另存为"对话框，在该对话框中将"文件名"设为"PPT"，将其保存于考生文件夹下。

2. 设置第 2 页背景图片

(1) 单击"视图"选项卡下"母版视图"组中的"幻灯片母版"按钮，切换到幻灯片母版视图。

(2) 选中第 1 张幻灯片(母版视图中是第 2 张)，在右侧幻灯片中单击鼠标右键，在弹出的快捷菜单中选择"保存背景"。弹出"保存背景"对话框，将图片保存到考生文件夹中。

(3) 单击"幻灯片母版"选项卡下"关闭"组中的"关闭母版视图"按钮。

(4) 选中第 2 张幻灯片，单击"设计"选项卡下"背景"组中的"背景样式"按钮，在快捷菜单中选择"设置背景格式"，弹出"设置背景格式"对话框，在"填充"选项组中选择"图片或纹理填充"，单击下方的"文件"按钮。弹出"插入图片"对话框，选择考生文件夹下保

存的图片文件，单击"插入"按钮，再单击"设置背景格式"对话框中的"关闭"按钮。

3. 添加 SmartArt 图形

(1) 选中第 2 张幻灯片中的"信息工作者""沟通""交付""报告""发现"5 段文字所在的文本框。单击"开始"选项卡下"段落"组中的"转换为 SmartArt"按钮，在弹出的快捷菜单中选择"其他 SmartArt 图形"，弹出"选择 SmartArt 图形"对话框，在左侧列表框中选择"循环"，在右侧列表框中选择"射线循环"，单击"确定"按钮。

(2) 单击"SmartArt 工具"下"设计"选项卡下"SmartArt 样式"组中的"更改颜色"按钮，在弹出的下拉列表框中选择一种合适的颜色样式(本题选择"彩色，强调文字颜色")，继续在"SmartArt 样式"组中选择"强烈效果"样式。

(3) 选中 SmartArt 图形，适当调整图形大小，并将图形移动到幻灯片的右侧位置。

4. 为 SmartArt 图形设置动画

选中创建完成的 SmartArt 图形。单击"动画"选项卡下"动画"组中的"进入"动画效果"缩放"，单击"效果选项"按钮，在弹出的下拉菜单中选择"逐个"，再单击"计时"组中的"开始"组合框的下拉按钮，在弹出的列表项中选择"上一动画之后"。

5. 插入饼图图表

(1) 选中第 5 张幻灯片，单击"插入"选项卡下"插图"组中的"图表"按钮，弹出"插入图表"对话框，在左侧列表框中选择"饼图"，右侧列表框采用默认值，单击"确定"按钮，此时自动打开一个 Excel 数据文件。

(2) 在 Excel 文件的数据编辑区输入相应的数据，同时在 B1 单元格中输入"所占比例"，输入完成后，关闭 Excel 文件。

(3) 饼图图表处于选中状态，单击在"图表工具"下"设计"选项卡下"图表布局"组中的"布局 1"样式。

(4) 单击"动画"选项卡下"动画"组中的"浮入"进入动画效果，在"效果选项"中的"方向"选项组中选择"上浮"，在"序列"选项组中选择"按类别"。

(5) 适当调整图表大小，并将图表移动到幻灯片的合适位置。

6. 替换字体

(1) 单击"开始"选项卡下"编辑"组中的"替换"按钮，单击"关闭"按钮。

(2) 在弹出的下拉列表中选择"替换字体"命令，弹出"替换字体"对话框，在"替换"列表框中选择"宋体"，在"替换为"列表框中选择"微软雅黑"，单击"替换"按钮。

7. 设置切换效果

选中第 1 张幻灯片，在"切换"选项卡下"切换到此幻灯片"组中选择一种切换样式，其余幻灯片的切换设置操作相同。

8. 插入音频

(1) 选中第 1 张幻灯片。单击"插入"选项卡下"媒体"组中的"音频"按钮，在下拉列表中选择"文件中的音频"。

(2) 弹出"插入音频"对话框，选择考生文件夹中的音频文件"BackMusic.mid"，单击"插入"按钮。

(3) 将"音频工具"选项组中"播放"选项卡下"音频选项"组中的"开始"选项设置为"自动"，勾选"循环播放，直到停止"复选框。

9. 设置切换时间和放映方式

(1) 单击"切换"选项卡下"计时"组中的"设置自动换片时间"，设置时间为"10秒"，并勾选前面的复选框，单击"全部应用"按钮。

(2) 单击"幻灯片放映"选项卡"设置"组中的"设置幻灯片放映"按钮，弹出"设置放映方式"对话框，在"放映类型"选项组中选择"在展台浏览(全屏幕)"单选按钮。单击"确定"按钮。

10. 保存文件

设置完成后，保存文件。

6.11　产品宣传文稿

 题目要求

在某展会的产品展示区，公司计划在大屏幕投影上向来宾自动播放并展示产品信息，因此需要市场部助理小王完善产品宣传文稿的演示内容。

按照如下需求，在 PowerPoint 中完成制作工作：

(1) 在考生文件夹下，打开素材文件"PPT 素材.pptx"，将其另存为"PPT.pptx"（".pptx"为扩展名)，之后所有的操作均在"PPT.pptx"文件中进行，否则不得分。

(2) 将演示文稿中的所有中文文字字体由"宋体"替换为"微软雅黑"。

(3) 为了布局美观，将第 2 张幻灯片中的内容区域文字转换为"基本维恩图"SmartArt 布局，更改 SmartArt 的颜色，并设置该 SmartArt 样式为"强烈效果"。

(4) 为上述 SmartArt 图形设置由幻灯片中心进行"缩放"的进入动画效果，并要求自上一动画开始之后自动、逐个展示 SmartArt 中的 3 点产品特性文字。

(5) 为演示文稿中的所有幻灯片设置不同的切换效果。

(6) 将考生文件夹中的声音文件"BackMusic.mid"作为该演示文稿的背景音乐，并要求在幻灯片放映时即开始播放，至演示结束后停止。

(7) 为演示文稿最后一页幻灯片右下角的图形添加指向网址"www.microsoft.com"的超链接。

(8) 为演示文稿创建 3 个节，其中"开始"节中包含第 1 张幻灯片，"更多信息"节中包含最后 1 张幻灯片，其余幻灯片均包含在"产品特性"节中。

(9) 为了使幻灯片可以在展台自动放映，设置每张幻灯片的自动放映时间为 10 秒。

 操作步骤

1. 文件另存

启动 Microsoft PowerPoint 2016 软件，打开考生文件夹下的"PPT 素材.pptx"文件，将

其另存为 "PPT.pptx"。

2. 字体替换

选中第 1 张幻灯片，按 "Ctrl + A" 键选中所有文字，切换至 "开始" 选项卡，将字体设置为 "微软雅黑"，使用同样的方法为每张幻灯片修改字体。

3. 文字转换为 SmartArt 图

(1) 切换到第 2 张幻灯片，选择内容文本框中的文字，切换至 "开始" 选项卡 "段落" 选项组中，单击转换为 "SmartArt 图形" 按钮，在弹出的下拉列表中选择 "基本维恩图"。

(2) 切换至 "SmartArt 工具" 下的 "设计" 选项卡，单击 "SmartArt 样式" 选项组中的 "更改颜色" 按钮，选择一种颜色，在 "SmartArt 样式" 选项组中选择 "强烈效果" 样式，使其保持美观。

4. 为 SmartArt 图设置动画

(1) 选中 SmartArt 图形，切换至 "动画" 选项卡，选择 "动画" 选项组中 "进入" 选项组中的 "缩放" 效果。

(2) 单击 "效果选项" 下拉按钮，在其下拉列表中，将 "消失点" 中的 "幻灯片中心" 的 "序列" 设为 "逐个"。

(3) 单击 "计时" 组中 "开始" 右侧的下拉按钮，选择 "上一动画之后"。

5. 设置幻灯片切换效果

选择第 1 张幻灯片，切换至 "切换" 选项卡，为幻灯片选择一种切换效果。用相同方式设置其他幻灯片，保证切换效果不同即可。

6. 为演示文稿设置背景音乐

(1) 选择第 1 张幻灯片，切换至 "插入" 选项卡，选择 "媒体" 选项组中的 "音频" 下拉按钮，在其下拉列表中选择 "文件中的音频" 选项，选择素材文件夹下的 BackMusic.MID 音频文件。

(2) 选中音频按钮，切换至 "音频工具" 下的 "播放" 选项卡中，在 "音频选项" 选项组中，将开始设置为 "跨幻灯片播放"，勾选 "循环播放直到停止" "播完返回开头" 和 "放映时隐藏" 复选框，最后，适当调整位置。

7. 设置超链接

选择最后一张幻灯片的箭头图片，单击鼠标右键，在弹出的快捷菜单中选择 "超链接" 命令。弹出 "插入超链接" 对话框，选择 "现有文件或网页" 选项，在 "地址" 后的输入栏中输入 "www.microsoft.com" 并单击 "确定" 按钮。

8. 为演示文稿创建节

(1) 选中第 1 张幻灯片，单击鼠标右键，在弹出的快捷菜单中选择 "新增节"，这时就会出现一个无标题节，选中节名，单击鼠标右键，在弹出的快捷菜单中选择 "重命名节"，将节重命名为 "开始"，单击 "重命名" 即可。

(2) 选中第 2 张幻灯片，单击鼠标右键，在弹出的快捷菜单中选择 "新增节" 命令，这时就会出现一个无标题节，单击鼠标右键，在弹出的快捷菜单中选择 "重命名节"，将节重命名为"产品特性"，单击"重命名"即可。

(3) 选中第 6 张幻灯片，按同样的方式设置第 3 节为"更多信息"。

9. 设置每张幻灯片的放映方式

切换至"切换"选项卡，选择"计时"选项组，勾选"设置自动换片时间"，并将自动换片时间设置为 10 秒，单击"全部应用"按钮。

6.12　日　月　潭　简　介

 题目要求

文小雨加入了学校的旅游社团组织，正在参与组织暑期到台湾日月潭的夏令营活动，现在需要制作一份关于日月潭的演示文稿。根据以下要求，并参考"参考图片.docx"文件中的样例效果，完成演示文稿的制作。

(1) 新建一个空白演示文稿，命名为"PPT.pptx"（".pptx"为扩展名)，并保存在考生文件夹中，此后的操作均基于此文件，否则不得分。

(2) 演示文稿包含 8 张幻灯片，第 1 张版式为"标题幻灯片"，第 2、第 3、第 5 和第 6 张为"标题和内容版式"，第 4 张为"两栏内容"版式，第 7 张为"仅标题"版式，第 8 张为"空白"版式；每张幻灯片中的文字内容可以从考生文件夹下的"PPT_素材.docx"文件中找到，并参考样例效果将其置于适当的位置；对所有幻灯片应用名称为"流畅"的内置主题；将所有文字的字体统一设置为"幼圆"。

(3) 在第 1 张幻灯片中，参考样例将考生文件夹下的"图片 1.png"插入到适合的位置，并应用恰当的图片效果。

(4) 将第 2 张幻灯片中标题下的文字转换为 SmartArt 图形，布局为"垂直曲型列表"，并应用"白色轮廓"的样式，字体为幼圆。

(5) 将第 3 张幻灯片中标题下的文字转换为表格，表格的内容参考样例文件，取消表格的标题行和镶边行样式，并应用镶边列样式；表格单元格中的文本水平和垂直方向都居中对齐，中文设为"幼圆"字体，英文设为"Arial"字体。

(6) 在第 4 张幻灯片的右侧插入考生文件夹下名为"图片 2.png"的图片，并应用"圆形对角，白色"的图片样式。

(7) 参考样例文件效果，调整第 5 和 6 张幻灯片标题下文本的段落间距，并添加或取消相应的项目符号。

(8) 在第 5 张幻灯片中插入考生文件夹下的"图片 3.png"和"图片 4.png"，参考样例文件，将它们置于幻灯片中适合的位置；将"图片 4.png"置于底层，并对"图片 3.png"(游艇)应用"飞入"的进入动画效果，以便在播放到此张幻灯片时，游艇能够自动从左下方进入幻灯片页面；在游艇图片上方插入"椭圆形标注"，使用短划线轮廓，并在其中输入文本"开船啰！"，然后为其应用一种适合的进入动画效果，并使其在游艇飞入页面后能自动出现。

(9) 在第 6 张幻灯片的右上角插入考生文件夹下的"图片 5.gif"，并将其到幻灯片上侧

边缘的距离设为 0 厘米。

(10) 在第 7 张幻灯片中插入考生文件夹下的"图片 6.png""图片 7.png"和"图片 8.png",参考样例文件,为其添加适当的图片效果并进行排列,将它们顶端对齐,图片之间的水平间距相等,左右两张图片到幻灯片两侧边缘的距离相等;在幻灯片右上角插入考生文件夹下的"图片 9.gif",并将其顺时针旋转 300°。

(11) 在第 8 张幻灯片中,将考生文件夹下的"图片 10.png"设为幻灯片背景,并将幻灯片中的文本应用一种艺术字样式,文本居中对齐,字体为"幼圆";为文本框添加白色填充色和透明效果。

(12) 为演示文稿第 2～8 张幻灯片添加"涟漪"的切换效果,首张幻灯片无切换效果;为所有幻灯片设置自动换片,换片时间为 5 秒;为除首张幻灯片之外的所有幻灯片添加编号,编号从"1"开始。

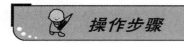

1. 新建文件

(1) 在考生文件夹下单击鼠标右键,在弹出的快捷菜单中选择"新建",在右侧出现的级联菜单中选择"Microsoft PowerPoint 演示文稿"。

(2) 将文件名重命名为"PPT"。

2. 设置版式和主题

(1) 打开"PPT.pptx"文件。

(2) 单击"开始"选项卡下"幻灯片"组中的"新建幻灯片"按钮,在下拉列表框中选择"标题幻灯片"。根据题目的要求,建立剩下的 7 张幻灯片(此处注意新建幻灯片的版式)。

(3) 打开"PPT_素材.docx"文件,按照素材中的顺序,依次将各张幻灯片的内容复制到 PPT.pptx 对应的幻灯片中。

(4) 选中第 1 张幻灯片,单击"设计"选项卡下"主题"组中样式列表框中的内置主题样式"流畅"。

(5) 将幻灯片切换到"大纲"视图,使用"Ctrl + A"组合键全选所有内容,单击"开始"选项卡下"字体"组中的"字体"下拉列表框,从中选择"幼圆",设置完成后切换回"幻灯片"视图。

3. 设置图片格式

(1) 选中第 1 张幻灯片,单击"插入"选项卡下"图像"组中的"图片"按钮,浏览考生文件夹,选择"图片 1.jpg"文件,单击"插入"按钮。

(2) 选中"图片 1.jpg"图片文件,根据"参考图片.docx"文件的样式,适当调整图片文件的大小和位置。

(3) 选择图片,单击"图片工具"→"格式"选项卡下"图片样式"组中的"图片效果"按钮,在下拉列表中选择"柔化边缘",在右侧出现的"级联菜单"中选择"柔化边缘选项"。

(4) 弹出"设置图片格式"对话框,在"发光和柔化边缘"组中设置"柔化边缘"大小为"30 磅"。

4．设置 SmartArt 图形

(1) 选中第 2 张幻灯片下的内容文本框，单击"开始"选项卡下"段落"组中的"转换为 SmartArt"按钮，在下拉列表框中选择"其他 SmartArt"按钮，弹出"选择 SmartArt 图形"对话框，在左侧的列表框中选择"列表"，在右侧的列表框中选择"垂直曲形列表"样式，单击"确定"按钮。

(2) 选择"SmartArt 工具"→"设计"选项卡下"SmartArt 样式"组中的"白色轮廓"样式。

(3) 按住"Ctrl"键，依次选择 5 个列表标题文本框，单击"开始"选项卡下"字体"组中的"字体"下拉列表框，从中选择"幼圆"。

5．插入表格

(1) 选中第 3 张幻灯片。

(2) 单击"插入"选项卡下"表格"组中的"表格"按钮，在下拉列表框中使用鼠标选择 4 行 4 列的表格样式。

(3) 选中表格对象，取消勾选"设计"选项卡下"表格样式选项"组中的"标题行"和"镶边行"复选框，勾选"镶边列"复选框。

(4) 参考"参考图片.docx"文件的样式，将文本框中的文字复制粘贴到表格对应的单元格中。

(5) 选中表格中的所有内容，单击"开始"选项卡下"段落"组中的"居中"按钮。选中表格对象，单击鼠标右键，在弹出的快捷菜单中选择"设置形状格式"按钮，弹出"设置形状格式"对话框，在左侧的列表框中选择"文本框"，在右侧的"垂直对齐方式"列表框中选择"中部对齐"，单击"关闭"按钮。

(6) 删除幻灯片中的内容文本框，并调整表格的大小和位置，使其与参考图片文件相同。

(7) 选中表格中的所有内容，单击"开始"选项卡下"字体"组中的对话框启动器按钮，在弹出的"字体"对话框中设置"西文字体"为"Arial"，设置"中文字体"为"幼圆"，单击"确定"按钮。

6．插入图片

(1) 选中第 4 张幻灯片。

(2) 单击右侧的图片占位符按钮，弹出"插入图片"对话框，在考生文件夹下选择图片文件"图片 2.jpg"，单击"插入"按钮。

(3) 选中图片文件，单击"图片工具"→"格式"选项卡"图片样式"组样式下拉列表框中的"圆形对角，白色"样式。

7．设置段落格式

(1) 选中第 5 张幻灯片。

(2) 将光标置于标题下第 1 段中，单击"开始"选项卡下"段落"组中的"项目符号"按钮，在弹出的下拉列表中选择"无"。

(3) 将光标置于第 2 段中，单击"开始"选项卡下"段落"组中的对话框启动器按钮，弹出"段落"对话框，在"缩进和间距"选项卡中将"段前"设置为"25 磅"，单击"确定"按钮。

(4) 按照上述同样的方法调整第 6 张幻灯片。

8. 为第 5 张幻灯片插入图片并设置动画

(1) 选中第 5 张幻灯片。

(2) 单击"插入"选项卡下"图像"组中的"图片"按钮，弹出"插入图片"对话框，浏览考生文件夹，插入图片"图片 3.jpg"。

(3) 按照同样的方法，插入考生文件夹下的"图片 4.jpg"文件。

(4) 选中"图片 4.jpg"文件，单击鼠标右键，在弹出的快捷菜单中选择"置于底层"命令，在级联菜单中选择"置于底层"。

(5) 参考样例文件，调整两张图片的位置。

(6) 选中"图片 3.jpg"文件，单击"动画"选项卡下"动画"组中的"飞入"进入动画效果，在右侧的"效果选项"中选择"自左下部"。

(7) 单击"插入"选项卡下"插图"组中的"形状"按钮，在下拉列表中选择"标注"组中的"椭圆形标注"，在图片合适的位置上按住鼠标左键不松，绘制图形。

(8) 选中"椭圆形标注"图形，单击"格式"选项卡下"形状样式"组中的"形状填充"按钮，在下拉列表中选择"无填充颜色"。在"形状轮廓"下拉列表中选择"虚线-短划线"。

(9) 选中"椭圆形标注"图形，单击鼠标右键，在弹出的快捷菜单中选择"编辑文字"，选择字体颜色为"蓝色"，向形状图形中输入文字"开船啰!"，继续选中该图形，单击"格式"选项卡下"排列"组中的"旋转"按钮，在下拉列表中选择"水平翻转"。

(10) 选中"椭圆形标注"图形，单击"动画"选项卡下"动画"组中的"浮入"进入动画效果，在"计时"组中将"开始"设置为"上一动画之后"。

9. 设置第 6 张幻灯片

(1) 选中第 6 张幻灯片。

(2) 单击"插入"选项卡下"图像"组中的"图片"按钮，弹出"插入图片"对话框，浏览考生文件夹，插入图片"图片 5.gif"。

(3) 选中"图片 5.gif"，单击"格式"选项卡下"排列"组中的"对齐"按钮，在下拉列表中选择"顶端对齐"和"右对齐"，适当调整图片的大小。

10. 设置第 7 张幻灯片

(1) 选中第 7 张幻灯片。

(2) 单击"插入"选项卡下"图像"组中的"图片"按钮，弹出"插入图片"对话框，在考生文件夹下选择"图片 6.jpg"，单击"插入"按钮。

(3) 按照同样的方法插入图片"图片 7.jpg"和"图片 8.jpg"。

(4) 按住"Ctrl"键依次单击选中 3 张图片，单击"图片工具"→"格式"选项卡下"图片样式"组中的"图片效果"按钮，在下拉列表中选择"映像-紧密映像，接触"。

(5) 按住"Ctrl"键依次单击选中 3 张图片，单击"图片工具"中的"格式"选项卡下"排列"组中的"对齐"按钮，在下拉列表中选择"顶端对齐"和"横向分布"。

(6) 选择任意一张图片，单击"图片工具"中"格式"选项卡下"排列"组中的"对齐"按钮，勾选"查看网格线"按钮，根据出现的网格线来调整左右两张图片，使其到幻灯片两侧边缘的距离相等，再次单击"查看网格线"，可取消网格线的显示。

(7) 单击"插入"选项卡下"图像"组中的"图片"按钮，弹出"插入图片"对话框，在考生文件夹下选择"图片 9.gif"，单击"插入"按钮。

(8) 选中"图片 9.gif"，单击"格式"选项卡下"排列"组中的"对齐"按钮，在下拉列表中选择"顶端对齐"和"右对齐"，单击"大小"组中的对话框启动器按钮，弹出"设置图片格式"对话框，在右侧的"尺寸和旋转"选项组中，设置"旋转"角度为"300"，设置完成后，单击"关闭"按钮。

11. 设置第 8 张幻灯片

(1) 选中第 8 张幻灯片。

(2) 单击"设计"选项卡下"背景"组中的"背景样式"，在下拉列表中选择"设置背景格式"命令，打开"设置背景格式"对话框，在右侧的"填充"选项框中选择"图片或纹理填充"，单击下面的"文件"按钮，弹出"插入图片"对话框，在考生文件夹下选择"图片 10.jpg"，单击"关闭"按钮。

(3) 选中幻灯片中的文本框，单击"格式"选项卡下"艺术字样式"组中的艺术字样式列表框，选择"填充-无，轮廓，强调文字颜色 2"样式，切换到"开始"选项卡，在"字体"组中设置字体为"幼圆"，字号为"48"。

(4) 选中幻灯片中的文本框，单击"开始"选项卡，在"段落"组中设置对齐方式为"居中"。

(5) 选中幻灯片中的文本框，单击"格式"选项卡，在"形状样式"组中单击"形状填充"，在下拉列表中选择"主题颜色/白色，背景 1"，再次单击"形状填充"命令，在下拉列表中选择"其他填充颜色"，弹出"颜色"对话框，在"标准"选项卡下拖动下方的"透明度"滑块，使右侧的比例值显示为 50%，单击"确定"按钮。

12. 设置幻灯片切换方式

(1) 单击选中第 2 张幻灯片，按住"Shift"键，再选中第 8 张幻灯片。

(2) 单击"切换"选项卡下"切换到此幻灯片"组中的"涟漪"。

(3) 选中第 1 张幻灯片，单击"切换"选项卡下"切换到此幻灯片"组中的"无"。

(4) 勾选"切换"选项卡下"计时"组中的"设置自动换片时间"，在右侧的文本框中设置换片时间为 5 秒，单击"计时"组中的"全部应用"按钮。

(5) 选中第 1 张幻灯片，单击"设计"选项卡下"页面设置"组中的"页面设置"按钮，弹出"页面设置"对话框，将"幻灯片编号起始值"设置为 0，单击"确定"按钮。

(6) 单击"插入"选项卡中"文本"组中的"幻灯片编号"按钮，弹出"页眉和页脚"对话框，勾选"幻灯片编号"和"标题幻灯片不显示"复选框，单击"全部应用"按钮。

6.13　审计业务档案培训

题目要求

某注册会计师协会培训部的魏老师正在准备有关审计业务档案管理的培训课件，她的助手已搜集并整理了一份相关资料存放在 Word 文档"PPT_素材.docx"中。按下列要求帮助魏老师完成 PPT 课件的整合制作：

(1) 在考生文件夹下创建一个名为"PPT.pptx"的新演示文稿(".pptx"为扩展名)，后续操作均基于此文件，否则不得分。该演示文稿需要包含 Word 文档"PPT_素材.docx"中的所有内容，Word 素材文档中的红色文字、绿色文字、蓝色文字分别对应演示文稿中每页幻灯片的标题文字、第一级文本内容、第二级文本内容。

(2) 将第 1 张幻灯片的版式设为"标题幻灯片"，在该幻灯片的右下角插入任意一幅剪贴画，依次为标题、副标题和新插入的图片设置不同的动画效果，其中副标题作为一个对象发送，并且指定动画出现的顺序为图片、副标题、标题。

(3) 将第 3 张幻灯片的版式设为"两栏内容"，在右侧的文本框中插入考生文件夹下的 Excel 文档"业务报告签发稿纸.xlsx"中的模板表格，并保证该表格内容随 Excel 文档的改变而自动变化。

(4) 将第 4 张幻灯片"业务档案管理流程图"中的文本转换为 Word 素材中示例图所示的 SmartArt 图形，并适当更改其颜色和样式。为本张幻灯片的标题和 SmartArt 图形添加不同的动画效果，并令 SmartArt 图形伴随着"风铃"声逐个级别顺序飞入。为 SmartArt 图形中"建立业务档案"下的文字"案卷封面、备考表"添加链接到考生文件夹下的 Word 文档"封面备考表模板.docx"超链接。

(5) 将标题为"七、业务档案的保管"所属的幻灯片拆分为 3 张，其中"(一)~(三)"为 1 张，(四)及下属内容为 1 张，(五)及下属内容为 1 张，标题均为"七、业务档案的保管"。为"(四)业务档案保管的基本方法和要求"所在的幻灯片添加备注"业务档案保管需要做好的八防工作：防火、防水、防潮、防霉、防虫、防光、防尘、防盗"。

(6) 在每张幻灯片的左上角添加协会的标志图片 Logo1.png，设置其位于最底层以免遮挡标题文字。除标题幻灯片外，其他幻灯片均包含幻灯片编号、自动更新的日期，日期格式为"××××年××月××日"。

(7) 将演示文稿按下列要求分为 3 节，分别为每节应用不同的设计主题和幻灯片切换方式。节名包含的幻灯片有：档案管理概述 1~4、归档和整理 5~8 以及档案保管和销毁 9~13。

 操作步骤

1. 打开文件

(1) 启动 PowerPoint 演示文稿，新建一个空白的演示文稿。

(2) 单击"文件"选项卡下的"另存为"按钮，弹出"另存为"对话框，在该对话框中将"文件名"设为"PPT.pptx"，将其保存于考生文件夹下。

(3) 单击"开始"选项卡"幻灯片"组中的"新建幻灯片"按钮，可新建幻灯片。

(4) 打开 Word 文档"PPT_素材.docx"文件，将素材文件中的红色文字复制粘贴到每页幻灯片的标题处，绿色文字复制粘贴到每页幻灯片的第一级文本内容处，蓝色文字复制粘贴到每页幻灯片的第二级文本内容处。说明：设置文本级别的方法是，选择粘贴好的绿色或蓝色文字内容，在"开始"选项卡"段落"组中通过单击"提高列表级别"按钮和"降

低列表级别"按钮,即可提升或降低标题层次。幻灯片中,文本的级别一共有 3 级,默认为第一级。

2. 设置版式和动画效果

(1) 选择第 1 张幻灯片,选择"开始"选项卡,单击"幻灯片"组中的"版式"按钮,在弹出的下拉菜单中选择"标题幻灯片"。

(2) 选择"插入"选项卡,在"图像"组中单击"剪贴画"按钮,任意添加一幅剪贴画,将其放置于该幻灯片的右下角,例如,在"搜索文字"文本框中输入"人物",按回车键进行搜索,选择需要的人物图像,即可添加人物。

(3) 设置完成后,依次为标题、副标题和新插入的图片设置不同的动画效果,选择插入的图片,选择"动画"选项卡,在"动画"组中设置动画效果,将"计时"组中的"开始"设置为"上一动画之后"。

(4) 选择"副标题"对象,添加不同的动画效果,单击"效果选项"按钮,在弹出的快捷菜单中选择"作为一个对象"选项,将"计时"设置为"上一动画之后"。

(5) 选择"标题"对象,添加不同的动画效果。

(6) 在"动画"选项卡"高级动画"组中单击"动画窗格"按钮,在弹出的列表框中设置指定顺序。

3. 插入 Excel 表格

(1) 选择第 3 张幻灯片,选择"开始"选项卡,单击"幻灯片"组中的"幻灯片版式"按钮,在弹出的下拉菜单中选择"两栏内容"版式。

(2) 打开考生文件夹下的 Excel 文档"业务报告签发稿纸.xlsx",选择"B1:E19"单元格,按"Ctrl + C"组合键,对其进行复制。

(3) 返回至 PPT 文档,在"开始"→"剪贴板"组中单击"粘贴"按钮的下三角按钮,在弹出的快捷菜单中选择"选择性粘贴"选项,此时弹出"选择性粘贴"对话框,勾选"粘贴链接"选项,单击"确定"按钮,即可插入模板表格。

(4) 然后将后面多余的文本框删除,移动表格的位置,此时,如果在 Excel 中更改内容,则该表格也会随 Excel 文档的改变而自动变化。

4. 插入 SmartArt 图形

(1) 选择第 4 张幻灯片,单击"插入"→"插图"→"SmartArt"按钮,弹出"选择SmartArt 图形"按钮,弹出"选择 SmartArt 图形"对话框,在下方选择"分阶段流程"选项,单击"确定"按钮,插入完成后,将多余的 SmartArt 图形删除,并适当地添加形状,然后添加相应的文字,适当地调整字体的大小。

(2) 选择 SmartArt 图形,在"SmartArt 样式"组中设置效果,单击"更改颜色"按钮,在弹出的下拉列表中选择一种。

(3) 选择第 4 张幻灯片的标题,选择"动画"选项卡,添加动画效果,将"计时"的"开始"设置为"上一动画之后"。

(4) 选择 SmartArt 图形,为其添加动画效果,单击"效果选项"按钮,在弹出的下拉列表中选择"逐个级别"选项,将"开始"设置为"上一动画之后",单击"动画窗格"按钮,打开"动画窗格"任务窗格,在下方选择右侧的下三角按钮,在弹出的下拉列表中选择"效果选项"按钮。

(5) 在弹出的对话框中，将"增强"下方的"声音"设置为"风铃"，单击"确定"按钮即可。

(6) 选择 SmartArt 图形中"建立业务档案"下的文字"案卷封面、备考表"，单击鼠标右键，在弹出的快捷菜单中选择"超链接"选项，弹出"插入超链接"对话框，选择考生文件夹下的 Word 文档"封面备考表模板.docx"，单击"确定"按钮，完成链接。

5. 幻灯片拆分和添加备注

(1) 选择标题为"七、业务档案的保管"所属的幻灯片，将其拆分为 3 张，其中"(一)～(三)"为 1 张，(四)及下属内容为 1 张，(五)及下属内容为 1 张，标题均为"七、业务档案的保管"。

(2) 为"(四)业务档案保管的基本方法和要求"所在的幻灯片添加备注"业务档案保管需要做好的八防工作：防火、防水、防潮、防霉、防虫、防光、防尘、防盗"。

6. 插入图片并设置幻灯片编号和日期更新

(1) 选择第 1 张幻灯片，选择"插入"选项卡，在"图像"组中单击"图片"按钮，选择协会的标志图片 Logo1.png，单击"插入"按钮，将其放置于幻灯片的左上角，然后在插入的图片上单击鼠标右键，在弹出的快捷菜单中选择"置于底层"按钮。

(2) 使用同样的方法，为其他的幻灯片的左上角添加协会的标志图片 Logo1.png，并将其置于底层以免遮挡标题文字。

(3) 选择除标题幻灯片外的其他所有幻灯片，单击"插入"→"文本"→"日期和时间"按钮，弹出"页眉和页脚"对话框，勾选"日期和时间""幻灯片编号""标题幻灯片中不显示"复选框，"日期和时间"设置为自动更新，单击"全部应用"按钮。

7. 分节并分别设置主题和切换方式

(1) 选择第 1 张幻灯片，在上方单击鼠标右键，在弹出的快捷菜单中选择"新增节"选项。

(2) 然后在新添加的"无标题节"处单击鼠标右键，在弹出的快捷菜单中选择"重命名节"选项，将"节名称"设置为"档案管理概述"，单击"重命名"按钮，即可对其重命名。

(3) 在第 5 张幻灯片的上方，单击鼠标右键，在弹出的快捷菜单中选择"新增节"选项，将其重新命名为"归档和整理"。

(4) 在第 9 张幻灯片的上方，单击鼠标右键，在弹出的快捷菜单中选择"新增节"选项，将其重新命名为"档案保管和销毁"。

(5) 选择 1～4 张幻灯片，选择"设计"选项卡，在"主题"组中需要应用的主题上方单击鼠标右键，在弹出的快捷菜单中选择"应用于选定幻灯片"选项，单击"主题"→"颜色"按钮，在弹出的下拉列表中选择一种主题。

(6) 使用同样的方法，为剩余的两节应用不同的主题。

(7) 选择 1～4 张幻灯片，选择"切换"选项卡，在"切换到此幻灯片"组中为其添加切换效果。

(8) 使用同样的方法，为剩余的两节应用不同的切换效果。

6.14　学习型社会的学习理念

 题目要求

根据提供的素材及设计要求文件"ppt 素材及设计要求.docx"设计制作演示文稿,具体要求如下:

(1) 新建演示文稿,并以"PPT.pptx"为文件名保存在考生文件夹下("·.pptx"为扩展名),后续操作均基于此文件,否则不得分。其中每页幻灯片对应素材及设计要求文件"ppt 素材及设计要求.docx"中的序号列,并为演示文稿选择一种内置主题。

(2) 第 1 页为标题幻灯片,有标题"学习型社会的学习理念"、制作单位"计算机教研室"及制作日期(格式:××××年××月××日),并调整美化该幻灯片。

(3) 第 2 页幻灯片为目录页,采用 SmartArt 图形中的垂直框列表来表示演示文稿要介绍的 3 项内容,并为每项内容插入超级链接,单击时转到相应幻灯片。

(4) 第 3、4、5 页幻灯片介绍具体内容,要求包含对应"ppt 素材及设计要求.docx"文件中的所有文字,第 4 页幻灯片包含一幅图片。

(5) 演示文稿将用于面对面的教学,应按素材及设计要求文件中的动画类别设计动画,出现先后顺序合理。

(6) 幻灯片要有 4 种以上版式。

(7) 通过使用字体、字号、颜色等多种手段,突出显示重点内容(素材中加粗部分)。

(8) 第 6 页幻灯片为空白版式,修改该页背景颜色,该页中包含的文字"结束"为艺术字,动画为动作路径中的圆形形状。

 操作步骤

1. 新建文件

(1) 打开考生文件夹下的"ppt 素材及设计要求.docx"素材文件。

(2) 启动 Microsoft PowerPoint 2016 软件,自动新建一个空白文档。

(3) 切换至"设计"选项卡,在"主题"选项组中选择暗香扑面主题。按"Ctrl + M"键新建幻灯片,使幻灯片数量为 6 张。

2. 制作标题幻灯片

选择第 1 张幻灯片,切换至"开始"选项卡,单击"幻灯片"选项组中的"版式"下拉按钮,在弹出的下拉列表中选择"标题幻灯片",在标题处输入文本"学习型社会的学习理念",在副标题处输入文本"计算机教研室"和"××××年××月××日"。

3. 版式设置

按上述同样的方式对第 3、4、5 张幻灯片的版式进行设计。设置第 3 张幻灯片版式为"标题和内容",第 4 张幻灯片版式为"比较",第 5 张幻灯片版式为"内容与标题",分别将"ppt 素材及设计要求.docx"中对应的文字图片复制到第 3、4、5 张幻灯片中,并设置合适的字体字号。

4. 动画设置

(1) 根据"ppt 素材及设计要求.docx"中的动画说明，选择演示文稿相应的文本框对象，切换至"动画"选项卡，在动画选项组中选择相应的动画效果。

(2) 选中第 3 张幻灯片中的"知识的更新速率……"文本框，单击"动画"选项卡下动画选项组的"其他"下拉按钮，在弹出的列表中选中"退出"组中的"淡出"。

(3) 其他动画均参照上述方法设置。

5. 字体设置

对照"ppt 素材及设计要求.docx"中的加粗文字，选定演示文稿中的相关文字，切换至"开始"选项卡，在"字体"选项组中设置与默认"字""字号""颜色"不同的"字体""字号""颜色"。

6. SmartArt 图形设置

选定第 2 张幻灯片，切换至"插入"选项卡，单击"插图"选项组中的"SmartArt"按钮，在弹出的对话框中选择"列表"→"垂直框列表"。

分别按"ppt 素材及设计要求.docx"中的要求输入相应文本，分别选择"一、现代社会知识更新的特点""二、现代文盲--功能性文盲""三、学习的三重目的"文本框，切换至"插入"选项卡，单击"链接"选项组中的"超链接"按钮，选择"本文档中的位置"，分别单击链接目标为"幻灯片 3""幻灯片 4""幻灯片 5"。

7. 背景设置

选择第 6 张幻灯片，切换至"开始"选项卡，在"幻灯片"选项组中选择"版式"下的"空白"选项。

在幻灯片上单击鼠标右键，在弹出的快捷菜单中选择"设置背景格式"，在弹出的对话框中选择"填充"，在填充下选择"纯色填充"单选按钮，将"颜色"设为与主题相应的颜色，然后单击"关闭"按钮，关闭对话框。

8. 艺术字设置

选定第 6 张幻灯片，切换至"插入"选项卡，单击"文本"选项组中的"艺术字"下拉按钮，在下拉列表中选择任意一种艺术字样式，输入文本"结束"。

选定艺术字对象，切换至"动画"选项卡，在"动画"选项组中选择"动作路径"下的"形状"(圆形样)按钮，并适当调整路径的大小。

6.15　第二次世界大战历史简介

题目要求

小李在课程结业时，需要制作一份介绍第二次世界大战的演示文稿。参考考生文件夹中的"参考图片.docx"文件示例效果，帮助他完成演示文稿的制作。

(1) 依据考生文件夹下的"文本内容.docx"文件中的文字，创建共包含 14 张幻灯片的演示文稿，将其保存为"PPT.pptx"（".pptx"为扩展名)，后续操作均基于此文件，否则不得分。

(2) 为演示文稿应用考生文件夹中的自定义主题"历史主题.thmx"，并按照如表 6-3 所示的要求修改幻灯片版式。

表 6-3　幻灯片版式要求

幻 灯 片 编 号	幻 灯 片 版 式
幻灯片 1	标题幻灯片
幻灯片 2～5	标题和文本
幻灯片 6～9	标题和图片
幻灯片 10～14	标题和文本

(3) 除标题幻灯片外，将其他幻灯片的标题文本字体全部设置为微软雅黑、加粗；标题以外的内容文本字体全部设置为幼圆。

(4) 设置标题幻灯片中的标题文本字体为方正姚体，字号为 60，并应用"靛蓝，强调文字颜色 2，深色 50%"的文本轮廓；在副标题占位符中输入"过程和影响"文本，适当调整其字体、字号和对齐方式。

(5) 在第 2 张幻灯片中插入考生文件夹下的"图片 1.png"图片，将其置于项目列表下方，并应用恰当的图片样式。

(6) 在第 5 张幻灯片中插入布局为"垂直框列表"的 SmartArt 图形，图形中的文字参考"文本内容.docx"文件；更改 SmartArt 图形的颜色为"彩色轮廓，强调文字颜色 6"；为 SmartArt 图形添加"淡出"的动画效果，并设置为在单击鼠标时逐个播放，再将包含战场名称的 6 个形状的动画持续时间修改为 1 秒。

(7) 在第 6～9 张幻灯片的图片占位符中，分别插入考生文件夹下的图片"图片 2.png""图片 3.png""图片 4.png"和"图片 5.png"，并应用恰当的图片样式；设置第 6 张幻灯片中的图片在应用黑白模式显示时，以"黑中带灰"的形式呈现。

(8) 适当调整第 10～14 张幻灯片中的文本字号；在第 11 张幻灯片文本的下方插入 3 个同样大小的"圆角矩形"形状，并将其设置为顶端对齐及横向均匀分布；在 3 个形状中分别输入文本"成立联合国""民族独立"和"两极阵营"，适当修改字体和颜色；然后为这 3 个形状插入超链接，分别链接到之后标题为"成立联合国""民族独立"和"两极阵营"的 3 张幻灯片中；为这 3 个圆角矩形形状添加"劈裂"进入动画效果，并设置单击鼠标后从左到右逐个出现，每两个形状之间的动画延迟时间为 0.5 秒。

(9) 在第 12～14 张幻灯片中，分别插入名为"第一张"的动作按钮，设置动作按钮的高度和宽度均为 2 厘米，距离幻灯片左上角水平 1.5 厘米，垂直 15 厘米，并设置当鼠标移过该动作按钮时，可以链接到第 11 张幻灯片；隐藏第 12～14 张幻灯片。

(10) 除标题幻灯片外，为其余所有幻灯片添加幻灯片编号，并且编号值从 1 开始显示。

(11) 为演示文稿中的全部幻灯片应用一种合适的切换效果，并将自动换片时间设置为 20 秒。

1. 新建文件

(1) 启动 PowerPoint 2016，则自动新建了一个演示文稿。单击"快速访问工具栏"中的"保存"按钮，在打开的"另存为"对话框中，选择进入考生文件夹，在"文件名"中输入"PPT.pptx"(.pptx 可省略)，选择"保存类型"为"PowerPoint 演示文稿(*.pptx)"，单击"保存"按钮。

(2) 将"文本内容.docx"中的内容作为大纲来创建幻灯片比较方便。单击"开始"选项卡"幻灯片"工具组的"新建幻灯片"按钮，从下拉列表中选择"幻灯片(从大纲)"。在打开的对话框中，选择考生文件夹下的"文本内容.docx"，单击"插入"按钮，则幻灯片创建完成。再删除新建演示文稿时自动创建的第 1 张空白幻灯片：在左侧幻灯片缩略图窗格中右击第 1 张幻灯片，从快捷菜单中选择"删除幻灯片"。最后演示文稿共包含 14 张幻灯片。

2. 设置主题

(1) 单击"设计"选项卡"主题"工具组主题列表右下角的下箭头按钮，展开列表。然后单击列表下面的"浏览主题"。在弹出的对话框中选择进入考生文件夹，然后选择考生文件夹下的"历史主题.thmx"，单机"应用"按钮。

(2) 选中第 1 页幻灯片，单击"开始"选项卡"幻灯片"工具组的"版式"按钮，从下拉列表中选择"标题幻灯片"，为这张幻灯片设置该版式。使用同样的方法，为第 2~5 页的幻灯片设置"标题和文本"版式，为第 6~9 页的幻灯片设置"标题和图片"版式，为第 10~14 页幻灯片设置"标题和文本"版式。

3. 通过母版设置字体

(1) 单击"视图"选项卡"母版视图"中的"幻灯片母版"，切换到幻灯片母版视图。

(2) 在幻灯片母版视图中，单击选中左侧幻灯片缩略图的第 1 张幻灯片母版。然后在右侧幻灯片中选中标题文本"标题"，在"开始"选项卡"字体"工具组中设置"字体"为"微软雅黑"，单击"加粗"按钮使其高亮。再选中内容文本框的所有各级文本占位内容，在"开始"选项卡"字体"工具组中设置"字体"为"幼圆"(标题幻灯片字体暂不设置，稍后在幻灯片中设置。注意：标题幻灯片的字体应在幻灯片中直接设置，而尽量不要在母版中设置，若在母版中设置，虽也能达到效果，但可能影响评分而得不到这一步的成绩)。

(3) 单击"幻灯片母版"选项卡"关闭"工具组中的"关闭母版视图"按钮，切换回普通视图。在左侧幻灯片缩略图中按"Ctrl + A"键选中所有幻灯片，右击鼠标，从快捷菜单中选择"重设幻灯片"，使所有幻灯片依据母版重设格式。

4. 编辑标题幻灯片

(1) 在左侧缩略图中选中第 1 张标题幻灯片，在右侧幻灯片编辑区选中"标题"文字"第二次世界大战。"在"开始"选项卡"字体"工具组中设置"字体"为"方正姚体"，"字号"为"60"磅。在"绘图工具-格式"选项卡"艺术字样式"工具组中单击"文本轮廓"按钮右侧的向下箭头，从下拉列表中选择"靛蓝，强调颜色 2，深色 50%"。

(2) 在幻灯片的"副标题"中输入"过程和影响"。选中副标题文字"过程和影响"，在"开始"选项卡"字体"工具组中适当设置字体和字号，如"华文细黑""36"磅。在"段落"工具组中单击"文本左对齐"按钮，将文本左对齐。拖动"副标题"文本框占位符的边框，使副标题稍向左移动。

5. 插入图片

(1) 选中第 2 张幻灯片，单击"插入"选项卡"图像"工具组中的"图片"按钮。在弹出的对话框中，进入考生文件夹，然后选择考生文件夹下的"图片 1.png"，单击"插入"按钮。拖动图片将它移动到项目列表下方。

(2) 参考"参考图片.docx"文件示例效果，在"图片工具-格式"选项卡"图片样式"工具组中为图片选择一种适当的样式，例如"矩形投影"(考试时考生可选择任意样式，样式不一定要和示例一致；只要为图片设置了任意样式均可得分)。

6. 设置 SmartArt 图形

(1) 选中第 5 张幻灯片的内容文本框中的所有文字，单击"开始"选项卡"段落"工具组中的"转换为 SmartArt 图形"按钮，从下拉列表中选择"SmartArt 图形"。在弹出的"选择 SmartArt 图形"对话框中选择"列表"中的"垂直框列表"，单击"确定"按钮，则这些文字会被转换为 SmartArt 图形。

(2) 单击"SmartArt 工具-设计"选项卡"更改颜色"按钮，从下拉列表中拖动滚动条浏览到列表的较靠后位置，选择"彩色轮廓，强调文字颜色 6"。

(3) 选中 SmartArt 图形，单击"动画"选项卡"动画"工具组中的"淡出"。再单击该工具组的"效果选项"按钮，从下拉菜单中选择"逐个"。

(4) 单击"动画"选项卡"高级动画"工具组的"动画窗格"按钮，在打开的"动画窗格"任务窗格中单击双向下箭头展开列表。选中列表中的第 1 项，即对应"东欧战场"的项目，然后按住"Ctrl"键的同时，再依次单击列表中对应其他各战场的项目(所有对应战场的动画项目的动画编号分别是 1、3、5、7、9、11)，同时选中这些对应战场的动画。单击"动画"选项卡"动画"工具组右下角的对话框开启按钮，在打开的对话框中，切换到"计时"标签页，修改为"快速(1 秒)"。单击"确定"按钮。

7. 图片编辑

(1) 切换到第 6 张幻灯片，单击幻灯片占位符中的"插入来自文件的图片"图标。在弹出的对话框中，进入考生文件夹，然后选择考生文件夹下的"图片 2.png"，单击"插入"按钮。参考"参考图片.docx"文件示例效果，选中所插入的图片，在"图片工具-格式"选项卡中适当设置图片样式，例如选择"复杂框架，黑色"。

(2) 用同样的方法，在第 7～9 张幻灯片中单击占位符中的"插入来自文件的图片"图标，分别插入考生文件夹下的"图片 3.png""图片 4.png"和"图片 5.png"，然后设置图片样式为"复杂框架，黑色"。

注意：在"参考图片.docx"文件示例效果中，第 9 张幻灯片(页码为 8)的图片似乎没有应用任何图片样式，这可能是题目中的一个错误。在考试时，考生一定要为第 9 张幻灯片的图片设置任意一种图片样式，否则扣分。

题目要求的含义是：设置第 6 张幻灯片中的图片，以便在使用黑白模式打印时，该图片以"黑中带灰"的形式呈现。考试时设置第 6 张和第 7 张幻灯片上的图片均可得分。这里以设置第 6 张幻灯片上的图片为例。选中第 6 张幻灯片上的图片，单击"图片工具-格式"选项卡"调整"工具组中的"颜色"按钮，从下拉列表中选择"重新着色"中的"灰度"。这样图片原右侧发青的颜色部分也将以灰色呈现。

8.　图形编辑

(1)　若第 10 张幻灯片的内容文本出现乱码，则再重新将"文本内容.docx"中的对应内容粘贴到第 10 张幻灯片中。

(2)　分别选中第 10 张和第 12 张幻灯片中的内容文本，在"开始"选项卡"字体"工具组中适当调整文本字号，例如分别都设置为"28"磅(第 10～14 张幻灯片中的文本字号考试不评分，考生适当设置即可)。

(3)　切换到第 11 张幻灯片，单击"插入"选项卡"插图"工具组中的"形状"按钮，从下拉列表中选择"矩形"组中的"圆角矩形"。拖动鼠标在文字下方位置绘制一个圆角矩形。右击矩形，从快捷菜单中选择"编辑文字"，然后在矩形中输入文字"成立联合国"。

(4)　适当设置矩形及其中文本的格式(这一步考试不评分，考生也可以不做)：选中输入的文字，例如在"开始"选项卡"字体"工具组中设置字体为"幼圆"，设置字号为"20"磅，字体颜色为"黑色，文字 1"。在"绘图工具-格式"选项卡"形状样式"工具组中，适当选择一种样式，例如"强烈效果-水绿色，强调颜色 1"。

(5)　选中圆角矩形，按"Ctrl + C"键复制。然后单击幻灯片的空白处取消圆角矩形的选中状态，按"Ctrl + V"键粘贴一个圆角矩形，再次按"Ctrl + V"键再粘贴一个圆角矩形，使幻灯片中有 3 个同样的圆角矩形。适当调整 3 个圆角矩形的位置到大致它们应该所在的位置。然后再精确调整：按住"Shift"键的同时依次单击 3 个圆角矩形，同时选中它们，然后在"绘图工具-格式"选项卡"排列"工具组中单击"对齐"按钮，从下拉列表中选择"顶端对齐"；再单击"对齐"按钮，从下拉列表中选择"横向分布"。

(6)　将第 2 个圆角矩形中的文本改为"民族独立"，将第 3 个圆角矩形中的文本改为"两级阵营"。

(7)　单击第 1 个圆角矩形的边框选中它，然后单击"插入"选项卡"链接"工具组中的"超链接"按钮。在弹出的"插入超链接"对话框中，左侧选择"本文档中的位置"，右侧选择第 12 张幻灯片"12.成立联合国"，单击"确定"按钮。这样第 1 个圆角矩形就链接到了第 12 张幻灯片"12.成立联合国"。用同样的方法，分别单击其他两个圆角矩形的边框选中它们，然后将它们分别链接到第 13 张幻灯片"13.民族独立"和第 14 张幻灯片"14.两极阵营"。

(8)　按住"Shift"键的同时，依次单击 3 个圆角矩形，同时选中它们。然后在"动画"选项卡"动画"工具组中单击"劈裂"进入动画效果。然后在"动画"选项卡"计时"工具组中，设置"开始"为"单击时"，设置"延迟"为"00:50"。单击"高级动画"工具组的"动画窗格"按钮，在打开的"动画窗格"任务窗格中，依次拖动 3 个项目调整 3 个项目的顺序，使 3 个圆角矩形动画顺序依次为从左到右(使在幻灯片上的圆角矩形旁边的数字从左到右依次为"1""2""3")。

9.　动作按钮设置

(1)　切换到第 12 张幻灯片，单击"插入"选项卡"插图"工具组中的"形状"按钮，从下拉列表中选择"动作按钮"组中的"动作按钮：第一张"，在幻灯片的任意位置上按住鼠标左键拖动鼠标绘制一个动作按钮图形。释放鼠标左键后弹出"动作设置"对话框。在对话框中切换到"鼠标移过"标签页，选择"超链接到"单选按钮，然后从它下面的下拉列表中选择"幻灯片"。在弹出的对话框中选择"11.第二次世界大战的影响"，单击"确定"按钮。回到"动作设置"对话框，再单击"确定"按钮。

(2) 右击动作按钮图形，从快捷菜单中选择"设置形状格式"命令，弹出"设置形状格式"对话框。在对话框左侧选择"大小"，然后在右侧设置"高度"为"2 厘米"，"宽度"为"2 厘米"。在对话框左侧再选择"位置"，在右侧设置"水平"为"1.5 厘米"，"自"为"左上角"，设置"垂直"为"1.5 厘米"，"自"为"左上角"。单击"关闭"按钮。

(3) 选中动作按钮图形，按"Ctrl＋C"键复制。切换到第 13 张幻灯片，按"Ctrl＋V"键粘贴。切换到第 14 张幻灯片，按"Ctrl＋V"键粘贴。使第 13 张和第 14 张幻灯片也有相同的动作按钮图形。

(4) 在左侧幻灯片缩略图窗格中单击选中第 12 张幻灯片，然后按住"Shift"键的同时单击第 14 张幻灯片，使同时选中第 12~14 这 3 张幻灯片。在选中的这 3 张幻灯片上右击鼠标，从快捷菜单中选择"隐藏幻灯片"。

10. 添加幻灯片编号

(1) 单击"插入"选项卡"文本"工具组中的"页眉和页脚"按钮，在弹出的对话框中勾选"幻灯号"和"标题幻灯片中不显示"，单击"全部应用"按钮。

(2) 单击"设计"选项卡"页面设置"工具组中的"页面设置"按钮，在弹出的对话框中设置"幻灯片编号起始值"为"0"，单击"确定"按钮。

11. 设置幻灯片切换效果

在左侧幻灯片缩略图窗格中按"Ctrl＋A"键选中所有幻灯片，在"切换"选项卡"切换到此幻灯片"工具组中任选一种切换效果，如"推进"。然后在"计时"工具组中勾选"设置自动换片时间"，并在右侧文本框中输入"00:20"。

最后再单击"快速访问工具栏"的"保存"按钮保存文件。

6.16　儿童孤独症情况介绍

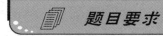

题目要求

张老师正在准备有关儿童孤独症的培训课件，按照下列要求帮助张老师组织资料，完成该课件的制作：

(1) 在考生文件夹下，将"PPT 素材.pptx"文件另存为"PPT.pptx"（".pptx"为扩展名），后续操作均基于此文件，否则不得分。

(2) 依据考生文件夹下文本文件"1-3 张素材.txt"中的大纲，在演示文稿最前面新建 3 张幻灯片，其中"儿童孤独症的干预与治疗""目录""基本介绍"3 行内容为幻灯片标题，其下方的内容分别为各自幻灯片的文本内容。

(3) 为演示文稿应用设计主题"聚合";将幻灯片中所有中文字体设置为"微软雅黑";在幻灯片母板右上角的相同位置插入任一剪贴画,改变该剪贴画的图片样式,为其重新着色,并使其不遮挡其他文本或对象。

(4) 将第 1 张幻灯片的版式设为"标题幻灯片",为标题和副标题分别指定动画效果,其顺序为:单击时标题以"飞入"方式进入,3 秒后副标题自动以任意方式进入,5 秒后标题自动以"飞出"方式退出,接着 3 秒后副标题再自动以任意方式退出。

(5) 设置第 2 张幻灯片的版式为"图片与标题",将考生文件夹下的图片"pic1.jpg"插入到幻灯片图片框中;为该页幻灯片目录内容应用格式为 1.、2.、3.…的编号,并分为两栏,适当增大其字号;为目录中的每项内容分别添加可跳转至相应幻灯片的超链接。

(6) 将第 3 张幻灯片的版式设为"两栏内容"、背景设为"样式 5";在右侧的文本框中插入一个表格,将"基本信息(见表)"下方的 5 行 2 列文本移动到右侧表格中,并根据内容适当调整表格大小。

(7) 将第 6 张幻灯片拆分为 4 张标题相同,内容分别为"1.～4."4 点表现的幻灯片。

(8) 将第 11 张幻灯片中的文本内容转换为"表层次结构"SmartArt 图形,适当更改其文字方向、颜色和样式;为 SmartArt 图形添加动画效果,令 SmartArt 图形伴随着"风铃"声逐个按分支顺序"弹跳"式进入;将左侧的红色文本作为该张幻灯片的备注文字。

(9) 除标题幻灯片外,其他幻灯片均包含幻灯片编号和内容为"儿童孤独症的干预与治疗"的页脚。将考生文件夹下"结束片.pptx"中的幻灯片作为 PPT.pptx 的最后一张幻灯片,并保留原主题格式;为所有幻灯片均应用切换效果。

 操作步骤

1. 文件另存

打开考生文件夹下的文档"PPT 素材.pptx",单击"文件"菜单的"另存为"命令,在弹出的"另存为"对话框中输入文件名"PPT.pptx"(其中.pptx 可省略),文件类型选择"PowerPoint 演示文稿",单击"保存"按钮,以新的文件名保存文件。PowerPoint 窗口自动关闭了文档"PPT 素材.pptx",并自动切换为对文档"PPT.pptx"的编辑状态,使后续操作均基于此文件。

2. 插入新的幻灯片

在左侧幻灯片缩略图窗格中单击第 1 张幻灯片上方的位置,使横向的插入点在第 1 张幻灯片的上方闪烁。然后单击"开始"选项卡"幻灯片"工具组中的"新建幻灯片"按钮。从下拉列表中选择一种合适的版式,如"标题幻灯片",则新建了一张这种版式的幻灯片。在新的幻灯片的"标题"占位符中复制、粘贴文本文件"1-3 张素材.txt"中的"儿童孤独症的干预与治疗";在"副标题"占位符中复制、粘贴文本文件中的"2016 年 2 月"。

3. 设置主题并编辑幻灯片母版

(1) 选中任意一张幻灯片,单击"选项卡"主题工具组"主题"列表右下角的下箭头按钮,展开列表,然后单击列表中的"聚合"(上白下蓝的一种主题)。

(2) 单击"开始"选项卡"编辑"工具组的"替换"按钮的右侧向下箭头,从下拉菜单中选择"替换字体"。在打开的"替换字体"对话框中,设置"替换"下拉列表为中文字

体"黑体",设置"替换为"下拉列表为"微软雅黑",单击"替换"按钮。单击"关闭"按钮关闭对话框。

(3) 本步骤分为以下 3 步:

① 单击"视图"选项卡"母版视图"中的"幻灯片母版"按钮,切换到幻灯片母版视图。在幻灯片母版视图中,单击选中左侧幻灯片缩略图的第 1 张幻灯片母版。然后单击"插入"选项卡"图像"工具组中的"剪贴画"按钮。在打开的"剪贴画"任务窗格中的"搜索文字"框中,不输入任何内容,直接单击"搜索"按钮,则搜索到所有剪贴画。单击任意一幅剪贴画,将它插入到幻灯片母版中。拖动插入图片,将它移动到幻灯片母版的右上角。

② 选中插入的剪贴画图片,在"图片工具-格式"选项卡"图片样式"工具组中任选一种样式,例如"金属椭圆"。单击"调整"工具组中的"颜色"按钮。从下拉列表中任选一种颜色,如"褐色"。

③ 右击图片,从快捷菜单中选择"置于底层"中的"置于底层"。这样它不会遮挡其他文本或对象。

(4) 选中图片,按"Ctrl + C"键复制。然后依次单击该母板下的各幻灯片版式,检查各版式中的右上角是否已有了图片。如果没有,则按"Ctrl + C"键粘贴,并右击图片,从快捷菜单中选择"置于底层"中的"置于底层",使所有版式的右上角中都有这样一张相同的剪贴画图片,并都被"置于底层"。

(5) 单击"幻灯片母版"选项卡"关闭"工具组中的"关闭母版视图"按钮,切换回普通视图。

4. 设置第 1 张幻灯片

(1) 选中第 1 张幻灯片,单击"开始"选项卡"幻灯片"工具组中的"版式"按钮,从下拉列表中选择"标题幻灯片"。

(2) 选中标题,单击"动画"选项卡动画工具组的"飞入"。

(3) 然后选中"副标题",单击该工具组的任意一种进入动画效果,例如"劈裂"。

(4) 再选中标题,单击"动画"选项卡高级动画工具组中的"添加动画"按钮,从下拉列表中选择"退出"中的"飞出"。

(5) 再选中"副标题",单击"动画"选项卡"高级"动画工具组中的"添加动画"按钮,从下拉列表中选择"退出"中的任意一种效果,如"淡出"。

(6) 单击"高级动画"工具组中的"动画窗格"按钮,打开"动画窗格"任务窗格,可见窗格中有 4 项动画,前 2 项为进入动画,后 2 项为退出动画。

① 单击选中第 1 项动画。然后确认在"动画"选项卡"计时"工具组中,"开始"被设置为了"单击时"。

② 单击选中第 2 项动画,然后按住"Shift"键的同时单击第 4 项动画,使同时选中第 2~4 项动画。在"动画"选项卡"计时"工具组中设置"开始"为"上一动画之后"。

③ 单击选中第 2 项动画,将"计时"工具组的"延迟"设置为"03.00"。

④ 单击选中第 3 项动画,将"计时"工具组的"延迟"设置为"05.00"。

⑤ 单击选中第 4 项动画,将"计时"工具组的"延迟"设置为"03.00"。

5.设置第 2 张幻灯片

(1) 选中第 1 张幻灯片，单击"开始"选项卡"幻灯片"工具组中的"新建幻灯片"按钮。从下拉列表中选择"图片与标题"，则在第 1 张幻灯片之后新建了一张这种版式的幻灯片。然后在幻灯片的标题中粘贴文本文件"1-3 张素材.txt"中的文本"目录"。

(2) 单击幻灯片上的"插入来自文件的图片"占位符图标，在弹出的对话框中选择进入考生文件夹，然后选择考生文件夹下的图片"picl.jpg"，单击"插入"按钮。

(3) 在幻灯片的"单击此处添加文本"占位符中粘贴文本文件中的"基本介绍…疾病预防"7 段文字，并删除每段文字前面多余的空格(可按住"Ctrl"键的同时向上滚动鼠标滚轮，适当放大视图以便操作)。

(4) 选中这 7 段文字，在"开始"选项卡"段落"工具组中单击"编号"按钮右侧的向下箭头，从该下拉列表中选择"1、2、3"的编号。

(5) 右击文本框，从弹出的快捷菜单中选择"设置形状格式"。在弹出的"设置形状格式"对话框中，左侧选择"文本框"，然后单击右侧的"分栏"按钮。在弹出的"分栏"对话框中设置"数字"为"2"，单击"确定"按钮。

(6) 选中文本框中的文字，在"开始"选项卡"字体"工具组中适当增大字号，例如设置"字号"为"14"磅(字号考试不评分，考生可自由设置为任意大小)。

(7) 在设置超链接之前，首先创建第 3 张幻灯片。选中第 2 张幻灯片，单击"开始"选项卡"幻灯片"工具组的"新建幻灯片"按钮。从下拉列表中选择"两栏内容"，则在第 2 张幻灯片之后新建了一张这种版式的幻灯片。在这张幻灯片的标题中粘贴文本文件"1-3 张素材.txt"中的"基本介绍"。先保持第 3 张幻灯片的内容为空白，稍后再添加内容。

(8) 切换到第 2 张幻灯片，选中文字"基本介绍"，单击"插入"选项卡"链接"工具组中的"超链接"按钮，在弹出的"插入超链接"对话框中，左侧选择"本文档中的位置"，右侧选择"3.基本介绍"，单击"确定"按钮。这样文字"基本介绍"就链接到了第 3 张幻灯片。用同样的方法，依次选中"患病概率"等文字，插入超链接，将它们分别链接到第 4~9 张幻灯片中。

6.设置表格

(1) 选中第 3 张幻灯片，单击"开始"选项卡下"幻灯片"组中的"版式"下拉按钮，在下拉列表中选择"两栏内容"版式。

(2) 单击"设计"选项卡下"背景"组中的"背景样式"下拉按钮，在下拉列表中选择"样式 5"。

(3) 在幻灯片右侧的内容文本框中单击"插入表格"按钮，弹出"插入表格"对话框，将行数修改为"5"，将列数修改为"2"，单击"确定"按钮。

(4) 将"基本信息(见表)"下方的 5 行 2 列文本移动到右侧的表格中，根据表格中的内容，适当调整表格的大小。

7.幻灯片拆分

(1) 选中第 6 张幻灯片，在"幻灯片/大纲"窗格中单击"大纲"选项卡，将光标置于需要分页的内容之后，第 1 处为"……他们对语言的感受和表达运用能力均存在某种程度的障碍。"段落之后，按"Enter"键，产生一个空行，然后单击两次"开始"选项卡下"段落"组中的"降低列表级别"按钮。

(2) 按照同样的方法，将光标放置于第 2 处分页位置"……没有去观看的兴趣或去参与的愿望。"段落之后，按"Enter"键，产生一个空行，然后单击两次"开始"选项卡下"段落"组中的"降低列表级别"按钮。

(3) 按照同样的方法，将光标放置于第 3 处分页位置"……患者可有重复刻板动作，如反复拍手、转圈、用舌舔墙壁、跺脚等。"段落之后，按"Enter"键，产生一个空行，然后单击两次"开始"选项卡下"段落"组中的"降低列表级别"按钮。

(4) 在"幻灯片/大纲"窗格中单击"幻灯片"选项卡，选中第 6 张幻灯片，将幻灯片中的"标题"文本内容复制粘贴到后面 3 张幻灯片的标题文本框中。

8. 设置 SmartArt 图形

(1) 切换到第 11 张幻灯片，选中内容文本框中的所有内容。单击"开始"选项卡"段落"工具组的"转换为 SmartArt 图形"按钮，从下拉列表中选择"SmartArt 图形"。在弹出的"选择 SmartArt 图形"对话框中选择"层次结构"中的"表层次结构"，单击"确定"按钮，则这 5 段标题文字被转换为了 SmartArt 图形。

(2) 单击"SmartArt 工具-设计"选项卡"更改颜色"按钮，从下拉列表中选择非默认颜色的任意一种颜色，如"彩色范围，强调文字颜色 2 至 3"。再从该工具组的"快速样式"列表中选择非"简单填充"的任意一种样式，如"细微效果"。适当选中 SmartArt 图形中的一些元素，在"开始"选项卡"段落"工具组中单击"文字方向"按钮，从下拉列表中选择合适的文字方向，如"竖排"。(文字方向的设置，在考试时不评分，考生可不设置，但颜色和样式一定要设置为非默认颜色和非"简单填充")。

(3) 单击 SmartArt 图形的外围框线，选中整个 SmartArt 图形。单击"动画"选项卡"动画"工具组"动画样式"窗格右下角的下箭头按钮，展开所有动画样式。从中选择"弹跳"。再单击该工具组的"效果选项"按钮，从下拉菜单中选择"逐个"。再单击该工具组右下角的对话框开启按钮，在弹出的对话框中，切换到"效果"标签页，设置"声音"为"风铃"，单击"确定"按钮。

(4) 选中左侧的所有红色文字，按"Ctrl + X"键剪切；然后在本幻灯片的备注窗格中，按"Ctrl + X"键粘贴。单击左侧原备注内容的文本框边框选中它，按"Ctrl + X"键删除该文本框。

9. 设置页脚和幻灯片切换方式

(1) 单击"插入"选项卡"文本"工具组中的"页眉和页脚"按钮，在弹出的对话框中勾选"幻灯片编号""页脚"和"标题幻灯片中不显示"，并在"页脚"下面的文本框中输入"儿童孤独症的干预治疗"。单击"全部应用"按钮。

(2) 双击考生文件夹下的"结束片.pptx"，打开该文件，右击左侧缩略图窗格中的幻灯片，从快捷菜单中选择"复制"。切换回"PPT.pptx"演示文稿窗口，在左侧幻灯片缩略图窗格中的第 12 张幻灯片的最后单击鼠标，使横向插入点在此位置闪烁，按"Ctrl + V"键粘贴，然后单击粘贴幻灯片后旁边出现的"Ctrl"图标，从下拉菜单中选择"保留原格式"图标。

(3) 在幻灯片缩略图窗格中按"Ctrl + A"键选中所有幻灯片，在"切换"选项卡"切换到此幻灯片"工具组中任选一种切换效果,如"擦除"(当然考生也可为各张幻灯片分别设置不同的切换方式;只要保证每张幻灯片的切换方式都不为"无"即可得分)。最后单击快速访问工具栏的"保存"按钮保存文档。

6.17　赛事相关幻灯片制作

 题目要求

北京市节能环保低碳创业大赛组委会委托李老师制作有关赛事宣传的演示文稿,用于展台自动播放。按照下列要求帮助李老师组织材料完成演示文稿的整合制作,制作完成的演示文稿共包含 12 张幻灯片。

(1) 根据考生文件夹下的 Word 文档"PPT 素材.docx"创建初始包含 13 张幻灯片、名为"PPT.pptx"的演示文稿(".docx"".pptx"均为文件扩展名),其对应关系如表 6-4 所列。令新生成的演示文稿"PPT.pptx"不包含原素材中的任何格式,之后所有的操作均基于此文件,否则不得分。

表 6-4　Word 文档与 PPT 之间的对应关系

Word 文本颜色	对应 PPT 内容
红色	标题
蓝色	第一级文本
绿色	第二级文本
黑色	备注文本

(2) 创建一个名为"环境保护"的幻灯片母版,对该幻灯片母版进行下列设计:

① 仅保留"标题幻灯片""标题和内容""节标题""空白""标题和竖排文字"和"标题和文本"6 个默认版式。

② 在最下面增加一个名为"标题和 SmartArt 图形"的新版式,并在标题框下添加 SmartArt 占位符。

③ 设置幻灯片中所有中文字体为"微软雅黑",西文字体为"Calibri"。

④ 将所有幻灯片中一级文本的颜色设为标准蓝色,项目符号替换为图片"Bullet.png"。

⑤ 将考生文件夹下的图片"Background.jpg"作为"标题幻灯片"版式的背景,透明度设为 65%。

⑥ 设置除标题幻灯片外其他版式的背景为渐变填充"雨后初晴";插入图片"Pic.jpg",设置该图片背景色透明,并令其对齐幻灯片的右侧和下部,不要遮挡其他内容。

⑦ 为演示文稿"PPT.pptx"应用新建的设计主题"环境保护"。

(3) 为第 1 张幻灯片应用"标题幻灯片"版式。为其中的标题和副标题分别指定动画效果,其顺序为:单击时标题在 5 秒内自左上角飞入,同时副标题以相同的速度自右下角飞入,4 秒钟后标题与副标题同时自动在 3 秒内沿原方向飞出。将素材中的黑色文本作为标题幻灯片的备注内容,在备注文字下方添加图片"Remark.png",并适当调整其大小。

(4) 将第 3 张幻灯片中的文本转换为字号 60 磅，字符间距加宽至 20 磅的"填充-红色，强调文字颜色 2，暖色粗糙棱台"样式的艺术字，文本效果转换为"朝鲜鼓"，且位于幻灯片的正中间。

(5) 将第 5 张幻灯片的版式设为"节标题"；在其中的文本框中创建目录，内容分别为 6、7、8 张幻灯片的标题，并令其分别链接到相应的幻灯片。

(6) 将第 9、10 两张幻灯片合并为一张，并应用版式"标题和 SmartArt 图形"；将合并后的文本转换为"垂直块列表"布局的 SmartArt 图形，适当调整其颜色和样式，并为其添加任一动画效果。

(7) 将第 10 张幻灯片的版式设为"标题和竖排文字"，并令文本在文本框中左对齐。为最后一张幻灯片应用"空白"版式，将其中包含联系方式的文本框左右居中，并为其中的文本设置动画效果，令其按第二级文本段落逐字弹跳式进入幻灯片。

(8) 将第 5～8 张幻灯片组织为一节，节名为"参赛条件"，为该节应用设计主题"暗香扑面"。为演示文稿不同的节应用不同的切换方式，所有幻灯片均每隔 5 秒自动换片。

(9) 设置演示文稿由观众自行浏览且自动循环播放。

操作步骤

1. 新建文件

(1) 在考生文件夹下新建一个空白演示文稿，将文件名修改为 PPT.pptx。

(2) 打开 Word 文档"PPT 素材.docx"，选中第一个红色文本，单击"开始"选项卡"编辑"组中的"选择"按钮，在下拉列表中选择"选定所有格式相似的文本"，即可选中所有红色文本，单击"开始"选项卡"段落"组右下角的对话框启动器按钮，弹出"段落"对话框，设置大纲级别为 1 级。按同样的方法，设置蓝色文本大纲级别为 2 级，绿色文本大纲级别为 3 级。保存素材文件并关闭。

(3) 双击打开空白演示文稿，单击"开始"选项卡下"幻灯片"组中的"新建幻灯片"下拉按钮，在弹出的下拉列表中选择"幻灯片(从大纲)"，弹出"插入大纲"对话框，找到考生文件夹中的"PPT 素材"文件，单击"插入"按钮。

(4) 参考 PPT 素材.docx 文件调整幻灯片，删除空白幻灯片，将黑色文本移到对应 PPT 的备注里，最终保持包含 13 张幻灯片。

(5) 在左侧"幻灯片/大纲"窗格中，按住"Ctrl + A"组合键全选所有幻灯片，单击"开始"选项卡"幻灯片"组中的"重设"按钮。

2. 设置幻灯片母版

(1) 单击"视图"选项卡下"母版视图"组中的"幻灯片母版"按钮，进入幻灯片母版视图。

(2) 单击"幻灯片母版"选项卡下"编辑母版"组中的"重命名"按钮，弹出"重命名版式"对话框，输入母版名称"环境保护"，单击"重命名"按钮。

(3) 在"环境保护"母版视图中，仅保留题目中所述的"标题幻灯片""标题和内容""节标题""空白""标题和竖排文字"和"标题和文本" 6 个默认版式，其他版式均选中，按"Delete"键删除。

(4) 单击"幻灯片母版"选项卡下"编辑母版"组中的"插入版式"按钮，在新插入的版式中单击鼠标右键，在弹出的快捷菜单中选择"重命名版式"，弹出"重命名版式"对话框，输入版式名称"标题和 SmartArt 图形"，单击"重命名"按钮。继续单击"母版版式"组中的"插入占位符"按钮，在下拉列表中选择"SmartArt"，使用鼠标在版式下方的空白区域绘制一个矩形区域。

(5) 选中"环境保护"幻灯片母版，单击"幻灯片母版"选项卡下"编辑主题"组中的"字体"按钮。在下拉列表中选择"新建主题字体"，弹出"新建主题字体"对话框，设置中文字体为"微软雅黑"，西文字体为"Calibri"，单击"保存"按钮。

(6) 在环境保护幻灯片母版中选中一级文本样式(单击此处编辑母版文本样式)，在"开始"选项卡下"字体"组中将字体颜色设置为"标准色/蓝色"，继续单击"段落"组中的"项目符号"按钮，在下拉列表中选择"项目符号和编号"命令，弹出"项目符号和编号"对话框，单击"图片"按钮，弹出"图片项目符号"对话框，单击下方的"导入"按钮，弹出"将剪辑添加到管理器"对话框，浏览考生文件夹，选中"Bullet.png"图片，单击"添加"按钮，在"图片项目符号"对话框中选中新增的"Bullet.png"图片对象，单击"确定"按钮。

(7) 选中标题幻灯片版式，单击"幻灯片母版"选项卡下"背景"组中的"背景样式"按钮，在下拉列表中选择"设置背景格式"对话框，在"填充"选项下选择"图片或纹理填充"，单击下方的"文件"按钮，弹出"插入图片"对话框。浏览考生文件夹，选中"Background.jpg"图片，单击"插入"按钮，将对话框下方的"透明度"调整为"65%"，单击"关闭"按钮。

(8) 按住"Shift"键的同时选中除标题幻灯片版式以外的所有版式，单击"幻灯片母版"选项卡下"背景"组中的"背景样式"按钮，在下拉列表中选择"设置背景格式"对话框，在"填充"选项下选择"渐变填充"，将"预设颜色"设置为"雨后初晴"，单击"关闭"按钮。

(9) 选中母版下的"标题和内容版式"(第 2 个版式)，单击"插入"选项卡下"图像"组中的"图片"按钮，弹出"插入图片"对话框，选中"Pic.jpg"文件，单击"插入"按钮。

(10) 选中插入的图片，单击"图片工具/格式"选项卡下"调整"组中的"颜色"按钮，在下拉列表中选择"设置透明色"，拖动鼠标单击图片，即可设置图片背景色透明。

(11) 选中插入的图片，单击鼠标右键，在弹出的快捷菜单中选择"置于底层"，单击"图片工具/格式"选项卡下"排列"组中的"对齐"按钮，在下拉列表中选择"右对齐"和"底端对齐"。复制图片，粘贴到母版中的其他版式中，注意，第 1 个标题幻灯片版式中不要粘贴图片。

(12) 单击"幻灯片母版"选项卡下"关闭"组中的"关闭母版视图"按钮，在幻灯片视图中单击"设计"选项卡下"主题"组中的下拉按钮，在下拉列表中选择"环境保护"主题。

3. 设置第 1 张幻灯片

(1) 选中第 1 张幻灯片，单击"开始"选项卡下"幻灯片"组中的"版式"按钮，在下拉列表中选择"标题幻灯片"。

(2) 选中标题文本框对象，单击"动画"选项卡下"动画"组中的"飞入"进入效果，单击右侧的"效果选项"，在下拉列表中选择"自左上部"，设置"计时"组中的"持续时间"为"05.00"

(3) 选中副标题文本框对象，单击"动画"选项卡下"动画"组中的"飞入"进入效果，单击右侧的"效果选项"，在下拉列表中选择"自右下部"，设置"计时"组中的"开始"为"与上一动画同时"，将"持续时间"设置为"05.00"

(4) 选中标题文本框对象，单击"高级动画"组中的"添加动画"按钮，在下拉列表中选择"退出/飞出"效果，单击"效果选项"按钮，在下拉列表中选择"到右下部"(题目要求沿原方向飞出，要求并不明确，本题可以设置"到右下部"，也可以设置"到左上部")，设置"计时"组中的"开始"为"上一动画后"，将"持续时间"设置为"03.00"，将延迟设置为"04.00"。

(5) 选中副标题文本框对象，单击"高级动画"组中的"添加动画"按钮，在下拉列表中选择"退出/飞出"效果，单击"效果选项"按钮，在下拉列表中选择"到左上部"(题目要求"沿原方向飞出"，要求并不明确，本题可以设置"到左上部"，也可以设置"到右下部")，设置"计时"组中的"开始"为"与上一动画同时"，将"持续时间"设置为"03.00"，将"延迟"设置为"04.00"。

(6) 选中第 1 张幻灯片，单击"视图"选项卡下"演示文稿视图"组中的"备注页"按钮，进入备注页视图，将素材文件中的黑色文本复制到备注文本框中；继续单击"插入"选项卡下"图像"组中的"图片"按钮，弹出"插入图片"对话框，浏览考生文件夹，选中"Remark.png"文件，单击"插入"按钮，适当调整图片的大小与位置，使其位于备注文本框内，单击"演示文稿视图"组中的"普通视图"，切换回"普通视图"。

4. 设置第 3 张幻灯片

(1) 选中第 3 张幻灯片，选中文本内容"创业成就梦想"，单击"绘图工具/格式"选项卡下"艺术字样式"组中的"其他"按钮，在下拉列表框中选择"填充-红色，强调文字颜色 2.暖色粗糙棱台"。

(2) 在"开始"选项卡下"字体"组中，将字号设置为"60 磅"。

(3) 单击"绘图工具/格式"选项卡下"艺术字样式"组中的"文本效果"按钮，在下拉列表中选择"转换/朝鲜鼓"。

(4) 单击"开始"选项卡下"字体"组中的"字符间距"按钮，在下拉列表中选择"其他间距"，弹出"字体"设置对话框，在"字符间距"选项卡中，将"度量值"设置为"20"磅，单击"确定"按钮。

(5) 选中文本框对象，单击"绘图工具/格式"选项卡下"排列"组中的"对齐"按钮，在下拉列表中选择"上下居中"和"左右居中"。

5. 设置超链接

(1) 选中第 5 张幻灯片，单击"开始"选项卡下"幻灯片"组中的"版式"按钮，在下拉列表中选择"节标题"。

(2) 将第 6、7、8 这 3 张幻灯片的标题复制到第 5 张幻灯片的内容文本框中，然后选中"(一)初创企业组参赛资格"，单击鼠标右键，在弹出的快捷菜单中选择"超链接"，弹出"插入超链接"对话框，选择左侧的"本文档中的位置"，在右侧选中相对应的幻灯片，单击"确定"按钮。

(3) 按照同样的方法，为其余两张幻灯片设置超链接。

6. 设置 SmartArt 图形

(1) 切换到"大纲"浏览窗格，选中第 10 张幻灯片的标题文本"五、大赛流程"，使用键盘上的"Backspace"键将其删除，如有空行，同样删除，两张幻灯片即合二为一了。

(2) 切换到"幻灯片"浏览窗格，选中第 9 张幻灯片，单击"开始"选项卡下"幻灯片"组中的"版式"按钮，在下拉列表中选择"标题和 SmartArt 图形"版式。

(3) 选中内容文本框，单击"开始"选项卡下"段落"组中的"转换为 SmartArt 图形"按钮，在下拉列表中选择"其他 SmartArt 图形"，弹出"选择 SmartArt 图形"对话框，选中左侧的"列表"，在右侧选中"垂直块列表"，单击"确定"按钮。

(4) 选中 SmartArt 对象，选择"SmartArt 工具/设计"选项卡下"SmartArt 样式"组中的一种样式，单击左侧的"更改颜色"，在下拉列表中选择一种颜色。

(5) 选中 SmartArt 对象，单击"动画"选项卡下"动画"组中的任意一种动画效果。

7. 设置第 10 张幻灯片

(1) 选中第 10 张幻灯片，单击"开始"选项卡下"幻灯片"组中的"版式"按钮，在下拉列表中选择"标题和竖排文字"。

(2) 选中内容文本框中的文本内容，单击"开始"选项卡下"段落"组中的"对齐文本"按钮，在下拉列表中选择"左对齐"命令。

(3) 选中最后一张幻灯片，单击"开始"选项卡下"幻灯片"组中的"版式"按钮，在下拉列表中选择"空白"。选中包含联系人的文本框，单击"绘图工具/格式"选项卡下"排列"组中的"对齐"按钮，在下拉列表中选择"左右居中"。

(4) 单击"动画"选项卡下"动画"组中的"弹跳"动画效果，单击"动画"组中右下角的对话框启动器按钮，弹出"弹跳"对话框，在"效果"选项卡中设置"动画文本"为"按字词"；切换到"正文文本动画"选项卡，将"组合文本"设置为"按第二级段落"，单击"确定"按钮。

8. 新增节

(1) 鼠标定位在第 5 张幻灯片之前的位置，单击鼠标右键，在弹出的快捷菜单中选择"新增节"，在节标题处，单击鼠标右键，在弹出的快捷菜单中选择"重命名节"，弹出"重命名节"对话框，输入节标题"参赛条件"，单击"重命名"按钮。

(2) 鼠标定位在第 9 张幻灯片之前的位置，单击鼠标右键，在弹出的快捷菜单中选择"新增节"。

(3) 单击选中节标题"参赛条件"，单击"设计"选项卡下"主题"组中的"暗香扑面"主题样式。

(4) 单击选中"参赛条件"节标题，单击"切换"选项卡下"切换到此幻灯片"组中的一种切换效果。按照同样的方法，分别选中另外两个节标题，为其设置不同的切换方式。

(5) 在左侧幻灯片缩览窗格中，按住"Ctrl + A"组合键全选所有幻灯片，在"切换"选项卡下"计时"组中的"设置自动换片时间"中将自动换片时间设置为"00:05.00"。

9. 设置放映方式

(1) 单击"幻灯片放映"选项卡下"设置"组中的"设置幻灯片放映"按钮，弹出"设置放映方式"对话框，将"放映类型"设置为"观众自行浏览"，将"放映选项"设置为"循环放映，按 Esc 键终止"，单击"确定"按钮。

(2) 单击快速访问工具栏中的"保存"按钮，关闭所有文档。

6.18　关爱动物宣传活动简介

 题目要求

在某动物保护组织就职的张宇要制作一份介绍世界动物日的 PowerPoint 演示文稿。按照下列要求，完成演示文稿的制作。

(1) 在考生文件夹下新建一个空白演示文稿，将其命名为"PPT.pptx"（".pptx"为文件扩展名)，之后所有的操作均基于此文件，否则不得分。

(2) 将幻灯片大小设置为"全屏显示(16：9)"，然后按照如下要求修改幻灯片母版：

① 将幻灯片母版名称修改为"世界动物日"；母版标题应用"填充-白色，轮廓-强调文字颜色 1"的艺术字样式，文本轮廓颜色为"蓝色，强调文字颜色 1"，字体为"微软雅黑"，并应用加粗效果；母版各级文本样式设置为"方正姚体"，文字颜色为"蓝色，强调文字颜色 1"。

② 使用"图片 1.png"作为标题幻灯片版式的背景。

③ 新建名为"世界动物日 1"的自定义版式，在该版式中插入"图片 2.png"，并对齐幻灯片左侧边缘；调整标题占位符的宽度为 17.6 厘米，将其置于图片右侧；在标题占位符下方插入内容占位符，宽度为 17.6 厘米，高度为 9.5 厘米，并与标题占位符左对齐。

④ 依据"世界动物日 1"版式创建名为"世界动物日 2"的新版式，在"世界动物日 2"版式中将内容占位符的宽度调整为 10 厘米(保持与标题占位符左对齐)；在内容占位符右侧插入宽度为 7.2 厘米、高度为 9.5 厘米的图片占位符，并与左侧的内容占位符顶端对齐，与上方的标题占位符右对齐。

(3) 演示文稿共包含 7 张幻灯片，所涉及的文字内容保存在"文字素材.docx"文档中，具体所对应的幻灯片可参见"完成效果.docx"文档所示样例。其中第 1 张幻灯片的版式为"标题幻灯片"，第 2 张幻灯片、第 4～7 张幻灯片的版式为"世界动物日 1"，第 3 张幻灯片的版式为"世界动物日 2"；所有幻灯片中的文字字体保持与母版中的设置一致。

(4) 将第 2 张幻灯片中的项目符号列表转换为 SmartArt 图形，布局为"垂直曲形列表"，图形中的字体为"方正姚体"；为 SmartArt 图形中包含文字内容的 5 个形状分别建立超链接，链接到后面对应内容的幻灯片。

(5) 在第 3 张幻灯片右侧的图片占位符中插入图片"图片 3.jpg"；对左侧的文字内容和右侧的图片添加"淡出"进入动画效果，并设置在放映时左侧文字内容首先自动出现，在该动画播放完毕且延迟 1 秒钟后，右侧图片再自动出现。

(6) 将第 4 张幻灯片中的文字转换为 8 行 2 列的表格，适当调整表格的行高、列宽以及表格样式；设置文字字体为"方正姚体"，字体颜色为"白色，背景 1"；并应用图片"表格背景.jpg"作为表格的背景。

(7) 在第 7 张幻灯片的内容占位符中插入视频"动物相册.wmv"，并使用图片"图片 1.jpg"作为视频剪辑的预览图像。

(8) 在第 1 张幻灯片中插入"背景音乐.mid"文件作为第 1～6 张幻灯片的背景音乐(即第 6 张幻灯片放映结束后背景音乐停止)，放映时隐藏图标。

(9) 为演示文稿中的所有幻灯片应用一种恰当的切换效果，并设置第 1～6 张幻灯片的自动换片时间为 10 秒钟，第 7 张幻灯片的自动换片时间为 50 秒。

(10) 为演示文稿插入幻灯片编号，编号从 1 开始，标题幻灯片中不显示编号。

(11) 将演示文稿中的所有文本"法兰西斯"替换为"方济各"，并在第 1 张幻灯片中添加批注，内容为"圣方济各又称圣法兰西斯"。

(12) 删除"标题幻灯片""世界动物日 1"和"世界动物日 2"之外的其他幻灯片版式。

 操作步骤

1. 新建文件

在考生文件夹下，新建一个空白演示文稿，将其命名为"PPT.pptx"。

2. 修改幻灯片母版

(1) 双击打开新建的"PPT.pptx"演示文稿，单击"设计"选项卡下"页面设置"组中的"页面设置"按钮，弹出"页面设置"对话框，将"幻灯片大小"设置为"全屏显示(16：9)"。单击"确定"按钮。

(2) 单击"视图"选项卡下"母版视图"组中的"幻灯片母版"按钮，进入幻灯片母版视图设计界面。

(3) 单击"幻灯片母版"选项卡下"编辑母版"组中的"重命名"按钮，弹出"重命名版式"对话框，将版式名称修改为"世界动物日"，单击"重命名"按钮。

(4) 选中幻灯片母版中的标题文本框，单击"绘图工具/格式"选项卡下"艺术字样式"组中的"其他"按钮，在下拉艺术字样式列表框中选择"填充-白色，轮廓-强调文字颜色 1"，单击右侧的"文本轮廓"按钮，在下拉列表中选择"主题颜色蓝色，强调文字颜色 1"，在"开始"选项卡下"字体"组中将"字体"设置为"微软雅黑"，并应用加粗效果。

(5) 选中下方的各级母版文本，在"字体"组中将"字体"设置为"方正姚体"，文字颜色设置为"蓝色，强调文字颜色 1"。

(6) 在母版视图中选中"标题幻灯片"版式，单击鼠标右键，在弹出的快捷菜单中选择"设置背景格式"，弹出"设置背景格式"对话框，在"填充"选项中选择"图片或纹理填充"，单击"文件"按钮，弹出"插入图片"对话框，浏览考生文件夹，选中"图片 1.jpg"文件，单击"插入"按钮。单击"关闭"按钮，关闭"设置背景格式"对话框。

(7) 单击"幻灯片母版"选项卡下"编辑母版"组中的"插入版式"按钮，选中新插入的版式，单击鼠标右键，在弹出的快捷菜单中选择"重命名版式"，弹出"重命名版式"对话框，将"版式名称"修改为"世界动物日 1"，单击"重命名"按钮。

(8) 单击"插入"选项卡下"图像"组中的"图片"按钮，弹出"插入图片"对话框，选中考生文件夹中的"图片 2.jpg",单击"插入"按钮。

(9) 选中新插入的图片文件,单击"图片工具/格式"选项卡下"排列"组中的"对齐"按钮,在下拉列表中选择"左对齐"。

(10) 选中标题占位符,在"绘图工具/格式"选项卡下"大小"组中将"宽度"调整为"17.6 厘米",单击"排列"组中的"对齐"按钮,在下拉列表中选择"右对齐"。

(11) 单击"幻灯片母版"选项卡下"母版版式"组中的"插入占位符"按钮,在下拉列表中选择"内容",在标题占位符下方使用鼠标绘制出一个矩形框。

(12) 选中该内容占位符对象,在"绘图工具/格式"选项卡下"大小"组中将"高度"调整为"9.5 厘米","宽度"调整为"17.6 厘米"。

(13) 按住"Ctrl"键,同时选中标题占位符文本框和内容占位符文本框,单击"绘图工具/格式"选项卡下"排列"组中的"对齐"按钮,在下拉列表中选择"左对齐",使内容占位符文本框与上方的标题占位符文本框左对齐。

(14) 选中"世界动物日 1"版式,单击鼠标右键,在弹出的快捷菜单中选择"复制版式",在下方复制出一个"1_世界动物日 1"版式,单击该版式,在弹出的快捷菜单中选择"重命名版式",弹出"重命名版式"对话框,将版式名称修改为"世界动物日 2",单击"重命名"按钮。

(15) 选中内容占位符文本框,在"绘图工具/格式"选项卡下"大小"组中将"宽度"调整为"10 厘米"。

(16) 单击"幻灯片母版"选项卡下"母版版式"组中的"插入占位符"按钮,在下拉列表中选择"图片",在内容占位符文本框右侧使用鼠标绘制出一个矩形框。

(17) 选中该图片占位符文本框,在"绘图工具/格式"选项卡下"大小"组中将"高度"调整为"9.5 厘米",将"宽度"调整为"7.2 厘米"。

(18) 按住"Ctrl"键,同时选中左侧的"内容占位符文本框"和右侧的"图片占位符文本框",单击"绘图工具/格式"选项卡下"排列"组中的"对齐"按钮,在下拉列表中选择"顶端对齐",使内容占位符文本框与图片占位符文本框顶端对齐。

(19) 按住"Ctrl"键,同时选中上方的"标题占位符文本框"和下方的"图片占位符文本框",单击"绘图工具/格式"选项卡下"排列"组中的"对齐"按钮,在下拉列表中选择"右对齐",使图片占位符文本框与上方的标题占位符文本框右对齐。

(20) 单击"绘图工具/格式"选项卡下"关闭"组中的"关闭母版视图"按钮。

3. 新建幻灯片

(1) 在 PPT.pptx 演示文稿中,单击"开始"选项卡下"幻灯片"组中的"新建幻灯片"按钮,创建 7 张演示文稿。

(2) 选中第 1 张幻灯片,单击"幻灯片"组中的"版式"按钮,在下拉列表中选择"标题幻灯片"。按照同样的方法,将第 2、第 4~7 张幻灯片的版式设置为"世界动物日 1",将第 3 张幻灯片的版式设置为"世界动物 2"。

(3) 参考考生文件夹下的"完成效果.docx"文件,将"文字素材.docx"文件中的文本信息复制到相对应的演示文稿中。

4. 设置 SmartArt 图形

(1) 选中第 2 张幻灯片内容文本框,单击"开始"选项卡下"段落"组中的"转换为

SmartArt"按钮，在下拉列表中选择"其他 SmartArt 图形"按钮，弹出"选择 SmartArt 图形"对话框，选择"列表/垂直曲形列表"，单击"确定"按钮。

(2) 选中 SmartArt 对象，在"开始"选项卡下"字体"组中，将"字体"设置为"方正姚体"。

(3) 选中 SmartArt 对象中的第 1 个形状(不是文本)，单击鼠标右键，在弹出的快捷菜单中选择"超链接"，弹出"插入超链接"对话框，选择左侧的"本文档中的位置"，在右侧选中相应的链接目标，单击"确定"按钮。

(4) 按照上述方法，为其余 4 个形状(不是文本)添加相应的超链接。

5. 设置动画

(1) 选中第 3 张幻灯片，在幻灯片右侧的图片占位符文本框中单击"插入来自文件的图片"，弹出"插入图片"对话框，浏览考生文件夹，选择"图片 3.jpg"文件，单击"插入"按钮。

(2) 选中左侧的内容本文框，单击"动画"选项卡下"动画"组中的"淡出"进入效果，单击右侧的"计时"组，将"开始"设置为"上一动画之后"。再选中右侧的图片对象。单击"动画"组中的"淡出"进入效果，单击右侧的"计时"组，将"开始"设置为"上一动画之后"，将"延迟"设置为"01.00"。

6. 插入表格

(1) 选中第 4 张幻灯片，单击"插入"选项卡下"表格"组中的"表格"按钮，在下拉列表中选择"插入表格"命令，弹出"插入表格"对话框，将"列数"设置为"2"，将"行数"设置为"8"，单击"确定"按钮。

(2) 将文本框中的内容剪切粘贴到表格单元格中，适当调整行高与列宽，选中表格对象，单击"表格工具/设计"选项卡下"表格样式"组中的"其他"按钮，在下拉列表中选择一种表格样式。

(3) 选中整个表格对象，在"开始"选项卡下"字体"组中，将字体设置为"方正姚体"，将字体颜色设置为"白色，背景 1"。

(4) 选中表格对象，在"表格工具"→"设计"选项卡下单击"底纹"下拉按钮，在弹出的下拉列表中选择"表格背景"→"图片"命令，浏览考生文件夹。选中"表格背景.jpg"文件。单击"插入"按钮。

7. 插入音频

(1) 选中第 7 张幻灯片，单击内容占位符文本框中的"插入媒体剪辑"按钮，弹出"插入视频文件"对话框，浏览考生文件夹，选中"动物相册.wmv"文件，单击"插入"按钮。

(2) 单击"视频工具/格式"选项卡下"调整"组中的"标牌框架"按钮，在下拉列表中选择"文件中的图像"。弹出"插入图片"对话框，浏览考生文件夹，选中"图片 1.jpg"文件。单击"插入"按钮。

8. 设置音频

(1) 选中第 1 张幻灯片，单击"插入"选项卡下"媒体"组中的"音频"按钮，在下拉列表中选择"文件中的音频"，弹出"插入音频"对话框，浏览考生文件夹，选中"背景音乐.mid"文件，单击"插入"按钮。

(2) 在"音频工具/播放"选项卡下"音频选项"组中，将"开始"设置为"跨幻灯片播放"，勾选"循环播放，直到停止"和"放映时隐藏"复选框。

(3) 单击"动画"选项卡下"高级动画"组中的"动画窗格"，在右侧的"动画窗格"中选中"背景音乐.mid"，单击右侧的下拉箭头，在下拉列表中选择"效果选项"，弹出"播放音频"对话框，在"停止播放"组中输入"6"，单击"确定"按钮。

9. 设置切换效果

(1) 在左侧幻灯片缩览图中，按住"Ctrl + A"键选中所有幻灯片，选中"切换"选项卡下"切换到此幻灯片"组中的一种切换效果。

(2) 取消全部选中，按住"Shift"键选中第1~6张幻灯片，勾选"计时"组中的"换片方式"中的"设置自动换片时间"，输入"00:10.00"。

(3) 选中第7张幻灯片，在"计时"组中，将自动换片时间设置为"00:50.00"。

10. 设置页脚

选中第1张幻灯片，单击"插入"选项卡下"文本"组中的"幻灯片编号"按钮，弹出"页眉和页脚"对话框，在对话框中勾选"幻灯片编号"和"标题幻灯片中不显示"两个复选框，单击"全部应用"按钮。

11. 设置批注

(1) 选中第1张幻灯片，单击"开始"选项卡下"编辑"组中的"替换"按钮，弹出"替换"对话框，在"查找内容"中输入"法兰西斯"，在"替换为"中输入"方济各"，单击"全部替换"按钮。

(2) 单击"审阅"选项卡下"批注"组中的"新建批注"按钮，在批注文本框中输入文本"圣方济各又称圣法兰西斯"。

12. 删除版式

(1) 单击"视图"选项卡下"母版视图"组中的"幻灯片母版"按钮，进入"幻灯片母版视图"。

(2) 选中除"标题幻灯片""世界动物日 1"和"世界动物日 2"版式之外的所有幻灯片版式，单击鼠标右键，选择"删除版式"命令，关闭母版视图。

(3) 单击快速访问工具栏中的"保存"按钮，关闭所有文档。

6.19　落实科学发展观　节约保护水资源

 题目要求

文慧是某学校的人力资源培训讲师，负责对新入职的教师进行入职培训，其 PowerPoint 演示文稿的制作水平广受好评。最近，她应北京节水展馆的邀请，为展馆制作一份宣传水知识及节水工作重要性的演示文稿。节水展馆提供的文字资料及素材参见"水资源利用与节水(素材).docx"，制作要求如下：

(1) 标题页包含演示主题、制作单位(北京节水展馆)和日期(××××年×月×日)。

(2) 演示文稿须指定一个主题，幻灯片不少于 5 页，且版式不少于 3 种。

(3) 演示文稿中除文字外要有两张以上的图片，并有两个以上的超链接进行幻灯片之间的跳转。

(4) 动画效果要丰富，幻灯片切换效果要多样。

(5) 演示文稿播放的全程需要有背景音乐。

(6) 将制作完成的演示文稿以"PPT.pptx"为文件名进行保存。

 操作步骤

1. 制作标题页幻灯片

(1) 首先打开 Microsoft PowerPoint 2016，新建一个空白文档。

(2) 新建第 1 页幻灯片。单击"开始"选项卡下"幻灯片"组中的"新建幻灯片"下拉按钮，在弹出的下拉列表中选择"标题幻灯片"命令。新建的第 1 张幻灯片便插入到了文档中。

(3) 根据题意选中第 1 张"标题"幻灯片，在"单击此处添加标题"占位符中输入标题名"北京节水展馆"，并为其设置恰当的字体、字号以及颜色。选中标题，在"开始"选项卡下"字体"组中的"字体"下拉列表中选择"华文琥珀"命令，在"字号"下拉列表中选择"60"命令，在"字体"颜色下拉列表中选择"深蓝"命令。

(4) 在"单击此处添加副标题"占位符中输入副标题名"××××年×月×日"。按照同样的方式为副标题设置字体为"黑体"，字号为"40"。

2. 设置主题和版式

(1) 按照题意新建不少于 5 页幻灯片，并选择恰当的有一定变化的版式，至少要有 3 种版式。按照与新建第 1 张幻灯片同样的方式新建第 2 张幻灯片。此处选择"标题和内容"命令。

(2) 按照同样的方式新建其他 3 张幻灯片，并且在这 3 张中要有不同于"标题幻灯片"以及"标题和内容"版式的幻灯片。此处，设置第 3 张幻灯片为"标题和内容"，第 4 张为"内容与标题"，第 5 张为"标题和内容"。

(3) 为所有幻灯片设置一种演示主题。在"设计"选项卡下的"主题"组中单击"其他"下三角按钮，在弹出的下拉列表中选择恰当的主题样式。此处选择"展销会"命令。

3. 设置超链接

(1) 依次对第 2 张至第 5 张的幻灯片填充素材中相应的内容。此处填充内容的方式不限一种，考生可根据实际需求变动。

(2) 根据题意，演示文稿中除文字外要有两张以上的图片。因此，我们来对演示文稿中相应的幻灯片插入图片。此处，选中第 3 张幻灯片，单击文本区域的"插入来自文件的图片"按钮，弹出"插入图片"对话框，选择图片"节水标志"后单击"插入"按钮即可将图片应用于幻灯片中。

(3) 选中第 5 张幻灯片，按照同样的方式插入图片"节约用水"。

（4）根据题意，要有两个以上的超链接进行幻灯片之间的跳转。此处来对第 2 张幻灯片中的标题"水的知识"设置超链接，由此链接到第 3 张幻灯片中。选中第 2 张幻灯片中的"水的知识"，在"插入"选项卡下的"链接"组中单击"超链接"按钮，弹出"插入超链接"对话框。单击"链接到"组中的"本文档中的位置"按钮，在对应的界面中选择"下一张幻灯片"命令。

（5）单击"确定"按钮完成超链接设置。

（6）再按照同样的方式对第 4 张幻灯片中的标题"节水工作"设置超链接，由此链接到第 5 张幻灯片中。

4．设置动画和切换效果

（1）按照题意，为幻灯片添加适当的动画效果。此处选择为第 2 张幻灯片中的文本区域设置动画效果。选中文本区域的文字，在"动画"选项卡下的"动画"组中单击"其他"下三角按钮，在弹出的下拉列表中选择恰当的动画效果，此处选择"翻转式由远及近"命令。

（2）按照同样的方式再为第 3 张幻灯片中的图片设置动画效果为"轮子"，为第 5 张幻灯片中的图片设置动画效果为"缩放"。

（3）再来为幻灯片设置切换效果。选中第 4 张幻灯片，在"切换"选项卡下的"切换到此幻灯片"组中，单击"其他"下三角按钮，在弹出的下拉列表中选择恰当的切换效果，此处选择"百叶窗"命令。

（4）按照同样的方式再将第 5 张幻灯片设为"随机线条"切换效果。

5．插入背景音乐

（1）设置背景音乐。选中第 1 张幻灯片，在"插入"选项卡下"媒体"组中单击"音频"按钮，弹出"插入音频"对话框。选择素材中的音频"清晨"，然后单击"插入"按钮即可设置成功。

（2）在"音频工具"中的"播放"选项卡下，单击"音频选项"组中的"开始"右侧的下拉按钮，在弹出的下拉列表中选择"跨幻灯片播放"命令，并勾选"放映时隐藏"复选框。设置成功后即可在演示的时候全程播放背景音乐。

6．保存文件

单击"文件"选项卡下的"另存为"按钮，将制作完成的演示文稿以"PPT.pptx"为文件名进行保存。

6.20　计算机发展简史

 题目要求

打开考生文件夹下的演示文稿 yswg.pptx，根据考生文件夹下的文件"PPT-素材.docx"，按照下列要求完善此文稿并保存。

（1）使文稿包含 7 张幻灯片，设计第 1 张为"标题幻灯片"版式，第 2 张为"仅标题"

版式，第 3 到第 6 张为"两栏内容"版式，第 7 张为"空白"版式；所有幻灯片统一设置背景样式，要求有预设颜色。

(2) 第 1 张幻灯片标题为"计算机发展简史"，副标题为"计算机发展的四个阶段"；第 2 张幻灯片标题为"计算机发展的四个阶段"；在标题下面空白处插入 SmartArt 图形，要求含有 4 个文本框，在每个文本框中依次输入"第一代计算机"……"第四代计算机"，更改图形颜色，适当调整字体字号。

(3) 第 3 至第 6 张幻灯片的标题内容分别为素材中各段的标题；左侧内容为各段的文字介绍加项目符号，右侧内容为考生文件夹下存放的相对应的图片，第 6 张幻灯片需插入两张图片("第四代计算机-1.jpg"在上，"第四代计算机-2.jpg"在下)；在第 7 张幻灯片中插入艺术字，内容为"谢谢!"。

(4) 为第 1 张幻灯片的副标题、第 3 到第 6 张幻灯片的图片设置动画效果，将第 2 张幻灯片的 4 个文本框超链接到相应内容的幻灯片中；为所有幻灯片设置切换效果。

 操作步骤

1. 新建文件

(1) 插入第 1 张幻灯片。单击"开始"选项卡→"幻灯片"组→"新建幻灯片"命令，在弹出的 Office 主题中选择"标题幻灯片"。

(2) 插入第 2 张幻灯片。单击"开始"选项卡→"幻灯片"组→"新建幻灯片"命令，在弹出的 Office 主题中选择"仅标题"。

(3) 插入第 3 至第 6 张幻灯片。单击"开始"选项卡→"幻灯片"组→"新建幻灯片"命令，在弹出的 Office 主题中选择"两栏内容"，重复此操作至第 6 张幻灯片。

(4) 插入第 7 张幻灯片。单击"开始"选项卡→"幻灯片"组→"新建幻灯片"命令，在弹出的 Office 主题中选择"空白"。

(5) 将 7 张幻灯片全选，单击"设计"选项卡→"背景"组→"背景样式"命令，在弹出的背景样式中任意选择一个背景样式。

(6) 保存文件。

2. 编辑第 1、2 张幻灯片

(1) 单击第 1 张幻灯片，在"单击此处添加标题"处单击并输入"计算机发展简史"，在"单击此处添加副标题"处单击并输入"计算机发展的四个阶段"。

(2) 单击第 2 张幻灯片，在"单击此处添加标题"处单击并输入"计算机发展的四个阶段"。

(3) 单击"插入"选项卡→"插图"组→"SmartArt"命令，在弹出的"选择 SmartArt 图形"对话框中选择合适的"SmartArt 图形"，然后单击"确定"按钮。在 SmartArt 图形的文本框中依次输入"第一代计算机"……"第四代计算机"并按照题目要求调整图形的颜色和文字的字体与字号。

3. 编辑第 3~7 张幻灯片

(1) 单击第 3 张幻灯片，在幻灯片的标题处输入"第一代计算机：电子管数字计算机

(1946—1958 年)"，左侧内容输入文字介绍，右侧插入考生文件夹下存放的图片"第一代计算机.jpg"。

(2) 重复以上步骤至第 6 张幻灯片添加完毕。

(3) 单击第 7 张幻灯片，单击"插入"选项卡→"文本"组→"艺术字"命令，编辑艺术字"谢谢！"。

(4) 保存文件。

4. 设置超链接和切换效果

(1) 选中第 1 张幻灯片的副标题文字"计算机发展的四个阶段"和第 3 到第 6 张幻灯片的图片。单击"动画"选项卡→"动画"组→"添加动画"按钮，即可打开内置的动画列表，在列表中选择某一动画。

(2) 选中第 2 张幻灯片的文字"第一代计算机"。单击"插入"选项卡→"链接"组→"超链接"按钮，弹出"插入超链接"对话框，在该对话框中的"链接到"中选择"本文档中的位置"，在"请选择文档中的位置"中选择"幻灯片 3"。

(3) 重复以上步骤至第 4 个文本框添加完毕。

(4) 单击"切换"选项卡→"切换到此幻灯片"组的按钮，打开内置的"切换效果"列表框，在该列表框中选择某个切换效果，然后单击"全部应用"按钮。

(5) 保存文件。

参 考 文 献

[1] 刘宏烽，潘伟祥，胡锦玲，等. Office 2016 办公自动化高级应用教程[M].北京：清华大学出版社，2020.

[2] 叶娟，朱红亮，陈君梅. Office 2016 办公软件高级应用[M]. 北京：清华大学出版社，2021.

[3] 陈宝明，骆红波，刘小军. 办公软件高级应用与案例精选[M]. 2 版. 北京：中国铁道出版社，2012.

[4] 贾小军，童小素. 办公软件高级应用与案例精选(Office 2010)[M]. 北京：中国铁道出版社，2013.

[5] 周苏，周文芳，师秀清. 办公软件高级应用案例教程[M]. 北京：中国铁道出版，2009.

[6] 於文刚，刘万辉. Office 2010 办公软件高级应用实例教程[M]. 北京：机械工业出版社，2015.

[7] 吴卿. 办公软件高级应用 Office 2010[M]. 杭州：浙江大学出版社，2013.

[8] 张锡华，詹文英. 办公软件高级应用案例教程[M]. 北京：中国铁道出版社，2012.

[9] 叶苗群. 办公软件高级应用与多媒体案例教程[M]. 北京：清华大学出版社，2015.

[10] 杨久婷. Word 2010 高级应用案例教程[M]. 北京：清华大学出版社，2017.

[11] 陆思辰. Excel 2010 高级应用案例教程[M]. 北京：清华大学出版社，2016.